电力行业"十四五"规划教材

U0643317

燃气－蒸汽
联合循环发电技术

主　编　欧阳建友

副主编　胡世才

参　编　汪奕航　甘　勇

主　审　龙朝晖

中国电力出版社
CHINA ELECTRIC POWER PRESS

内 容 提 要

本书全面介绍了燃气-蒸汽联合循环发电技术，从培养复合型技术技能型人才角度出发，按照任务驱动模式编写。主要内容包括燃气轮机认知、燃气-蒸汽联合循环发电机组认知、压气机认知、燃烧室认知、透平认知、外缸和轴承及缸体支撑认知、燃气轮机的整机结构认知、燃气-蒸汽联合循环的余热锅炉认知、燃气-蒸汽联合循环的汽轮机认知、燃气-蒸汽联合循环的主要辅助设备和系统认知、燃气轮机的运行特性和运行调节方式认知、燃气轮机启动、燃气-蒸汽联合循环启动、燃气轮机控制、联合循环发电机组控制。

本书可作为高职高专热能动力工程技术、发电运行技术等专业教材，也可供发电厂运行人员、检修人员的岗前培训及有关专业技术人员参考使用。

图书在版编目（CIP）数据

燃气-蒸汽联合循环发电技术/欧阳建友主编；胡
世才副主编 . — 北京：中国电力出版社，2025.8.
ISBN 978-7-5239-0202-8

Ⅰ. TM611.31

中国国家版本馆 CIP 数据核字第 2025ZM7290 号

出版发行：中国电力出版社
地　　　址：北京市东城区北京站西街 19 号（邮政编码 100005）
网　　　址：http://www.cepp.sgcc.com.cn
责任编辑：李　莉（010—63412538）
责任校对：黄　蓓　常燕昆
装帧设计：赵姗姗
责任印制：吴　迪

印　　刷：北京雁林吉兆印刷有限公司
版　　次：2025 年 8 月第一版
印　　次：2025 年 8 月北京第一次印刷
开　　本：787 毫米×1092 毫米　16 开本
印　　张：10.5
字　　数：232 千字
定　　价：38.00 元

前言

  燃气－蒸汽联合循环发电技术是目前先进的热力发电技术。本书根据高职高专热能动力工程技术、发电运行技术两大专业的人才培养要求，从培养复合型技术技能型人才角度出发，采用任务驱动模式进行编写，以任务贯穿全书。按照知识的相关性和同一性原则，坚持基础理论知识"够用"为度但至少能反映燃气－蒸汽联合循环发电技术的特点，本书对燃气轮机作相对详细的阐述，而对余热锅炉、汽轮机和其他热力设备仅作简要的介绍。全书共分为燃气－蒸汽联合循环认知、燃气轮机结构认知、燃气－蒸汽联合循环的其他热力设备认知、燃气－蒸汽联合循环运行与控制四个模块，由15个相对独立的学习任务组成，由浅入深、循序渐进。每个学习任务主要由任务目标、任务工单、任务实现3部分组成。

  本书由长沙电力职业技术学院欧阳建友教授担任主编，深能安所固电力（加纳）有限公司胡世才担任副主编，长沙电力职业技术学院汪奕航和中国华能集团有限公司湖南分公司甘勇参与编写。具体分工如下：任务1.1、1.2和任务2.4、2.5由汪奕航编写，任务2.1～2.3和任务3.1由欧阳建友编写，任务3.2、3.3和任务4.1由甘勇编写，任务4.2～4.5由胡世才编写。

  深圳能源集团股份有限公司高级工程师龙朝晖对本书进行了审阅，并提出了许多宝贵意见。同时，本书在编写过程中征求了许多从事燃气轮发电厂运行检修工作的专家意见，并得到了同行们的热情支持与大力帮助，在此一并表示衷心的感谢。

  限于编者水平，书中难免存在不足之处，恳请专家和读者批评指正。

编 者

2025 年 6 月

目录

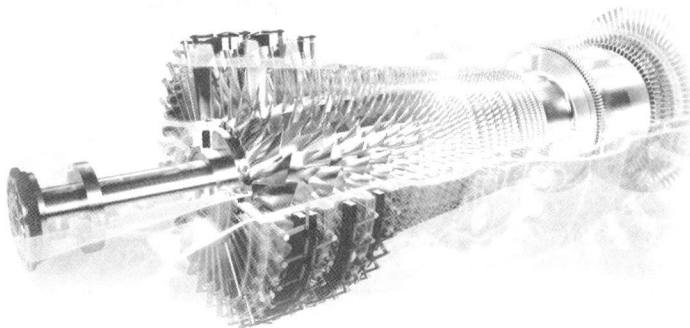

燃气－蒸汽联合循环认知

模块描述

认知燃气轮机的组成部件及工作过程，熟知燃气轮机的布雷顿循环，了解燃气轮机的发展历程，熟知燃气－蒸汽联合循环发电机组原理、类型、特点及配置方式。

任务 1.1　燃气轮机认知

任务目标

1. 能说出燃气轮机的三大组成部件。
2. 能正确描述燃气轮机的工作过程。
3. 能解释燃气轮机的布雷顿循环。
4. 能描述燃气轮机的分类方式。
5. 能说出燃气轮机的主要热力参数和性能指标。
6. 能简述燃气轮机的发展历程。

任务工单

学习任务	燃气轮机认知					
姓名		学号		班级		成绩	

通过学习，能独立完成下列问题。

1. 什么是燃气轮机？燃气轮机的主要组成部件有哪些？
2. 压气机的作用是什么？压气机的主要部件有哪些？
3. 燃烧室的作用是什么？燃烧室的主要部件有哪些？
4. 透平的作用是什么？透平的主要部件有哪些？

5. 燃气轮机工作过程是怎样的？

6. 燃气轮机的布雷顿循环包括哪些热力过程？

7. 燃气轮机按结构特点分为哪两类？

8. 燃气轮机的主要热力参数和性能指标有哪些？

9. 燃气轮机发展的两条技术路线是什么？

任务实现

一、热机简介

电能的生产方式（俗称发电）因一次能源种类而异，大体上有两种类型：一类是热力发电，即先将一次能源转换成热能，然后转换为机械能，再通过发电机转换为电能；另一类是非热力发电，即将一次能源不经过热能而直接转换为电能。前者如火力发电、核能发电、地热发电、太阳能热发电、垃圾焚烧发电、海水温差发电等；后者如水力发电、风力发电、太阳能光伏发电、潮汐发电等。目前，热力发电占据着主导地位，其发电量约占世界总发电量的 80%。

热力发电的技术核心是热机，热机是可用于将热能转换为机械能的机械装置。迄今为止，已经发展成熟且最适合大规模发电应用的热机主要是汽轮机和燃气轮机。

汽轮机又称为蒸汽涡轮发动机（steam turbine），是一种以蒸汽作为工质、外燃、连续回转的、叶轮式热能动力机械，来自锅炉的高温高压蒸汽进入汽轮机后，依次经过一系列环形配置的喷嘴和动叶，将蒸汽的热能转化为汽轮机转子旋转的机械能。汽轮机是最早被应用于发电的热机，世界上第一台汽轮机诞生于 1883 年，由瑞典工程师古斯塔夫·拉伐尔设计并制造，是一种只有一个叶轮的单级冲动式汽轮机，容量不大。1884 年，英国工程师查尔斯·帕森斯设计出了装有多个叶轮的多级反动式汽轮机，突破了容量上的限制。自此以后，汽轮机就被越来越广泛地用在发电领域。

燃气轮机又称为燃气涡轮引擎（gas turbine），是一种以燃气作为工质、内燃、连续回转的、叶轮式热能动力机械，通常用于航空、船舰、车辆、发电设备等，燃气轮机被应用于发电领域的时间比较晚。1920 年，德国人霍尔茨瓦特制成第一台实用的燃气轮机。1939 年，瑞士 BBC 公司制成了第一台发电用燃气轮机。不过，直到 20 世纪 80 年代，燃气轮机才开始被广泛地用于发电领域，并逐步达到了与汽轮机分庭抗礼的程度。

二、燃气轮机组成

燃气轮机主要由压气机（compressor）、燃烧室（combustion）、透平（turbine）三大部件组成，再配备完善的辅助系统和控制系统，其中辅助系统包括润滑油系统、控制油系统、冷却与密封空气系统、燃料系统、进排气系统和灭火系统等；控制系统则具有监视、报警、保护以及调整操作等功能。另外，燃气轮机还须配备启动装置（如交流电动机、柴油机和静态变频启动装置等），在燃气轮机启动时提供原动力，待燃气轮机升速到能够独立运行后，启动装置方可脱开。

1. 压气机

压气机的作用是将进气系统吸入的空气压缩到一定压力，然后连续不断地供应给燃烧室供燃烧用，在压气机对空气做功的同时，空气的温度也相应提高。压气机的主要部件有转子、进气缸、压气缸、排气缸、动静叶片、进口可转导叶等。

2. 燃烧室

燃烧室的作用是将来自压气机的高压空气与燃料喷嘴喷入的燃料混合，并进行燃烧，把燃料的化学能转变为热能，形成高温燃气进入透平做功。燃烧室主要部件有火焰筒、过渡段、导流套管、燃料喷嘴、盖帽、端盖等。

3. 透平

透平的作用是将从燃烧室来的高温高压燃气的热能转变为机械能。透平主要部件有转子、气缸、动叶、静叶、喷嘴等。

三、燃气轮机工作过程

燃气轮机工作过程如图 1 - 1 所示。当机组启动成功后，压气机连续不断地从外界大气中吸入空气并使之增压，同时空气温度也相应提高；压送到燃烧室的空气与喷入燃烧室的燃料混合燃烧成为高温高压的燃气；燃气在透平中膨胀做功，推动透平带动压气机和外负荷转子一起高速旋转；从透平中排出的乏气经喷管或排气装置直接排入大气，或引入余热锅炉，回收部分余热后再排入大气。这样，燃气轮机就把燃料的化学能转变成热能，又把部分热能转变成机械能。通常，燃气在透平中所做的机械功，2/3 左右用来驱动压气机，消耗在压缩空气上；剩余的部分功，则通过机组的输出轴带动外界的负荷（发电机等）。

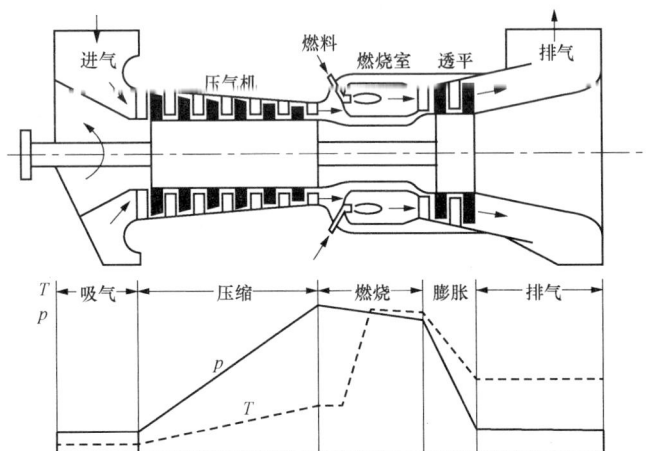

图 1 - 1　燃气轮机工作过程示意

燃气轮机正常工作时，工质要顺序经过吸气压缩、燃烧加热、膨胀做功以及排气放热 4 个工作过程完成一个由热变功的热力循环，该循环称为燃气轮机的简单循环，也称

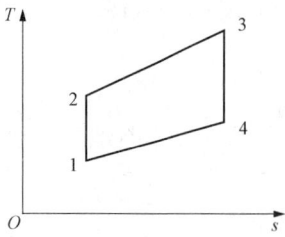

图 1-2　燃气轮机热力循坏

为布雷顿循环（Brayton cycle）。如图 1-2 所示，1-2 过程是在压气机中的吸气压缩过程，2-3 过程是在燃烧室中燃烧加热过程，3-4 过程是在透平中的膨胀做功过程，4-1 过程是排气的放热过程。

四、燃气轮机分类

1. 按燃用的燃料类型分

燃气轮机按照燃用的燃料类型可以分为气体燃料机组、液体燃料机组和双燃料机组三类。气体燃料机组大多燃烧天然气；液体燃料机组燃用重油或者轻油，其系统组成相对于气体燃料机组要略微复杂，需增设液体燃料分配装置、雾化空气系统等；双燃料机组既可燃用气体燃料，也可燃用液体燃料，这类机组在一种燃料紧缺的情况下，仍然能够使用另一种燃料运行。

2. 按结构特点分

燃气轮机按照结构特点可以分为轻型燃气轮机和重型燃气轮机两类。轻型燃气轮机的结构紧凑而轻、体积小、装机快、启动快，所用材料一般较好，主要用于航空，其质量功率比一般低于 0.2kg/kW。航空燃气轮机经适当改进后加装动力透平，所派生出的轻型燃气轮机被称为航改型燃气轮机，适用丁船舶动力和电力调峰等；重型燃气轮机的零件较为厚重，大修周期长，寿命可达 10 万 h 以上，效率高、运行可靠、质量大、尺寸大，质量功率比一般为 2~5kg/kW，目前电厂所使用的燃气轮机主要为重型。

重型燃气轮机的性能评判一般是根据工作温度上限来划分的，工作温度上限越高，燃气轮机的热效率和功率上限也越高。根据工作温度不同，一般分为 4 个档次：E 级，工作温度约为 1200℃；F 级，工作温度约为 1400℃；G/H 级，工作温度约 1500℃；J 级，工作温度约为 1600℃。

五、燃气轮机的主要热力参数和性能指标

（一）主要热力参数

现代电厂用燃气轮机多数都由压气机、燃烧室和透平三大部件按照图 1-1 所示的方式组成。在分析其特性时，习惯将工质在燃气轮机进气道之后、压气机进口导叶之前的状态点记为"1"点，在压气机出口处的状态点记为"2"点，在透平进口处的状态点记为"3"点，在透平末级之后排气道之前的状态点记为"4"点。燃气轮机循环的性能主要取决于压缩比（简称压比）和温度比（简称温比）两个热力参数。

1. 压比

压比是指压气机出口压力与进口压力之比，用 π 表示，则

$$\pi = \frac{p_2^*}{p_1^*} \tag{1-1}$$

式中　p_1^*——燃气轮机进气道后、压气机进口导叶前的滞止压力（上角标"＊"表示"滞止"状态，下同），Pa 或 MPa；

　　　p_2^*——压气机出口处的滞止压力，Pa 或 MPa。

严格而言，式（1-1）所定义的是滞止压比，应记为 π^*，但对整台压气机而言，

滞止压比与静压比差别很小，方便起见，本书不对它们作严格区分。下述温比、效率、焓降等参数的处理与此同。

2. 温比

温比是指透平进口处的温度与压气机进口处的温度之比，用 τ 表示，则

$$\tau = \frac{T_3^*}{T_1^*} \qquad (1-2)$$

式中　　T_1^*——压气机进口处的滞止温度（在开式燃气轮机循环中，即环境温度 T_a），K；

　　　　T_3^*——透平进口处的滞止温度，K。

（二）主要性能参数

描述燃气轮机性能的主要指标是比功和循环热效率。

1. 比功（也称比输出）

比功是指压气机吸入单位质量空气时，燃气轮机向外界输出的净功，记为 w_n。在不考虑燃气轮机的机械损失时，w_n 的计算式为

$$w_n = w_t - w_c \qquad (1-3)$$

式中　　w_t——压气机吸入单位质量空气时透平的膨胀功，kJ/kg；

　　　　w_c——压气机吸入单位质量空气时的压缩功，kJ/kg。

燃气轮机的比功大，说明在同样工质流量和同样的装置尺寸下，燃气轮机的功率大；或者在同样的功率下，工质的流量小，燃气轮机的尺寸小。所以，比功总是大一些好。

2. 燃气轮机循环热效率

燃气轮机循环热效率是指当工质完成一个循环时，输入的热量中转化为输出功的部分所占的百分数，记为 η_{gt}，其计算式为

$$\eta_{gt} = \frac{w_n}{fH_u} = \frac{w_n}{q_b} \qquad (1-4)$$

式中　　f——燃料空气比，指压气机吸入单位质量空气时，燃烧室所加入的燃料量；

　　　　H_u——燃料的热值，通常指低热值，kJ/kg；

　　　　q_b——压气机吸入单位质量空气时，流过燃烧室的空气所吸取的热量，在不考虑燃料的不完全燃烧损失和燃烧室的散热损失时，$q_b = fH_u$，kJ/kg。

六、燃气轮机的发展简史

燃气轮机的雏形出现得很早，公元 590 年左右，我国张遂就曾用燃气使铜轮转动；至公元 959 年前后，我国民间已开始大量流行用蜡烛燃烧热气流推动的走马灯；1550 年，意大利达·芬奇设计出了利用壁炉烟道烟气推动叶轮转动的装置。到 18 世纪末，人们已开始主动利用热力循环知识来设计燃气轮机，1791 年，巴贝尔建议过有往复式压气机的汽轮机；1872 年，侨居英国的美国工程师布雷顿创建了一种把压缩缸与膨胀缸分开、等压加热的煤气机。

1920 年，德国人霍尔茨瓦特制成第一台实用的燃气轮机，功率为 370kW，效率为

13%，按等容加热循环工作，但等容加热循环以断续爆燃的方式加热，存在许多重大缺点而被人们放弃。

1939 年，瑞士 BBC 公司制成了 4MW 发电用燃气轮机，效率达 18%。同年，在德国制造的喷气式飞机试飞成功，从此燃气轮机进入了实用阶段，并开始迅速发展，燃气轮机的应用领域不断扩大。1941 年瑞士制造的第一辆燃气轮机机车通过了试验；1947 年，英国制造的第一艘装备燃气轮机的舰艇下水，它以 1.86MW 的燃气轮机作为动力；1950 年，英国制成第一辆燃气轮机汽车。此后，燃气轮机在更多的领域中获得应用。

随着高温材料的不断发展，以及透平采用冷却叶片并不断提高冷却效果，燃气初温逐步提高，使得燃气轮机效率不断提高，单机功率也不断增大，在 20 世纪 70 年代中期出现了数种 100MW 级的燃气轮机，最高能达到 130 MW。

如今，燃气轮机沿着两条技术路线发展，一条是以英国罗罗公司、美国普惠公司、美国通用电气（GE）公司为代表的航空发动机公司用航空发动机改型而形成的工业和船用轻型燃气轮机；另一条是以美国 GE 公司、德国西门子（Siemens）公司、法国阿尔斯通（Alstom）公司和日本三菱（Mitsubishi）公司为代表，遵循传统的汽轮机理念发展起来的重型燃气轮机，主要用于大型电厂。

未来，燃气轮机的发展趋势是大容量、高效率、低排放。高效率的关键是提高燃气初温，即改进透平叶片的冷却技术，研制能耐更高温度的高温材料。

七、燃气轮机电站的发展历程

燃气轮机电站能在无外界电源的情况下迅速启动，机动性好，在电网中用它带动尖峰负荷和作为紧急备用，能较好地保障电网的安全运行，因此应用广泛。在汽车（或拖车）电站和列车电站等移动电站中，燃气轮机因其质量轻、体积小，应用也很广泛。此外，还有不少利用燃气轮机的便携电源，功率最小的在 10kW 以下。

1939 年，瑞士 BBC 公司制成了第一台发电用燃气轮机，它的出现标志着燃气轮机已开始登上发电工业舞台。

20 世纪 50 年代，由于当时的燃气轮机单机容量小，热效率又比较低，所以在电力系统中只能作为紧急备用电源和调峰机组使用。

20 世纪 60 年代，欧美的大电网均曾发生过电网瞬时解列的大停电事故，这些事故使欧美工业发达国家认识到电网中有必要配备一定容量的燃气轮机发电机组，因为燃气轮机具有快速"无外电源启动"的特性，可以作为系统大面积停电后的黑启动电源，能保证电网运行的安全性和可恢复性。

20 世纪 70 年代，美国、日本和一些欧洲国家在电网中配备了一定容量的燃气轮机发电机组，作为电网带尖峰负荷和备用电源，燃气轮机得到了广泛的应用。

20 世纪 80 年代后，由于燃气轮机的单机功率和热效率都有很大程度的提高，特别是燃气 - 蒸汽联合循环机组的渐趋成熟，再加上世界范围内天然气资源的进一步开发，燃气轮机及其联合循环在世界电力系统中的地位发生了明显的变化，它们不仅可以作为紧急备用电源和尖峰负荷机组，而且还可以携带基本负荷和中间负荷。

目前，燃气轮机电厂主要形式为燃气-蒸汽联合循环，而其中使用的燃气轮机主要是重型燃气轮机。国外设计和生产重型燃气轮机的主导工厂有 4 家，即美国 GE 公司、德国 Siemens 公司、日本三菱公司和法国 Alstom 公司，表 1-1 和表 1-2 为这些公司生产的典型燃气轮机发电机组。

表 1-1　　　　　　　　　　　典型燃气轮机发电机组

公司名称	型号	第一台生产年份	ISO 基本功率/MW	热效率/%
GE	PG6581	1999	42.1	32.007
	PG6111	2003	75.9	34.97
	PG9171（E）	1992	126.1	33.79
	PG9231（EC）	1994	169.1	34.92
	PG9351（FA）	1996	255.6	36.9
	PG6591C	2003	42.3	36.27
	PG9001	—	292	39.5
Siemens	W251B11/12	1982	49.5	32.66
	V64.3A	1996	67.4	34.93
	V94.2	1981	159.4	34.3
	V94.2A	1997	182.3	35.18
	V94.3A	1995	265.9	38.6
三菱	M701DA	1981	144.1	34.8
	M701F	1992	270.3	38.2
	M701G	1997	271	38.7
	M701G2	—	334	39.5
Alstom	GT8C2	1998	57	34.01
	GT13E2	1993	165.1	35.7
	GT26	1994	263	37

表 1-2　　　　　　　　　典型燃气-蒸汽联合循环发电机组

公司名称	机组型号	第一台生产年份	ISO 基本功率/MW	发电效率/%	所配燃气轮机的情况
GE	S109EC	1994	259.3	54	1 台 MS9001EC
	S109FA	1994	390	56.7	1 台 MS9001FA
	S209FA	1994	786.9	57.1	2 台 MS9001FA
	S109H	1997	480	60	1 台 PG9001
Siemens	GUD1S. V94.2	1981	239.4	52.2	1 台 V94.2
	GUD1S. V94.3A	1994	392.2	57.4	1 台 SGT5-4000F（2）

续表

公司名称	机组型号	第一台 生产年份	ISO 基本功率/ MW	发电 效率/%	所配燃气轮机的情况
三菱	MPCP1 (M701F)	1992	397.7	57	1 台 M701F
	MPCP2 (M701F)	1992	799.6	57.8	2 台 M701F
	MPCP1 (M701G)	1997	489.3	58.7	1 台 M701G
Asltom	KA13E - 2	1993	480	52.9	2 台 GT13E2
	KA13E - 3	1993	720	52.9	3 台 GT13E2
	KA26 - 1	1996	392.5	56.3	1 台 GT26

注 ISO 基本功率是指在国际标准化委员会所规定的 ISO 环境条件下燃气轮机连续运行所能达到的功率。ISO 环境条件为：温度 15℃，压力 0.1013MPa，相对湿度 60%。

八、我国燃气轮机工业概况

我国解放前没有燃气轮机工业，1958 年才开始着手燃气轮机研发计划。1959 年底，利用苏联向我国转让的 M - 1 舰用燃气轮机技术开始仿制燃气轮机；1964 年我国自行设计、研制 4410kW 的舰船专用燃气轮机。

在自行设计、生产舰船用燃气轮机取得成功之前，国内相关企业、单位在发展工业用燃气轮机以及引进国外的成熟技术方面取得了一定成果。20 世纪 60～80 年代期间，上海汽轮机厂、哈尔滨汽轮机厂和南京汽轮电机厂等企业都曾以产学研联合的方式，自行设计和生产过燃气轮机。

进入 20 世纪 80 年代后，我国的重型燃气轮机工业走上了合作生产的道路。1984 年南京汽轮电机厂与美国 GE 公司合作生产了 PG6541B 型 36000kW 燃气轮机。1984—2004 间已生产了 PG6541B 型、PG6551B 型、PG6561B 型和 PG6581B 型 4 种型号燃气轮机。

相比国际上先进的燃气轮机研发和制造技术，我国存在不小差距。因此，国内外结合，高起点引进重型燃气轮机技术，通过与国外大公司合作生产国际上技术成熟的机组，以提高我国重型燃气轮机制造能力是中国发展燃气轮机技术的必由之路。

2001—2007 年间，我国引进了当代先进的 E 级和 F 级燃气轮机，包括 GE 公司、三菱公司和 Siemens 公司生产的 E 级和 F 级燃气轮机共 54 套。捆绑招标合同中，哈尔滨动力设备股份有限公司、东方电气集团公司和上海电气集团股份有限公司分别与 GE 公司、三菱公司和 Siemens 公司合作，完成多套 PG9351FA、M701F 和 SGT5 - 4000F 型燃气轮机及其联合循环机组的制造任务。与此同时，上述三大国内制造厂逐步完成设备和工艺的改造，提高机组制造的国产化率。

通过引进 PG9351FA、PG9171E、M701F3、M701DA、V94.3A 和 V94.2 型燃气轮机的制造技术，我国已具备生产大型（PG9351FA、M701F 和 V94.3A）、中型（PG9171E、M701DA 和 V94.2）和小型（PG6681B）重型燃气轮机及其联合循环机组的能力。

　　2004 年 12 月 15 日，我国具有自主知识产权的第一台重型燃气轮机、中航工业黎明 R0110 重型燃气轮机在中海油深圳电力有限公司现场完成 72h 带负荷试验运行考核。此次运行考核验证了 R0110 重型燃气轮机的设计状态，是重型燃气轮机研制过程的重要里程碑，为实现商业化运行打下了良好基础。2008 年 12 月 28 日在沈阳顺利通过科技部阶段验收。国内首台 R0110 重型燃气轮机研制取得成功，实现了我国自主设计研发重型燃气轮机"零"的突破。

　　2022 年 11 月 25 日，历时 13 年自主研发，被誉为"争气机"的首台国产 F 级 50MW 重型燃气轮机在东方电气集团东方汽轮机有限公司成功下线，从四川德阳发运交付。2023 年 2 月 14 日，首台我国总装的 9HA.01 重型燃气轮机顺利完成总装下线。2023 年 6 月 4 日，中国航发"太行 110"重型燃气轮机（代号 AGT - 110）在深圳通过产品验证鉴定。2024 年 2 月 28 日，中国联合重型燃气轮机技术有限公司自主研制的 300MW 级 F 级重型燃气轮机首台样机在上海临港总装下线，于 2024 年 10 月 7 日在上海临港首次点火成功。这些成就不仅展现了我国在高端制造领域的创新能力，还标志着我们在重型燃气轮机领域迈入世界前列。

任务 1.2　燃气 - 蒸汽联合循环发电机组认知

任务目标

1. 能解释燃气 - 蒸汽联合循环发电机组原理。
2. 能正确陈述燃气 - 蒸汽联合循环发电机组的工作过程。
3. 能画出余热锅炉型的联合循环发电机组示意图。
4. 能清楚燃气 - 蒸汽联合循环发电机组的基本类型。
5. 能陈述燃气 - 蒸汽联合循环发电机组的配置方式。
6. 能说明燃气 - 蒸汽联合循环发电机组的优点。

任务工单

学习任务	燃气 - 蒸汽联合循环发电机组认知					
姓名		学号		班级		成绩	

通过学习，能独立完成下列问题。

1. 何谓燃气 - 蒸汽联合循环发电机组？并说明其工作原理？
2. 燃气 - 蒸汽联合循环怎样吸收了汽轮机朗肯循环和燃气轮机布雷顿循环的优点，克服了它们的局限性？
3. 画出余热锅炉型的联合循环发电机组示意图，并说明其工作过程？
4. 燃气 - 蒸汽联合循环发电机组的基本类型有哪些？
5. 燃气 - 蒸汽联合循环发电机组的配置方式有哪些？
6. 何谓单轴联合循环发电机组？何谓多轴联合循环发电机组？
7. 何谓"一拖一"联合循环发电机组？何谓"二拖一"联合循环发电机组？两者在轴系布置上有何差别？
8. 燃气 - 蒸汽联合循环发电机组的优点有哪些？

👤 **任务实现**

一、燃气 - 蒸汽联合循环发电机组原理

燃气 - 蒸汽联合循环发电机组是在燃气轮机简单循环发电机组的基础上发展而来的。燃气轮机简单循环发电机组由燃气轮机和发电机独立组成，燃气轮机带动发电机转动发出电能，如图 1 - 3 所示。

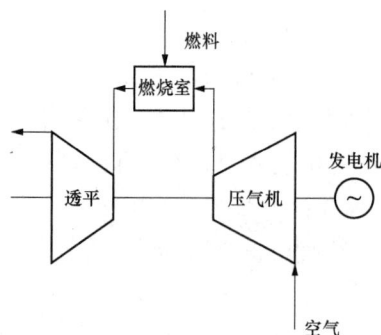

图 1 - 3 简单循环发电机组示意

在燃气轮机工作的布雷顿循环中，透平的排气温度还很高，为 450～650℃，且大型机组排气流量高达 100～600kg/s，因而有大量的热能未被利用就随着高温燃气排入大气。而在蒸汽动力循环——朗肯循环（Rankine cycle）中，由于受材料耐温、耐压程度的限制，汽轮机进汽温度一般为 540～600℃，但是蒸汽动力循环放热平均温度很低，一般为 30～38℃。由于燃气轮机的排气温度正好与朗肯循环的最高温度接近，如果将两者结合起来，就可将能源进行二次利用，取长补短，提高整体效率，形成一种工质初始工作温度高而最终放热温度低的燃气 - 蒸汽联合循环。这种循环也可概括地称为总能系统，在系统中能源从高品位到中低品位被逐级利用，形成能源的梯级利用。

燃气 - 蒸汽联合循环发电机组就是将燃气轮机的排气引入余热锅炉（heat recover y steam generator，HRSG），使余热锅炉内的给水变成高温、高压蒸汽，再送到汽轮机中做功，带动发电机发电。如图 1 - 4 所示，是燃气循环（布雷顿循环）和蒸汽循环（朗肯循环）联合在一起的循环。

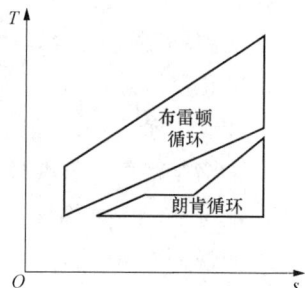

图 1 - 4 联合循环的热力循环图

二、燃气 - 蒸汽联合循环发电机组的基本类型

燃气 - 蒸汽联合循环视燃气与蒸汽两部分组合方式的不同，可分为余热锅炉型联合循环、排气补燃型联合循环、增压燃烧锅炉型联合循环和加热锅炉给水型联合循环。

1. 余热锅炉型联合循环

余热锅炉型联合循环将燃气轮机的排气通至余热锅炉中，加热锅炉中的水产生蒸汽驱动汽轮机做功，如图 1 - 5 所示。图 1 - 5 中蒸汽部分完全是利用燃气轮机排气余热产生的，故又称纯余热利用型。余热锅炉是一种气 - 水、气 - 汽两种热交换器的组合件。水在蒸发器内由燃气轮机排气加热变为饱和蒸汽，再进入过热器变成过热蒸汽。因此，蒸汽参数及汽轮机的容量取决于透平的排气参数，在通常燃气轮机排气参数下，得到的是中温中压的蒸汽。

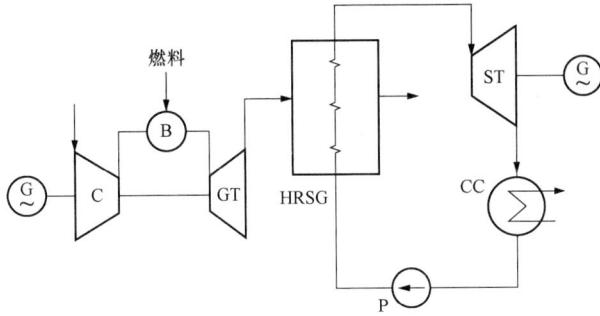

图 1 - 5　余热锅炉型联合循环的热力系统图

C—压气机；B—燃烧室；GT—透平；HRSG—余热锅炉；ST—汽轮机；CC—凝汽器；P—给水泵；G—发电机

2. 排气补燃型联合循环

排气补燃型联合循环包括在余热锅炉前增加烟道补燃器以及在锅炉中加入燃料燃烧这两种方案。后一种方案实际上是把燃气轮机的排气作为锅炉中燃烧用的空气，又称排气助燃型联合循环，如图 1 - 6 所示。

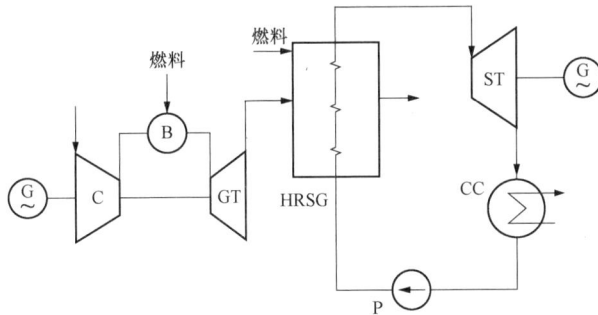

图 1 - 6　排气补燃型联合循环

C—压气机；B—燃烧室；GT—透平；HRSG—余热锅炉；ST—汽轮机；CC—凝汽器；P—给水泵；G—发电机

与余热锅炉型相比较，排气补燃型的优点是由于补燃，锅炉的蒸发量增大，汽轮机的功率明显增加。排气补燃型的汽轮机的功率可 5～6 倍于燃气轮机的功率；蒸汽的初参数不受燃气轮机排气温度的影响，可达 535～550℃ 的高温，以提高蒸汽部分的循环效率；在部分负荷下，可在较大或很大的输出功率变化范围内，不改变燃气轮机的工况而只改变补燃燃料，即只改变汽轮机的功率来改变联合循环的输出功率，使部分负荷下的效率较高。排气助燃型的补燃用燃料可以用廉价的煤，当燃气轮机因故障停机后，可用备用风机鼓风使锅炉中燃料继续燃烧，汽轮机仍能正常运行。

但是，由于补燃燃料的能量仅在蒸汽部分的循环中被利用，未实现能源的梯级利用，致使联合循环的效率一般低于余热锅炉型。鉴于采用联合循环的主要目的是提高效率，因而排气补燃型远不如余热锅炉型应用广泛。当用燃气轮机来改造和扩建已有的蒸汽电站时，排气助燃型联合循环得到了较多的应用。

3. 增压燃烧锅炉型联合循环

增压燃烧锅炉型联合循环的特点是把燃气轮机的燃烧室与锅炉合为一体，形成有压力燃烧的锅炉，如图 1-7 所示。这时压气机供给锅炉有压力燃烧用空气，锅炉内气体侧的传热系数大大提高，因而增压锅炉的体积比常压锅炉要小得多。为使最后排至大气的烟气温度降至较低的数值，减少热损失，故用排气来加热锅炉给水。这种联合循环输出的功率中汽轮机占大部分。与上面两种联合循环相比较，由于增压燃烧，整个锅炉是一个尺寸很大的密闭压力容器，为设计和安全运行等带来了困难。

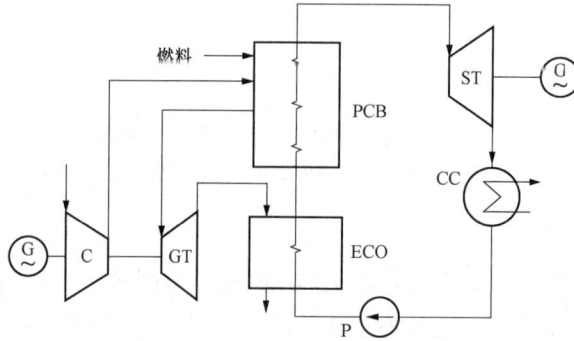

图 1-7　增压燃烧锅炉型联合循环

C—压气机；GT—透平；PCB—增压锅炉；ECO—省煤器；ST—汽轮机；CC—凝汽器；P—给水泵；G—发电机

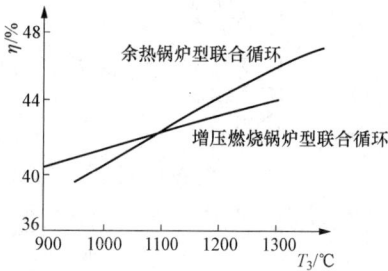

图 1-8　增压燃烧锅炉型联合循环的效率
与余热锅炉型的比较

增压燃烧锅炉型联合循环的效率与余热锅炉型的比较如图 1-8 所示，燃气初温在 1250℃ 以下时，增压燃烧锅炉型联合循环的效率高，在 1250℃ 以上时余热锅炉型联合循环的效率高，且随着温度的提高两者效率的差距迅速增大。由于这一因素，以及上述增压燃烧锅炉带来的问题，使增压燃烧锅炉型联合循环至今发展较少。

4. 加热锅炉给水型联合循环

加热锅炉给水型联合循环燃气轮机的排气仅用来加热锅炉给水，如图 1-9 所示。由于锅炉给水所需加热量有限，使燃气轮机的容量比汽轮机的小得多，因而这种联合循环以汽轮机输出功率为主。

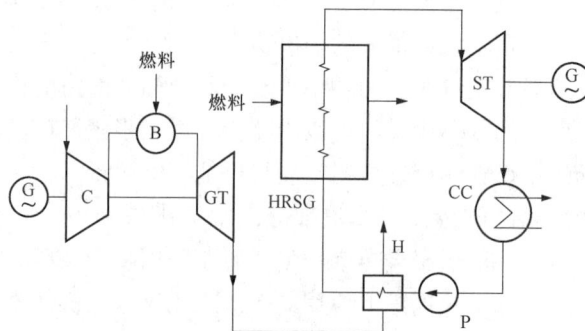

图 1-9　加热锅炉给水型联合循环

C—压气机；B—燃烧室；GT—透平；HRSG—余热锅炉；ST—汽轮机；CC—凝汽器；
P—给水泵；H—给水加热器；G—发电机

由于锅炉给水加热的温度不高，燃气轮机排气热量利用的合理程度较差，使联合循环的效率提高较少。因而新设计的联合循环不用该方案，仅在用燃气轮机来改造和扩建原有蒸汽电站时才会应用。

由于目前应用最多、发展最快的是余热锅炉型联合循环，本书的主要论述对象是余热锅炉型联合循环发电机组。

三、燃气 - 蒸汽联合循环发电机组的配置方式

余热锅炉型联合循环发电机组，可以配套采用一台燃气轮机、一台余热锅炉和一台汽轮机的"一拖一"方式，也可以采用多台燃气轮机、余热锅炉和一台汽轮机的"多拖一"方式。

采用"一拖一"方案布置的联合循环发电机组中，如果将发电机、汽轮机和燃气轮机连接在同一根轴上，则这类机组称为单轴联合循环发电机组，如图 1 - 10 所示，其特点为结构简单而紧凑、占地面积少、联合循环效率高；如果燃气轮机和汽轮机在不同轴系，并分别带动一台发电机，这类机组称为分轴联合循环发电机组，如图 1 - 11 所示。

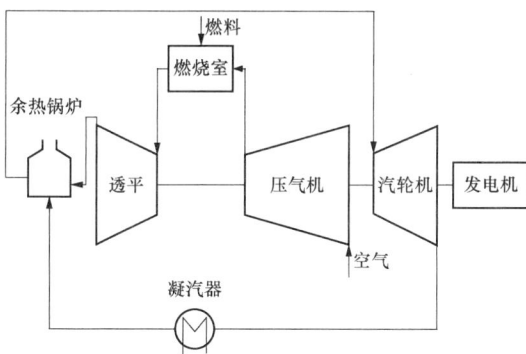

图 1 - 10　单轴联合循环发电机组示意图　　　　图 1 - 11　分轴、"一拖一"联合循环发电机组

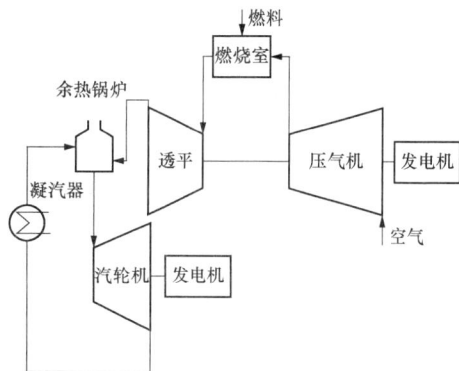

分轴联合循环发电机组中，燃气轮机和汽轮机可以"一拖一"也可以"二拖一"或"三拖一"。采用"二拖一"方案布置的机组共有两台燃气轮机、两台余热锅炉、一台汽轮机和 3 台发电机，两台燃气轮机各带一台发电机，而两台余热锅炉出口的蒸汽并入母管后，输送到公用的一台汽轮机中做功，带动另一台发电机发电，如图 1 - 12 所示。这种布置方式由于燃气轮机和汽轮机在不同的轴系，因此也可称为多轴联合循环发电机组，其运行组合方式更为灵活，可以满足不同需求的负荷。

四、燃气 - 蒸汽联合循环发电机组的命名规则

1. 燃气轮机的命名规则

各制造厂燃气轮机的命名规则各不相同。这里介绍美国 GE 公司的重型和航机改型燃气轮机的命名规则。JB/T 2783—1992《燃气轮机型号编制方法》的燃气轮机命名规则与美国 GE 公司的类似。各代号的含义规定如下：

用途 ─→ 燃气轮机系列号 ─→ 输出功率 ─→ 轴式 ─→ 循环方式 ─→ 压气机改型号

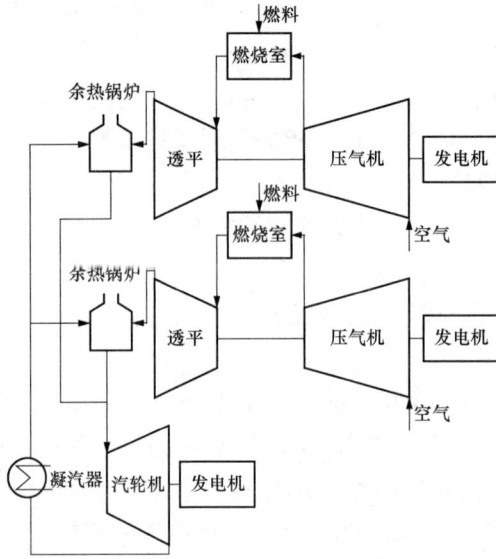

图 1-12 分轴、"二拖一"联合循环发电机组

用途 ——以大写字母表示，M—机械驱动；GD—发电设备；PG—箱装式发电设备；

燃气轮机系列号——3、5、6、7、9 等相应表示 MS3002、MS5000、MS6001、MS7001 和 MS9001 等系列；

输出功率——大致为几百、几千或几万 hp（1hp＝745.70W）；

轴式——指单轴还是双轴，用 1 或 2 表示；

循环方式——R 为回热循环，如此项空缺，则为简单循环；

压气机改型号——代表压气机型号及相关技术。

因此，M5322R（B）即为机械驱动用 MS5000 系列 B 型，回热循环双轴机组，其功率约为 32000hp；PG9171E 即为箱装式发电机组 MS9001 系列 E 型，简单循环单轴机组，功率约为 17 万 hp。

以符号 LM 标志的是航机改型燃气轮机，其系列号有 LM2500、LM5000 和 LM6000 等，机组的型号再在系列号后面加字母标出，如 LM6000（PA）。

2. 联合循环的命名规则

（1）美国 GE 公司燃气 - 蒸汽联合循环产品系列的设备配置中，各种代号的含义规定如下：

| 联合循环代号 | 燃气轮机数量 | 0(无意义) | 燃气轮机系列号 | 压气机改型号 |

联合循环代号——用 S 表示，S 是蒸汽与燃气（steam and gas，STAG）的缩写；

燃气轮机的数量——是指一套联合循环装置中燃气轮机的台数，用 1，2，3… 表示；

配备 MS 系列重型燃气轮机的联合循环，以 S309E 为例，它表示配备 3 台 MS9001 系列 E 型燃气轮机和一台汽轮机的燃气 - 蒸汽联合循环机组。

配备 LM 系列航机改型燃气轮机的，以 S225 为例，它表示为配备 2 台 LM2500 系列燃气轮机的燃气 - 蒸汽联合循环发电机组。

（2）对于德国 Siemens KWU 公司的联合循环产品，以 GUD1S.94.3A 为例，其代号的含义规定如下：

GUD——德文 gas und dampf 的缩写，译为燃气和蒸汽。

1——指一套联合循环装置中燃气轮机的台数；

S——采用三压力式余热锅炉和一次中间再热式汽轮机（无 S 表示采用双压力式余热锅炉和无再热的汽轮机）；

94——燃气轮机系列号；

3A——燃气轮机型号。

五、燃气 - 蒸汽联合循环发电机组特点

相对于燃煤发电机组，燃气 - 蒸汽联合循环发电机组具有以下优点。

（1）发电效率高。由表 1 - 2 可见，各联合循环发电机组发电效率均在 50% 以上，同等功率的燃煤汽轮发电机组效率为 30%～40%。

（2）环保性能好。联合循环发电机组采用油或天然气为燃料，燃烧产物没有灰渣，余热锅炉排放无灰尘，二氧化硫、一氧化碳和氮氧化合物排放少。

（3）启动快。对联合循环发电机组，一般将停机在 72h 以上的启动称为冷态启动，10～72h 之间称为温态启动，1～10h 之间称为热态启动，1h 之内称为极热态启动。大型燃气轮机启动后二十多分钟就可以达到满负荷，联合循环发电机组的启动时间会随设备配置情况的不同而不同。对单轴机组，冷态启动时间一般在 180min 左右；温态启动时间一般不超过 140min；热态启动时间一般不超过 80min；极热态启动一般不超过 60min，远远快于同级别燃煤汽轮发电机组的启动速度。

（4）运行方式灵活。既可以作为基本负荷运行，也可以调峰运行。

（5）消耗水量少。因为联合循环发电机组的汽轮机功率约占机组总功率的 1/3，所以用水量一般为同等容量燃煤汽轮发电机组的 1/3。

（6）可燃用多种燃料。如天然气、轻柴油、重油、高炉煤气、焦炉煤气、煤制气、煤层气等。

（7）管理费用低。由于现代大型联合循环发电机组的自动化水平高，所以机组运行管理人员的数量可以大幅度减少，管理费用可大幅度降低。已有实例表明，"一拖一"的单轴联合循环机组的启停操作可以只由 2 名值班人员完成，整套机组的常设员工数可以限制在 32 名以内。即使复杂一些的多轴机组，常设员工数量也差不多。例如，由 Siemens 公司以交钥匙工程方式承建的英国 Rye House 电厂，总功率为 700MW，采用了"三拖一"形式的燃天然气联合循环机组，该电厂的常设员工数就只有 33 人。

（8）占地面积少。现代大功率联合循环发电机组的设备集成化程度很高，布置紧凑，特别是不需要规模庞大的燃料和除灰系统，没有煤和灰的堆放场，因此联合循环电厂占用的场地面积很小，仅为同等容量燃煤汽轮机电厂占地的 1/3 左右。

（9）投资省。一般来说，联合循环发电厂的比投资费用仅为燃煤汽轮机电厂的

40%～70%。

（10）建设工期短。占地少从而土建少，联合循环电厂建设工期为 16～20 个月，而且可以分阶段先建设燃气轮机发电机组，再建联合循环发电机组。而燃煤电厂需要 24～36 个月的建设工期。

燃气‐蒸汽联合循环发电机组也存在一些缺陷，主要有以下两点。

（1）机组的功率和发电效率受环境条件特别是环境温度的影响较大。对简单循环的燃气轮机而言，环境温度每提高 10℃，功率降低 4%～8%，发电效率降低 0.8%～2%。对联合循环发电机组而言，环境温度每提高 10℃，功率降低 2%～5%，发电效率略有降低或大体不变。

燃气轮机的功率和效率受环境温度影响较大的原因主要是：①环境温度升高时，空气密度减小，而定转速燃气轮机的吸气容积流量基本上是恒定的，因此，环境温度升高，必然导致燃气轮机的质量流量减小，功率下降；②燃气轮机中压气机的耗功是随环境温度的升高而增大的，而透平的膨胀功并不随环境温度升高而增大，因此，环境温度升高时，燃气轮机的效率必然降低。联合循环发电机组虽然因蒸汽循环的存在而受环境影响小一些，但这项因素仍然不可忽略。

（2）常规燃气‐蒸汽联合循环发电机组最常用的燃料是轻油、重油和天然气等优质燃料，这些优质燃料价格高昂，导致其发电成本较高，相比以价格相对低廉的煤为燃料的电厂，无疑竞争力大大削弱。

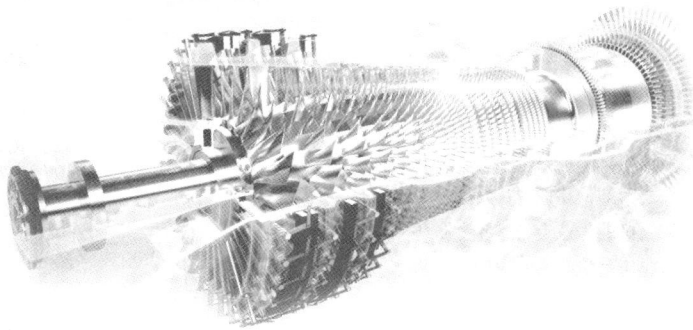

燃气轮机结构认知

模块描述

熟知压气机、燃烧室、透平的结构特点和工作原理，认知压气机特性和压气机失速、喘振和阻塞等典型不稳定工况，熟知典型 DLN（Dry Low NO_x，干式低 NO_x）燃烧室（器），了解透平的冷却技术，认知外缸、轴承及缸体支撑的结构，认知典型电站燃气轮机整机结构特点。

任务 2.1 压气机认知

任务目标

1. 能清楚压气机的分类方式。
2. 能说出压气机各组成部件。
3. 能解释压气机的工作原理。
4. 能陈述压气机中的能量损失。
5. 能描述压气机的特性及特性线。
6. 能描述压气机的典型不稳定工况。
7. 能简述 PG9351（FA）型燃气轮机压气机的结构组成。

任务工单

学习任务		压气机认知					
姓名		学号		班级		成绩	

通过学习，能独立完成下列问题。

1. 根据增压方式的不同压气机分为哪两类？它们各有哪些优、缺点？
2. 轴流式压气机的主要组成部件有哪些？

3. 什么是压气机的基元级？轴流式压气机中空气是如何增压的？

4. 压气机中的能量损失有哪些？

5. 什么是压气机的特性？何谓压气机的特性线？

6. 什么是压气机的通用特性线？如何绘制通用特性线？

7. 什么是压气机的失速？压气机的失速会带来哪些危害？

8. 什么是压气机的喘振？引起压气机喘振的原因主要有哪些？

9. 轴流式压气机的失速和喘振主要的区别有哪些？

10. 什么是压气机的阻塞？引起压气机阻塞的原因主要有哪些？

11. 防止压气机喘振的主要措施有哪些？

12. PG9351（FA）型燃气轮机压气机的结构组成部件主要有哪些？

任务实现

一、压气机的类型和结构

压气机是燃气轮机的主要组成部件之一，它是由固定在基础上不动的气缸和在气缸内旋转的转子两大部件组成，为燃气轮机燃烧室提供连续不断的高压空气。压气机是一个耗功部件，由透平为压气机提供对空气进行压缩增压所需的能量，通常燃气透平的 2/3 能量会被压气机所消耗，剩余 1/3 能量才可以输出。

根据气体分子运动学理论中气体增压的原理，简而言之就是使单位容积内气体分子数目增加即气体分子彼此靠近而达到增压的目的。根据增压方式不同压气机可分为两种：其一是利用活塞在气缸中移动，使气体容积变小，气体分子彼此靠近以达到增压的目的，称为活塞式或容积式压气机；其二利用高速旋转的转子叶片对气体做功，提高气流的速度和压力，随后在通流面积不断增大的静叶通道中进行降速升压，以达到增压的目的，称为动力式压气机。

动力式压气机也称为叶片式压气机，其特点是供气压力较低，但是供气量较大，且工作过程是连续的。动力式压气机按结构形式不同又分为轴流式和离心式两种类型。

轴流式压气机的机内气体流动方向与压气机旋转轴方向一致，这类压气机的优点是流量大、效率高，缺点是级的增压能力低；离心式压气机的机内气体流动方向与旋转轴方向垂直，这类压气机的优点是级的增压能力高，缺点是流量小、效率低。两类压气机的特点不同，决定了它们的应用场合不同。轴流式压气机的单级压比仅为 1.05～1.28，离心式压气机单级压比则可达 3～8，因此在总压比一定的情况下，轴流式压气机的级数比离心式压气机要多，但轴流式压气机的流量比相同直径下离心式压气机的流量要大，效率也较高，一般为 85%～90%，并且可以大型化。根据燃气轮机对压气机的要求——效率高、单位通流能力大、稳定工况区域宽、具有良好的防喘措施等特点，在大型燃气轮机上均采用轴流式压气机。本书主要介绍轴流式压气机。

轴流式压气机结构简图如图 2-1 所示。在结构上，轴流式压气机主要由两大部分构成：一是以转轴为主体的转子，转子上装有沿周向按照一定间隔排列的动叶片（或称工作叶片、动叶）；二是以机壳及装在机壳上的各静止部件为主体的静子，静子上装有沿周向按照一定间隔排列的静叶片（或称导叶、静叶）。为了达到燃气轮机所需要的高压比，轴流式压气机通常做成多级。级是压气机的基本工作单元，由一列动叶片和紧跟其后的一列静叶片构成。这种首、尾串联的级构成了轴流压气机最主要的工作部分——通流部分。多数情况下首级前面还有一列附加的静叶片，称为进口导叶，其作用是使气流以一定的方向进入第一列动叶片。有时最后一级静叶片之后还有一列附加的静叶片，称为整流叶片，其作用是将从最后一级流出来的气流的方向调整为轴向，以便于其在后面的环形扩压器扩压。

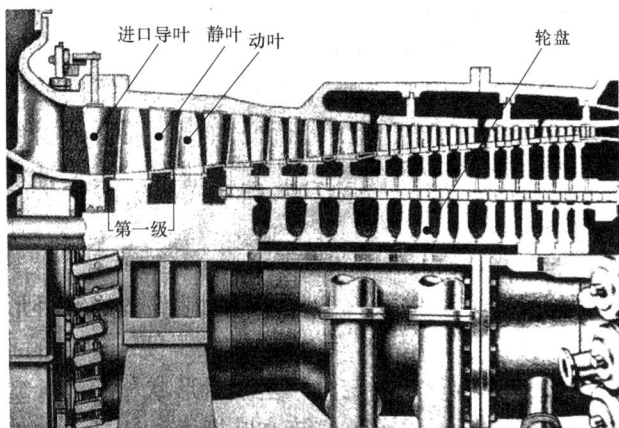

图 2-1　轴流式压气机结构简图

目前大功率燃气轮机所采用的压气机的级数一般为 14～22 级，压比在 15～30 之间。从世界范围来看，压气机进一步发展的主要方向是提高压比、提高通流量、提高效率。

二、压气机的工作原理

根据能量守恒定律，动能和压力势能之间是可以互相转化的。也即具有一定压力的气体，以一定的速度流过一个通流面积不断扩大的扩压流道时，随着气体的流速降低，压力将逐步提高。压气机之所以可以将气体压力逐级提高，就是因为动叶可以连续不断地向静叶提供高速气流，静叶通过降低气流速度而使气流压力增高。下面通过压气机动静叶栅中气流速度的变化来简单分析压气机的增压过程。

（一）压气机基元级概念

压气机的基本工作单元是级，要了解整台压气机的工作原理，须首先了解级的工作原理。图 2-2 所示为一个轴流式压气机级的简图，气流在其动叶和静叶构成的环形通道内流过时，通过动叶从外界获得能量，压力升高。多级压气机就是由多个这样的级串联而成。

为了研究压气机级内气流的流动变化，一般选取一个基元级作为研究对象。所谓基元级就是在压气机级的某一半径 r 的地方，沿半径方向取一个很小的厚度 Δr，然后沿圆周方向形成一个与压气机的轴线同心的正圆柱形薄环，在这个薄环内包括有压气机级的一列动叶栅和一列静叶栅的环形叶栅，如图 2-3 所示。这一组环形叶栅就是压气机的基元级。倘若把环形叶栅展开，就会形成如图 2-4 那样的平面叶栅。

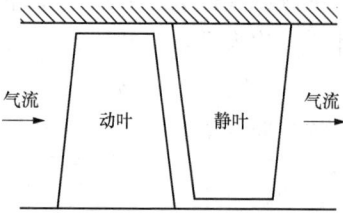

图 2-2 轴流式压气机级的简图

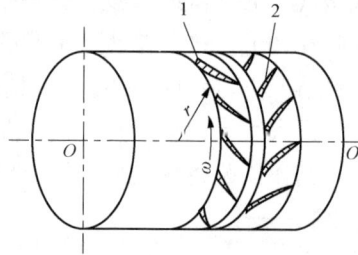

图 2-3 压气机的基元级环形叶栅

1—动叶栅；2—静叶栅

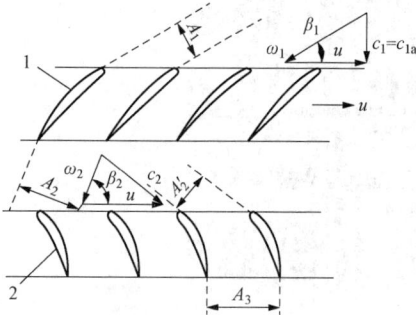

图 2-4 压气机的基元级平面叶栅

1—动叶栅；2—静叶栅

（二）压气机基元级的速度三角形

如图 2-4 所示，当气流流过基元级时，气流的速度矢量在各个不同的空间位置上都将发生变化。为了分析的简化，只拟研究气流速度在 3 个特征面 1、2、3 的周向平均值的变化关系。

假定前一级静叶栅出口气流的绝对速度为 c_1，动叶栅以圆周速度 u 运动，因此进入动叶栅的相对速度 w_1 是 c_1 与 u 的矢量差。由这 3 个速度矢量构成的矢量三角形，就是整个基元级的进口速度三角形。其中 c_1 称为进口气流的绝对速度，w_1 是进口气流的相对速度。同样也可以在动叶栅的出口画出类似的出口速度三角形，则动叶栅的出口相对速度为 w_2，圆周速度是 u，绝对速度 c_2 是 w_2 与 u 的矢量和。而 c_2 又是气体流入下一级静叶栅的绝对速度，流出该静叶栅的绝对速度则是 c_3，它也是流入下一级动叶栅的进口绝对速度，如此往复。

当回转面不是正圆柱面时，即 $|u_1| \neq |u_2|$，那么，基元级的速度三角形如图 2-5（a）所示。当回转面为正圆柱面时，则 $|u_1| = |u_2| = |u|$。在亚声速范围内，当气流流过基元级时，由于轴向分速的变化相对来说比较小，所以可以近似地认为 $c_3 \approx c_1$。因此在正圆柱面基元级的假设下，基元级的速度三角形可以简化如图 2-5（b）所示。

在图 2-5 中还表示出了动叶栅的进口通流面积 A_1（进口相对速度 w_1 垂直于 A_1）和出口通流面积 A_2（w_2 与 A_2 相垂直）的变化关系，即 $A_2 > A_1$。这正意味着沿气流的流动方向，动叶栅的通流面积是逐渐增大的。由于当气流通过动叶栅时，气流的密度变化并不大，因而气流在动叶栅通道内的流动可看成是一个相当于在扩压器内的减速增压的流动过程，即 $|w_2| < |w_1|$。对于静叶栅来说，也是如此，绝对速度 c_2 在流过静叶栅的通道时，也是一个减速的增压过程，即 $|c_3| < |c_2|$。

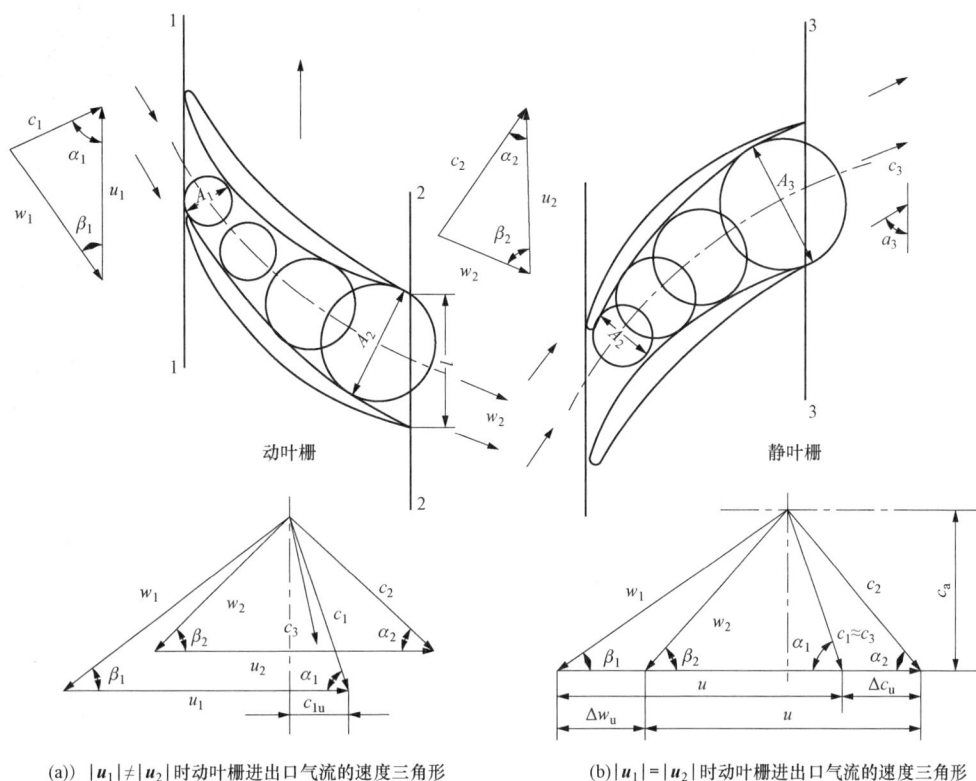

(a)) $|u_1|\neq|u_2|$ 时动叶栅进出口气流的速度三角形　　　(b) $|u_1|=|u_2|$ 时动叶栅进出口气流的速度三角形

图 2-5　基元级的气流速度三角形

此外，当气流通过动叶栅时，相对速度 w_2 的方向也发生了变化，即出现了气流方向的偏转，其折转角为 $\Delta\beta=\beta_2-\beta_1$。$\Delta\beta$ 的大小与相对速度的降低程度成正比，也就是说，叶栅的通流面积扩张得越大，相对速度的下降程度和气流的增压程度也越大。因而，从折转角的大小可以判断和比较叶栅的扩张度，即叶栅的增压能力。静叶中也是同样的道理。这样就形成了气流在动叶栅和静叶栅流动增压，当然气流的主要增压来自静叶增压。

（三）压气机基元级中的能量转换

那么，气流是如何在动叶栅中获得较高的初速度呢？图 2-6 中给出了当气流流过动叶栅的工作叶片时，叶片两侧的压力分布情况，以及工作叶片与气流之间力的作用关系。

当气流流过动叶栅通道的每个叶片时，流体微团有向叶腹靠拢的趋势，因而叶腹处的压力要比叶背处的压力高，如图 2-6（a）所示，图中以"＋"号表示正压力，以"－"号表示负压力。这些力的合成将是一个如图 2-6（b）所示的由气流施加于叶片的总作用力 P，它的方向是从工作叶片的叶腹侧指向于叶片的叶背侧。当然，P 可以沿轴线方向和圆周方向分解成为轴向分力 P_a 和周向分力 P_u。其中 P_u 就是工作叶轮旋转时需要克服的周向力，而轴向分力 P_a 则将传至工作叶轮轴上的止推轴承上去。

根据作用力与反作用力的原理，可以知道：与此同时，叶片将对气流作用有一个大

21

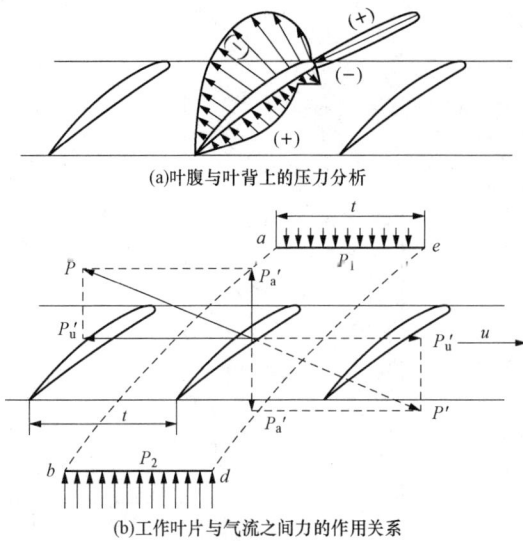

(a)叶腹与叶背上的压力分析

(b)工作叶片与气流之间力的作用关系

图 2-6 工作叶片与气流之间力的作用关系

P—总作用力；P_1—入口作用力；P_2—出口作用力；

P'—反作用力；P_u'—反作用力周向分力；

P_a'—反作用力轴向分力

小相等而方向相反的力 P'。该力 P' 同样可以分解为轴向分力 P_a' 和周向分力 P_u'。其中周向分力 P_u' 使气流跟随工作叶轮作圆周运动，并接受由工作叶片传递给气流的机械功，转化为气流的动能，促使气流的绝对速度 c_2 升高，从而实现了向压气机静叶连续不断提供高速气流，为在静叶栅中实现降速扩压提供了条件。而轴向分力 P_a' 则推动气体从低压区向高压区流动。

当气流流经静叶栅时，与外界无热量或者功的交换，而其绝对速度由于扩压的作用动能有所降低，在不考虑损失的情况下全部转化为了气流压力。同时静叶还将气流转向以便顺利进入下一级动叶栅。

另外需要说明的是：通常情况下，压气机动叶栅的进出口通流通道也会设计成渐扩型，即如图 2-5 中 $A_2 > A_1$，这也就是说在动叶栅中气流也有一定的膨胀增压，称这种压气机为反动式压气机。为了说明气流在动叶栅中的膨胀程度，引入了一个参数反动度 Ω。所谓反动度即动叶中的压力势能的升值与整个级中的压力势能升值之比。常常以反动度 Ω 来表示压气机级中的压力升高在动叶和静叶之间的分配情况，一般情况下 $0 < \Omega < 1$，通常轴流式压气机 $\Omega \geqslant 0.5$。

通过上述的分析，可以得到轴流式压气机中空气增压过程如下。

（1）外界通过压气机动叶栅把一定的机械功传递给流经动叶栅的气流，一方面使气流绝对速度得到提高，动能增加；另一方面，由于反动度的存在，气流的相对速度减低，气流的压力势能得到一部分提升。

（2）从动叶栅流出的高速带压气流在扩压静叶栅中逐步减速，使气流绝对速度的动能中的一部分进一步转化为工质的压力势能，使压力大幅提高。

（四）压气机中的能量损失

气流在轴流式压气机流道流过时会发生各种能量损失，这些能量损失一般分为内部损失和外部损失两大类。

1. 内部损失

所谓内部损失是指会引起压气机中工质状态参数发生变化的能量损失，主要有以下几种。

（1）型阻损失。由于气体的黏性，使紧靠叶型表面形成一层附面层，在这个附面层内速度梯度较大，内侧速度为零，最外侧速度接近主气流速度。这样在叶片表面会产生摩擦损失、分离损失及尾迹损失。

1）摩擦损失。摩擦损失与叶型表面的附面层的类型有关。一般附面层可分为层流和紊流两种，在紊流附面层中摩擦损失较大。

2）分离损失。当叶型表面附面层达到一定厚度时，由于附面层中流速低，附面层内的动量往往不足以克服顺流压力的增加，因而会发生分离，而形成分离损失。这种分离损失与叶型形状、附面层状况及流道扩张度等因素有关。

3）尾迹损失。由于叶型上下表面附面层在叶型后缘汇合，形成尾迹涡流区，从而消耗部分动能转化为热能而形成损失。

（2）端部损失。在叶片的两端气流在气缸壁和转子轮毂表面流动时会形成附面层，从而产生摩擦和涡流损失，这种损失影响到轴向速度的分布。

（3）二次流损失。由于叶片的长度是有限的，由叶片排列所构成的是一个环形空间，在叶片顶部与根部附近的气流流动时出现一些和主流方向大不相同的流动，这些流动统称为二次流动，它扰乱了主流，形成了所谓二次流损失。

（4）动叶径向间隙漏气损失。由于动叶顶部与气缸内壁存在着一定的间隙，动叶叶弧侧压力高于叶背侧，压差的存在不可避免地使动叶顶部会发生气流泄漏流动，形成漏气损失。这种漏气损失会减小动叶顶部两侧压差，造成外界通过转子传递给这部分气流的压缩功减少，影响了压气机的效率，级压比也有下降。

（5）级与级之间内气封的漏气损失。主要指的是由于每级扩压静叶前后压差所引起的漏气损失。

（6）摩擦鼓风损失。它是指压气机转子旋转时，每级转子轮盘两侧端面与气流摩擦所造成的损失。这种损失一般较小，可忽略不计。

2. 外部损失

外部损失主要是指只会增加拖动压气机工作的功率，但不会影响气流状态参数的能量损失，主要包括：

（1）损耗在径向轴承和止推轴承上的机械摩擦损失。

（2）经过压气机高压侧轴端的外气封泄漏到外界去的漏气损失。

以上列出损失往往是交叉存在和相互影响的。对于各种损失的处理和降低方法也略有不同，例如对于型阻损失和端部损失，处理方法除了优化动静叶形状设计外，还可从提高反动度、合理选择叶栅安装角度以及气流速度等方面加以考虑；对于径向漏气损失可采取一些外部手段，例如加装叶片围带，采用不同的叶端密封装置等来消除和减少损失。

三、压气机的特性

1. 压气机的特性与特性线

描述压气机性能的主要参数有压比、效率、流量、转速等。

（1）压比 π 表征了气体流经压气机后压力（滞止压力）升高的程度，$\pi=\dfrac{p_2^*}{p_1^*}$。

（2）效率表征了外界通过压气机加给气体的功被利用的程度，压气机效率有多个定义，燃气轮机中通常采用滞止等熵效率 η_c，$\eta_c = \dfrac{h_{2s}^* - h_1^*}{h_2^* - h_1^*}$。

（3）流量表征了压气机尺寸的大小，可以用体积流量 q_V（单位为 m³/s）表示，也可以用质量流量 q_m（单位为 kg/s）表示。

（4）转速 n 则表征了压气机主轴每分钟的转数（单位为 r/min）。

压气机在结构和尺寸一定时，其压比和效率主要取决于转速、流量和进气条件（压力 p_1^* 和温度 T_1^*）。压比、效率与流量、转速、进气压力、进气温度之间的关系被称为压气机的特性。由于到目前为止压气机的特性还主要通过实验来测定，所以为方便研究和使用，通常用图线的形式来表示它们。在一定的进气压力 p_1^*、温度 T_1^* 和一定的转速 n 下，可以得出一条压比 π、效率 η_c 随流量变化的曲线，称为压气机的流量特性线。不同转速下有不同流量特性线。将各个转速下的流量特性线绘在同一幅图上，所得出的是一个曲线组，称为压气机的特性曲线组，简称特性线。

压气机的特性线有两种。一种是直接以压比 π、效率 η_c、转速 n、体积流量 q_V（或质量流量 q_m）等为参数绘制的一定进气条件下的特性线，又称为正常性能曲线。正常性能曲线的优点是直观、方便，但由于它只能表示某台压气机在某一进气条件的性能，不具有通用性，所以只能在特定条件下使用。另一种是在相似原理指导下，用无因次参数表示的特性线，即通用性能曲线，实用的特性线通常都是这种形式的。

2. 单级轴流式压气机的特性线

在讨论整台压气机的特性之前，有必要先对压气机级的特性加以分析。如图 2-7 所示为一个典型的单级轴流式压气机的特性线，其中，图 2-7 的下半部分表示的是压比 π 随压气机进口体积流量 q_V 变化的情况，上半部分表示的是效率 η_c 随体积流量 q_V 变化的情况。由图 2-7 可见，单级轴流式压气机的压比随流量变化的曲线有以下几个明显的特点。

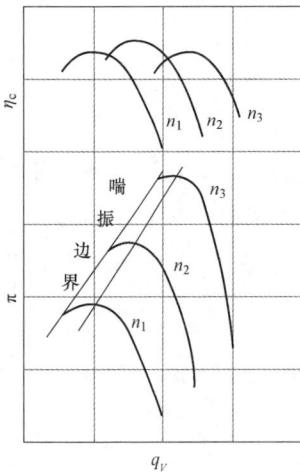

图 2-7 单级轴流式压气机的
特性线（$n_1 < n_2 < n_3$）

（1）每一转速下的压比均有一个最大值，特性线以最大压比点为界分为左、右两支。左支对应于压比随流量减小而减小的情况，右支则对应于压比随流量增大而减小的情况。

（2）当转速不变，流量减小到一定值后，因压比不稳定而无法绘出，与此流量对应的工况点就是给定转速下的稳定工作边界点，称为喘振边界点。将各转速下的喘振工况点相连，所得到的曲线称为喘振边界线。所谓喘振是指压气机内的气流轴向脉动所引起的整台机器的剧烈振动。

（3）当转速不变，流量增大到一定值后，压比急剧下降，流量无法继续增大，这种现象称为压气机的阻塞。

（4）不同转速下的压比特性线形状稍有不同，转速越高，特性线越陡峭。

效率随流量变化的曲线组与压比随流量变化的曲线组的特点大致相同。单级轴流压气机性能曲线具有的上述特点是由级的加功量和级内流动损失的变化情况所决定的。

3. 多级轴流式压气机的特性线

如图 2-8 所示为某多级轴流式压气机的特性线。将其与图 2-7 所示的单级压气机的特性相比较可以看出，多级压气机的特性与单级的特性十分相似，但并不完全相同。不同之处表现在：

(1) 多级压气机的压比和效率随流量变化的曲线都比单级压气机的陡峭，高转速下，多级压气机的特性线几乎变成垂线，这导致多级压气机的工作范围变窄。压气机工作范围的定义是压气机工作范围 $=(q_{V\max}-q_{V\min})/q_{V\min}$（$q_{V\max}$ 表示某转速下压气机进口处的最大空气流量，$q_{V\min}$ 表示同一转速下压气机进口处的最小空气流量）。

(2) 多级压气机的特性线基本不存在左支，喘振点直接出现在右支上（相对于极值点）。

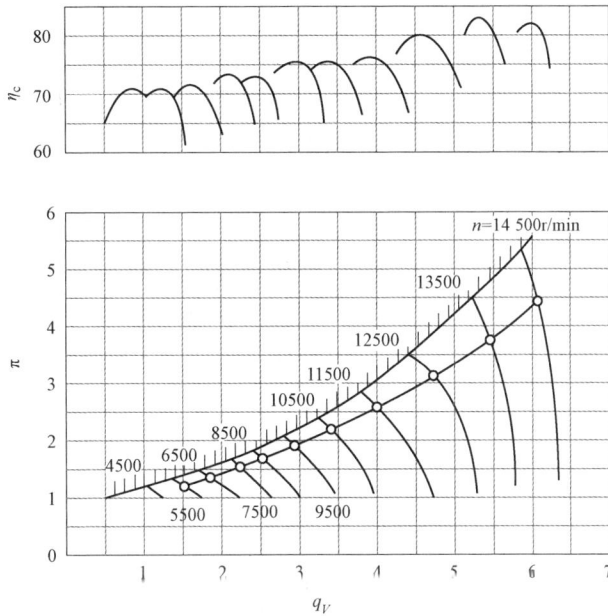

图 2-8　多级轴流式压气机的特性线

由于多级压气机由单个级串列而成，所以它们的特性线相似很容易理解。至于出现上述差别，可以简单地这样解释：当压气机的质量流量增大时，对第一级而言，容积流量是按比例增大的；而对第二级而言，因受质量流量增加和前一级压比下降的双重影响，其容积流量有一个额外的增大，压比也有一个额外的下降；以此类推，越在后面的级，容积流量增大得越激烈，压比下降得越严重；级数越多，容积流量增大得越激烈，压比下降得越严重。相反，当压气机质量流量减小时，越在后面的级，容积流量减小得越激烈；级数越多，容积流量减小得越激烈。正因如此，多级压气机的特性线比单级压气机的特性线陡峭得多，稳定工作区变窄。也正因如此，处在多级压气机中的级会比处在单级压气机中的级更容易进入喘振或阻塞状态。

实际应用中，往往将压气机的压比随流量变化的特性和效率随流量变化的特性绘在同一幅图上。图 2-9 示范了在压比特性图上绘制等效率线的方法。具体步骤：在效率特性图上画出 η_c＝const 线，求出它与各转速下效率曲线的交点，在压比特性图上找出与上述各交点相对应的工况点，并用光滑曲线将这些点连接起来，就得到一条等效率线。对不同的 η_c 实施上述步骤，可以绘制出不同的等效率线。于是，用图 2-9 的下半部分就可以同时反映压气机的压比特性和效率特性。

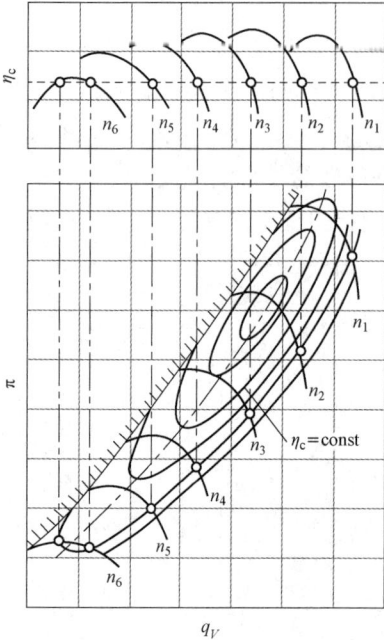

图 2-9　在压气机的压比特性图
上绘制等效率线

4. 压气机的通用特性线

如前所述，直接以压比 π、效率 η_c、转速 n、体积流量 q_V（或质量流量 q_m）等为参数绘制的特性线只适用于一定几何尺寸和一定进气条件的压气机。这就是说，对不同尺寸的压气机，或者对同一台压气机的不同进气条件，就要重新通过研究得到特性线。为了方便应用并节省研究费用，最好能得出通用的压气机特性线。相似原理告诉我们这样的通用特性线存在。

根据相似原理，对于几何相似的若干台压气机或者对同一台压气机的不同工况，如果它们相互之间相对应的定性准则数彼此相等，则它们相互之间相对应的所有无因次参数都彼此相同。因为压比 π 和滞止等熵效率 η_c 本身是无因次参数，所以若用压气机的定性准则数为自变量绘制出压气机的压比特性线和效率特性线，则这些特性线就都是通用的。所谓通用特性线是指不管压气机的具体尺寸多大（当然，几何相似是前提），进气

量多少，进气条件是什么，这幅特性线都是适用的。换句话说，只要知道定性准则数的大小，就可以从该图查出压比 π 和滞止等熵效率 η_c 的大小，而不必管压气机的具体尺寸、进气量、进气条件如何。

压气机的定性准则数很多，但对不同的问题，并不是所有的定性准则数都重要。研究表明，对于压气机的压比 π 和滞止等熵效率 η_c 而言，在流动处于自模化区雷诺数 Re 的影响可忽略不计的条件下（该条件通常都能满足），主要的定性准则数有两个。最基本的定性准则数是第一级动叶栅的进口速度马赫数 $M_{ac1}=\dfrac{c_1}{a_1}$（其中的 a_1 为当地声速，下同）和圆周速度马赫数 $M_{au}=\dfrac{u}{a_1}$，其他任何两个与 M_{ac1}、M_{au} 成比例并且相互独立的无因次参数都可以代替 M_{ac1}、M_{au} 成为定性准则数。可以证明：进口绝对速度系数 $\lambda_{c1}=\dfrac{c_1}{c_{cr}}$（其中，$c_{cr}$ 为一定进口条件下的临界速度）和无因次流量参数 $\dfrac{q_m\sqrt{T_1^*}}{p_1^* d_1^2}$（其中，$d_1$ 为第一级动叶栅的节圆直径）等可用来代替进口速度马赫数 M_{ac1}；圆周速度系数

$\lambda_u = \dfrac{u}{c_{cr}}$ 和无因次转速参数 $\dfrac{nd_1}{\sqrt{T_1^*}}$ 等可用来代替圆

周速度马赫数 M_{au}。选择不同的定性准则数作为
自变量，可以得到不同的通用特性线。对同一
台压气机而言，由于节圆直径 d_1 为定值，故还

可以用 $\dfrac{q_m\sqrt{T_1^*}}{p_1^*}$ 和 $\dfrac{n}{\sqrt{T_1^*}}$ 分别代替 $\dfrac{q_m\sqrt{T_1^*}}{p_1^* d_1^2}$ 和

$\dfrac{nd_1}{\sqrt{T_1^*}}$ 作为定性准则数。图 2 - 10 所示即为以这

两个参数为自变量绘制的某压气机的通用特性
曲线，适用于该压气机的任何进气条件。

在对压气机及其用户（如透平）的启动性
能、随环境变化而变化的性能等作一体化分析
以及在压气机的模化计算中，通用特性线具有
特别重要的用途。

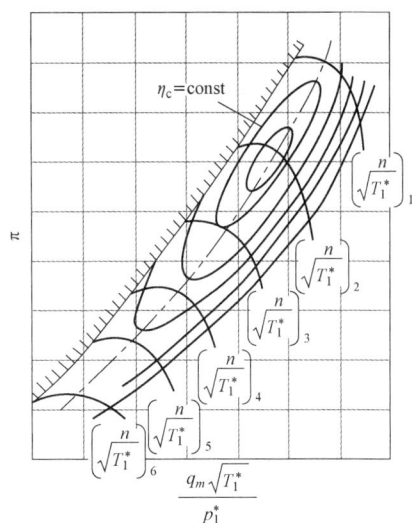

图 2 - 10 以 $\dfrac{q_m\sqrt{T_1^*}}{p_1^*}$ 和 $\dfrac{n}{\sqrt{T_1^*}}$ 为自变量

绘制的某压气机的通用特性曲线

四、压气机的不稳定工况

压气机在实际运行中，并不一定总是在设计工况下工作，当运行条件改变时，其工
况点就会离开设计点，进入非设计工况区域。在一定非设计工况下，压气机还会发生不
稳定现象。当压气机在不稳定工况下时，不仅工作性能大大恶化，而且还可能因产生强
烈振动而不能正常运行。压气机的典型不稳定工况有失速、喘振和阻塞。

1. 压气机的失速

失速是轴流压气机最常见的一种不稳定气动现象。在一定的转速下，当压气机的流
量减小到一定程度时，其中某一级叶栅中叶背上的边界层就会急剧增厚，导致气流在此
处分离，当分离区占据大部分流道时，就会引起流动损失急剧增大，这种现象被称为失
速。通常，分离区还会沿着圆周方向在叶片间移动，形成一种旋转传播现象，因此失速
又被称为旋转失速。压气机中有失速现象存在时的工况被称为压气机的失速工况。

压气机前面几级的叶片较长，通流面积大，不易堵塞，出现的失速常为渐进型失
速；压气机后面几级的叶片较短，通流面积小，易堵塞，出现的失速常为突变型失速。

旋转失速不仅会使压气机的压比与效率下降，而且由于分离区的旋转传播，还会使
压气机叶轮受到一种周期性的激振力，如果旋转失速的频率与叶轮的固有频率吻合，将
会引起压气机明显振动，严重时甚至造成事故。此外，压气机的失速还可能会引起整个
压气机系统不稳定，进而造成更加危险的不稳定工况——喘振。

2. 压气机的喘振

喘振是在压气机与其管网组成的系统中出现的一种周期性的气流振荡现象。喘振
时，压气机的流量忽增忽减，压比忽高忽低，整个机组发生剧烈振动并伴随着特有的轰
鸣声。喘振的破坏力很大，若不能及时消除或停机，整台机组将可能严重毁坏。

压气机的喘振是内外因共同作用的结果。内因是压气机本身失速；外因是压气机下游一般有容积较大的管网部件（如在燃气轮机中，压气机的下游有燃烧室和透平等）。

当压气机因流量减小而发生失速时，其压比是要迅速降低的。此时，若其下游有容量比较大的管网，则因管网中的压力不可能同样迅速地降低而仍维持较高值，压气机出口处会出现瞬时的正压梯度，这将引起压气机流量的进一步减小，甚至引起管网中的气体向压气机倒流。这种情况持续一段时间后，管网中的压力将降低，压气机将恢复正常工作，管网中的压力也将逐步回升。但是，由于此时压气机流量总体上处在一个较低的水平，所以当管网中的压力回升到一定值后，上述过程又将重新开始并将周而复始地循环下去，于是在压气机与其管网系统中就产生了一种特殊的、流量忽增忽减、压比忽高忽低的喘振现象。

由以上论述可知，压气机的喘振不仅与失速有关，而且与压气机下游部件的容积大小有关。因此，对喘振原因的准确解释是失速是喘振的必要条件，但失速是否会导致喘振则与压气机下游部件的容积有关。经验表明，在高转速和高压比的压气机中，失速引起喘振是很普遍的。

轴流式压气机的失速和喘振这两种不稳定工况之间既有联系，也有区别。喘振的诱因是失速，但与失速有本质性的区别。归纳起来，两者的主要区别有以下几点。

（1）失速是压气机本身的气动稳定问题，而喘振是压气机与其管网组成的整个系统的稳定性问题。

（2）失速时，气体流量沿叶栅周向的分布是脉动的，但压气机的总流量不随时间变化；而喘振时压气机的总流量时增时减，随时都在变化。

（3）失速时，压气机中有一个或几个低速区围绕着压气机轴线旋转，处在叶栅中不同位置处的叶片将轮流地受到气流脉动的作用；而喘振时，处在叶栅周向各位置处的叶片同时受到气流轴向脉动的作用。

（4）失速时，气流周向脉动的频率和振幅与叶栅本身的几何参数和转速有关；而喘振时，气流轴向的振动频率和振幅与管网容量大小有很大关系，管网容量越大，频率越低，振幅越大。通常，喘振脉动频率比失速脉动频率要低得多。

3. 压气机的阻塞

阻塞是压气机流量增大时可能出现的一种不稳定工况。在阻塞工况下，压气机的流量无法进一步增加，压比及效率大幅度降低。一般认为，压气机发生阻塞的原因是动叶栅最小截面处的气流速度达到了声速，流量达到了临界值因而无法进一步增大。这种解释对压气机在高转速下的阻塞是容易接受的，但是对压气机在低转速下的阻塞则有些牵强，原因为低转速下压气机级内的气流相对速度 w_1 较低，按理说，在一定程度上增加流量不会导致气流速度达到声速。事实上，对这个问题，应将单级压气机与多级压气机、高转速与低转速的情况区分开来进行分析。

对于单级压气机，当转速较高时，流道内气流的速度也较高，若流量进一步增大，冲角有可能变为较大的负值，这时在叶片叶腹处将出现气流分离现象，造成流道的最小截面减小，使得此处本来就比较高的流速很容易增大至声速。当叶栅最小截面处的气流速度达到声速时，通过叶栅的流量即达到临界值，此后再也不能增大，等于叶栅被阻塞了。

当转速较低时，虽然动叶栅最小截面处的气流速度较低，在一定程度上增大流量不会使流速达到声速，但由于气流的负冲角较大，这一方面会导致叶片腹面处产生较严重的气流分离，从而减小叶栅出口通流面积；另一方面反而导致叶栅入口通流面积增大，如图 2-11 所示。于是，当压气机流量增大到一定程度时，就有可能出现叶栅入口面积大于叶栅出口面积的情况，这时，叶栅中的流动即由扩压转为膨胀，即产生了所谓的涡轮工况，其效果同样是气流被阻塞，压比、效率大幅度降低。

多级压气机在高转速情况下产生阻塞的机理与单级压气机相同。一般来说，由于受流量增加和压比降低、气体密度减小的双重影响，后面级中的气流速度增大得更多，这样末几级可能会先进入阻塞状态，但也不排除前几级先进入阻塞状态的可能，原因为前几级气流速度的设计值较高。但是，多级压气机在低转速情况下产生阻塞的机理则与单级压气机不同。在低转速下，多级压气机前几级动叶栅最小截面处的气流速度较低，在一定程度上增加流量不会使其达到声速，但末几级由于受流量增大和前几级压比降低、气

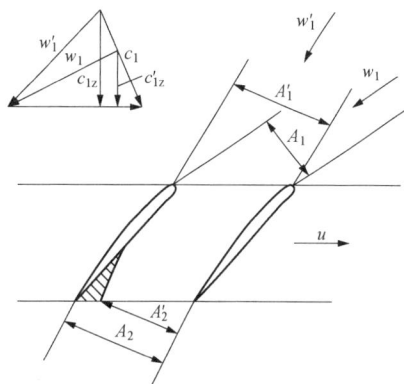

图 2-11　涡轮工况示意

体密度减小的双重影响，气流速度仍然增大很多并有可能达到声速，这样末几级仍然可能会进入声速阻塞状态。

总的来说，单级压气机在不同转速下发生阻塞的原因是不同的，高转速下发生阻塞的原因是声速阻塞，低转速下发生阻塞的原因是进入了涡轮工况；而多级压气机在各种转速下发生的阻塞都可能是声速阻塞。

五、压气机的防喘

如前所述，压气机喘振的起因是失速，而失速的起因是工作状态偏离设计点后，气流参数与叶栅几何参数之间的良好匹配关系遭到破坏，形成了过大的冲角。因此，要防止喘振，最根本的是要减小非设计工况下的冲角。常采用的防喘振措施有中间放气、旋转导叶和压气机分轴等。

1. 中间放气

所谓中间放气是指在多级压气机通流部分的一个或几个截面处将一部分气体放到大气中或者重新引回压气机进口，以防止压气机在低速运行时发生喘振的一种方法，如图 2-12 所示。

中间放气措施的优点是简单易行，压比低于 10 时效果比较理想；缺点是要放掉 $10\% \sim 15\%$ 经过压缩的空气，经济性差。另外，放气口的位置对于放气的效果有很大影响，过分靠近压气机进口，放气效果不太明显；过分靠近压气机出口，经济性又很差。为解决该问题，现代大功率燃气轮机所用的压气机一般设有多个放气口，运行时，根据

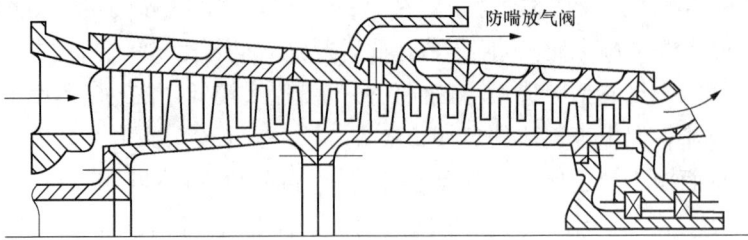

图 2 - 12　多级压气机的中间放气

转速的高低分别采用不同的放气口或者不同数量的放气口放气。

2. 旋转导叶

旋转导叶是指将多级压气机的进口导叶甚至前几级静叶都做成可以绕自身轴线旋转的结构，从而使它们的安装角 γ_p 可根据需要进行调整的机构。图 2 - 13 所示为一种齿轮齿条式导叶旋转机构的示意。

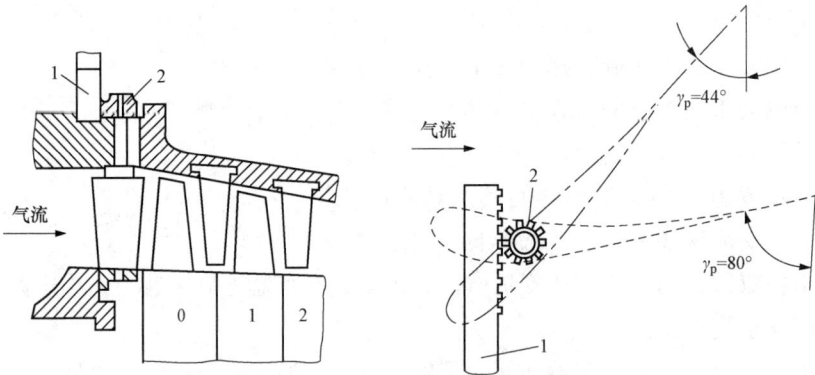

图 2 - 13　齿轮齿条式导叶旋转机构的示意
1—齿条；2—齿轮

旋转导叶防喘措施的优缺点与中间放气恰恰相反。优点是经济性好，缺点是操动机构及系统很复杂，且重量也增加。

3. 压气机分轴

高压比燃气轮机常常采用分轴的方法来防止压气机喘振。所谓分轴就是将压气机分成 2 个甚至 3 个转子，分别由相应的透平拖动，如图 2 - 14 所示。

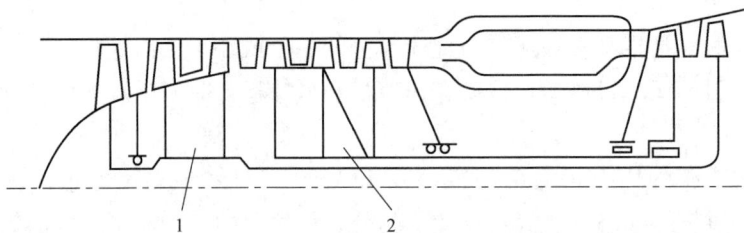

图 2 - 14　双转子燃气轮机示意
1—低压转子；2—高压转子

压气机分轴的优点是可以相对容易地达到防喘的要求，缺点是需要采用复杂的同心套轴结构。

经验表明，对于设计压比不超过 4～4.5 的压气机，不采用防喘措施还可以保证各级协调工作。当设计压比提高到 6 以上时，需采用放气或放气加旋转导叶的方法来防止喘振。当设计压比达到 10 以上时，需采用在若干个截面上放气，同时旋转若干级导叶（静叶）的方法来防止喘振。设计压比更高时，即使采用上述两种措施，有时也无法有效地防止喘振。在这种情况下，就需要采用压气机分轴的防喘措施。如果总压比在 9～16 的范围内，双转子压气机的高、低压压气机的压比都可以保持在 3～4 之间，因此都可以达到协调工作的要求。总压比如果更高，则可以结合中间放气和旋转导叶的方法来防喘，或者也可以将压气机分成 3 个转子。

随着技术的进步，目前单转子压气机的压比已能做到 20～30，双转子压气机的压比已能做到 40 以上。

六、实例：PG9351（FA）型燃气轮机压气机的结构

PG9351（FA）型燃气轮机的压气机为 18 级轴流式压气机，压比为 15.4：1，空气质量流量为 623.7kg/s，设有可调进口导向叶片（inlet guide vane，IGV），用于调节透平排气温度和防止压气机喘振。装在压气机缸体内部是 IGV、18 级动叶、静叶和两排出口导叶。第 9 级和第 13 级开有抽气口，用于抽取冷却空气冷却第 3 级和第 2 级透平喷嘴以及在燃气轮机启动过程中，通过该抽气口排出一部分压缩空气，以防止压气机喘振。压气机第 16 级和第 17 级轮盘之间开有一个径向抽气槽道，将压缩空气引入转子中心孔送往透平段，用来冷却透平第 1 级和第 2 级动叶片。压气机排气室的抽气为燃烧系统提供吹扫空气源，为进气加热提供气源，同时还提供燃气轮机第 1 级静叶的冷却空气。燃气轮机的第 3 级动片不设冷却空气。

（一）压气机静子

压气机静子部分主要包含气缸和静叶。整个压气机气缸分为进气缸、主缸和排气缸 3 部分，它们和透平缸体连接在一起，形成燃气轮机主要结构，如图 2-15 所示。它们

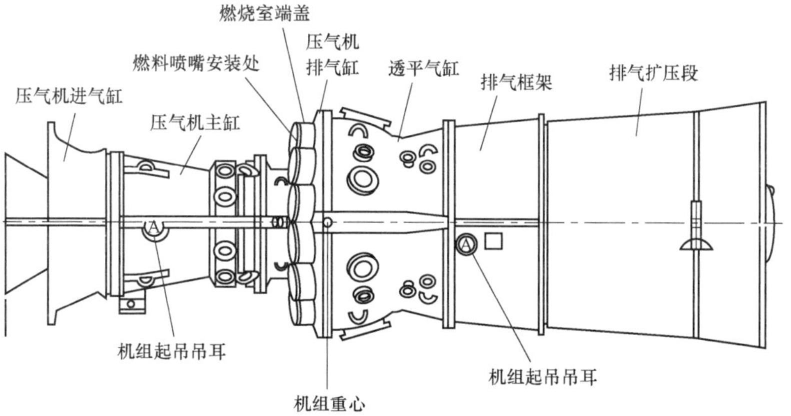

图 2-15　燃气轮机缸体分段简图

在轴承支撑点支持转子，并组成燃气环面的外墙。压气机进气缸和压气机主缸的材料为球墨铸铁，压气机排气缸的材料为 CrMoV 合金。所有这些缸体都是依靠水平中分面和垂直面的螺栓进行紧固，以便维修。

1. 压气机进气缸

压气机进气缸位于燃气轮机前端。它最主要的作用是使空气均匀进入压气机。进气缸体也支撑一号轴承组件。一号轴承下半部分支座完全与内部支撑（内喇叭口）铸在一起。上半部分轴承支座是一个单独的铸件，由法兰和螺钉与下半部分连接。内部支撑通过 9 个螺旋桨状的径向支柱固定在外部支撑口（外喇叭口）上。这些支柱浇铸在支撑口（喇叭口）壁上，其结构如图 2-16 所示。

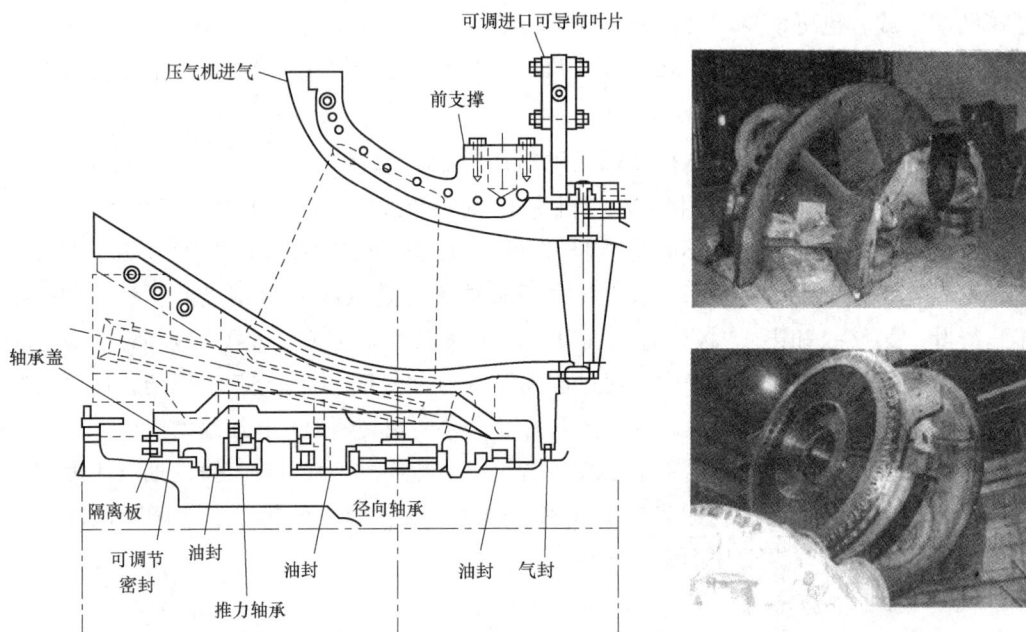

图 2-16 压气机进气缸和 1 号轴承室

IGV 安装在进气缸尾部，和一个控制环与小齿轮装配在一起，小齿轮与一个液压驱动器和连接臂装配连接。进口可转动叶的结构如图 2-17 所示，每只导向叶片的两端都加工有轴芯，它们与轴套相配合，轴套采用耐磨的青铜材料制作。两端轴心与轴套紧密配合，既能保证导叶灵活转动，又能防止气流从端部间隙泄漏。导向叶片的转动，是依靠旋转齿环带动装在导向叶片上的小齿轮旋转，导向叶片就随之转动；由于进口可转导向叶片较长，设置有内环。同一列导向叶片的转动角度应一致，这是靠联动机构来实现的，要求导向叶片转动时既灵活，又无松动的间隙。环形齿条与小齿轮啮合，油动机带动环形齿条转动，共同组成联动机构。

2. 压气机主缸

压气机主缸如图 2-18 所示，前端包含 0~4 级压气机静子。压气机下半部装备有两个大型完整的铸造耳轴，这两个铸造耳轴是在燃气轮机与其基座分离时用来提升燃气轮机的。

齿轮
弹性垫圈
衬套
隔套
衬套
推力垫圈
外芯轴
叶片
内芯
衬套

执行机构齿环架
A

齿环

进气缸

详图A

12角头螺栓
装配扇形段
接合销
12角头螺栓 摩擦环

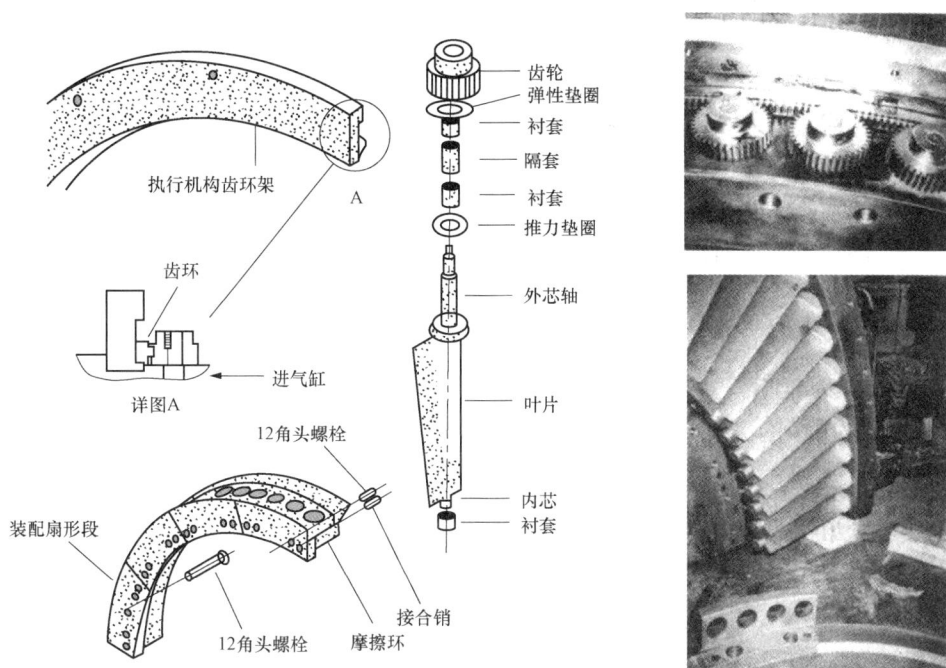

图 2-17 进口可转动叶的结构

压气机主缸后部包含 5～12 级压气机静子。后部缸体抽气口允许抽出第 9 级和第 13 级前的空气。这些空气是用于冷却第 3 级和第 2 级透平喷嘴，也用在启动和停机过程中部分转速时防止喘振。

燃气轮机的前支撑腿位于压气机主缸的前喇叭口处。

3. 压气机排气缸

压气机排气缸是压气机单元最后一部分，如图 2-19 所示。它是最长单缸体，置于正中央，在前端和后端支撑之间。压气机排气缸包含最后 5 级压气机静子，以及构成压气机排气段的内、外壁，并和透平缸体连接。排气缸同时也是支撑燃烧室的安装框架。

压气机排气缸体由内外缸组成，其中外缸是压气机缸体的延续，安装末端的压气机静叶和燃烧器的安装框架。内缸紧贴压气机转子安装，起到密封压气机排气，不至于直接进入透平部分。

图 2-18 压气机主缸

排气段位于排气缸后部，排气段的抽气为燃烧系统提供吹扫空气源，为进气加热提供气源，同时还提供燃烧器部件和燃气轮机第 1 级静叶的冷却空气。

（二）压气机转子

为了减轻转子的质量，目前 MS9001FA 压气机多采用拉杆式转子。转子由若干个大饼式的叶轮组成，在每个叶轮上安装有一级动叶片，这些叶轮组装好后由若干根拉杆

33

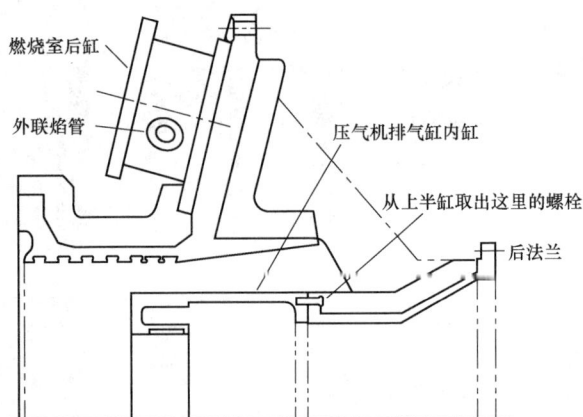

图 2-19　压气机排气缸

按一定的紧力拉紧而组成一个完整的转子。这种结构的转子在更换动叶片时必须将拉杆拆下,将转子拆成一个个的叶轮,更换好动叶片后再用新的拉杆重新拉紧。

PG9351(FA)燃气轮机轴流式压气机转子装配示意如图 2-20 所示。

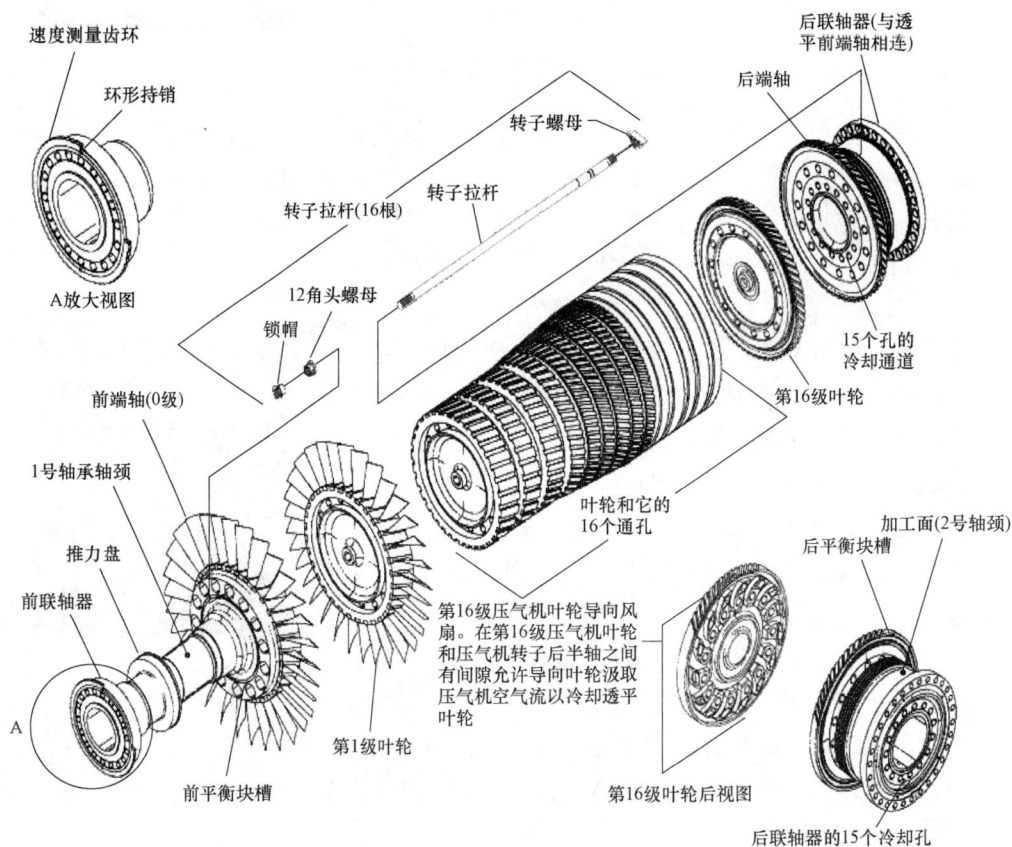

图 2-20　PG9351(FA)燃气轮机轴流式压气机转子装配示意

压气机转子是一个由 16 个叶轮、2 个端轴和叶轮组件、拉杆螺栓及转子动叶组成的组件。前端轴装有零级动叶片，后端轴装有第 17 级动叶片，16 个叶轮各自装有第 1~16 级动叶片。第 16 级压气机叶轮后端面上有导流片。在第 16 级压气机叶轮和压气机转子后半轴之间有间隙允许导向风扇汲取压气机空气流，并将空气引向压气机转子后联轴器上的 15 个轴向孔，流到透平前半轴与压气机转子后联轴器相应的 15 个轴向孔，以冷却透平叶轮。第 17 级叶轮既支撑动叶片，也为高压气封和压气机、燃气轮机连接法兰提供封接面。

为了控制同心度，在叶轮之间，或者端轴与叶轮之间，用止口配合定位，并用拉杆螺栓固定。依靠拉杆螺栓在叶轮端面间形成的摩擦力传递扭矩。

压气机每级叶轮装上叶片后，都应做级的动平衡，有很高的动平衡精度。当压气机转子与透平转子装配在一起后，需再次进行动平衡。

前端轴被加工成具有主、副推力面的推力盘和径向轴承的轴颈，以及 1 号轴承油封。

压气机的 0~8 级动叶片和静叶片，以及进口导叶的材料为 C-450（Custom 450），是一种抗腐蚀的不锈钢，未加保护涂层。其他级的叶片应用加铌的 AISI 403+cb 不锈钢，同样未加保护涂层。气缸用球墨铸铁铸造，叶轮和转子分别由 CrMoV 和 NiCrMoV 钢制造。

0 级动叶有 32 片，静叶有 46 片；末级静叶片（第 17 级）有 108 片，后两列导向叶片 EGV1 和 EGV2 各有 108 片。0 级动叶片高度为 503.56mm，末级动叶片高度为 147.17mm。

18 级压气机轮盘通过 18 根拉杆将其连成一个整体。其中第 1 级轮盘与压气机输出轴做成一个整体，作为压气机的前半轴。而最后一级轮盘通过过渡轴与透平叶轮相连。由于该型号机组的输出为冷端输出，增加了压气机转子的扭矩，因此 18 根拉杆的材料采用了 IN738 合金钢。

前端短轴制造有推力环，该推力环承担向前和尾端的推力负荷。前端短轴也为一号轴承提供止推轴颈，为一号轴承油封和压气机低压气封提供封接面。

（三）叶片安装

每个叶轮和前、后端轴的叶轮部分都有斜向拉槽，动叶片插入这些槽中，在槽的每个端面将叶片冲铆在轮缘上，如图 2-21 所示。轴流式压气机的叶片是由叶身和

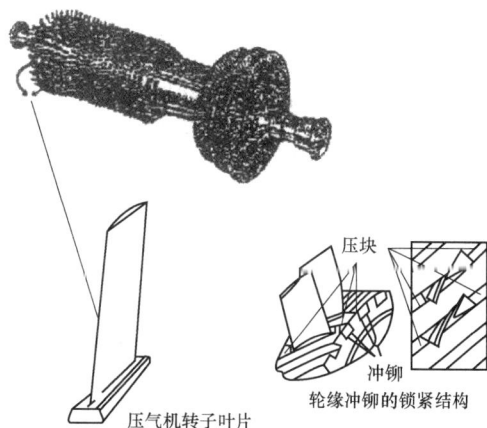

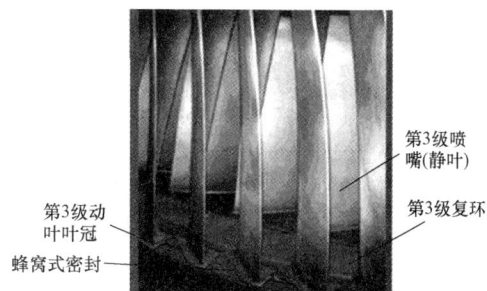

压气机转子叶片

压块

冲铆

轮缘冲铆的锁紧结构

第3级喷嘴(静叶)

第3级复环

第3级动叶叶冠

蜂窝式密封

图 2-21　压气机动叶片装配图

叶根两部分组成的，其中叶身是叶片与空气流相互作用的部分。通常，叶身的整体形状是扭曲式的，它的断面形状薄而宽，厚度由根部向颈部逐渐减小。叶根则是叶片固定到转轮或转鼓上去的部分。叶根的形状有纵树型、燕尾型等多种形式。

压气机静叶在气缸上有两种固定方式。

1. 直接装配

在气缸上加工有叶根槽，静叶一片片装入叶根槽中。叶根槽的形式有多种。在PG9351FA 燃气轮机中，第 5～17 级静叶片和出口导叶有一长方形基面的 T 形叶根，直接插入机壳的周向环槽内，然后插口用锁块封口，如图 2 - 22（a）所示。

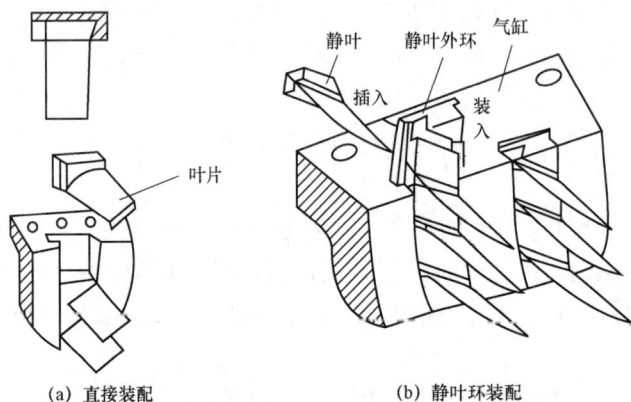

(a) 直接装配　　　　(b) 静叶环装配

图 2 - 22　压气机静叶在气缸上有两种固定方式

2. 静叶环装配

第 0～4 级静叶采用装配式静叶环，静叶片先插入类似于燕尾槽的环形块内，再将环形块装入压气机前机壳的周向槽道中，封口用锁键固定，如图 2 - 22（b）所示。为便于装配，通常把静叶环分为数个扇形段，然后一个个地装入，这样摩擦阻力大大减小，使静叶环在槽中易被推动。

任务 2.2　燃 烧 室 认 知

任务目标

1. 能正确描述燃烧室的工作过程。
2. 能说出燃烧室的工作特点。
3. 能描述燃烧室的结构类型及特点。
4. 能解释扩散型燃烧室的工作原理及特点。
5. 能解释预混型燃烧室的工作原理及特点。
6. 能简述 4 种典型 DLN 燃烧室（器）的特点。

📖 任务工单

学习任务	燃烧室认知				
姓名		学号		班级	成绩

通过学习，能独立完成下列问题。

1. 什么是一次空气？什么是二次空气？
2. 要保证燃气轮机在各种条件下都能正常高效地工作，燃烧室至少要满足哪些要求？
3. 燃烧室的工作特点主要有哪些？
4. 按照燃烧室整体结构特点和在燃气轮机上布置方式的不同，燃烧室主要分为哪几类？
5. 分管形燃烧室的优缺点主要有哪些？
6. 圆筒形燃烧室的优缺点主要有哪些？
7. 环形燃烧室的优缺点主要有哪些？
8. 环管形燃烧室的优缺点主要有哪些？
9. 根据燃烧方式的不同，燃烧室主要分为哪两类？
10. 什么是扩散燃烧？扩散燃烧的优缺点主要有哪些？
11. 扩散型燃烧室为了降低 NO_x 排放浓度，通常采取哪些措施？
12. 什么是预混燃烧？预混燃烧的优缺点主要有哪些？
13. 贫预混燃烧室为了防止燃烧室熄火，同时有效降低 CO 的排放量，采取哪些优化措施？
14. 4 种典型 DLN 燃烧室（器）的特点分别是什么？

👤 任务实现

一、燃烧室的工作过程及特点

燃气轮机燃烧室安装于压气机与燃气透平之间，通常由高温合金材料制成。来自压气机的高压空气进入燃烧室后，一部分空气被引入燃烧室的燃烧区与燃料进行混合燃烧，将燃料中的化学能转变成高温燃气的热能；另一部分压缩空气与燃烧后形成的温度高达 1800～2000℃的燃烧产物均匀地掺混，使其温度降低到燃气轮机透平进口的初温水平，以便送到燃气轮机透平中去做功；燃烧室在设计时除了考虑较高燃烧效率外，还应保证较低的 NO_x 生成，使燃气轮机的排气符合环保要求。除流动损失外，燃烧室的工作基本上是在等压下完成的。

图 2-23 所示为 GE 公司采用的一种典型燃烧室结构及工作过程简图。由图 2-23 可见，在结构上，该燃烧室主要由外壳、火焰筒（又称火焰管）、燃料喷嘴（又称燃烧器）、点火器、过渡段（又称燃气收集器）等部件组成。工作时，燃料经由喷嘴进入火焰筒，压气机送来的高压空气首先进入外壳与火焰筒之间的环腔，然后受火焰筒结构的制约分成几个部分，分别经由旋流器、配气盖板和过渡锥顶上的通孔、火焰筒上的一次射流孔、混合射流孔以及冷却鱼鳞孔进入火焰筒。其中，从旋流器、过渡锥顶、一次射流孔进入火焰筒的空气是保证燃料完全燃烧所必需的空气，称为一次空气；从冷却鱼鳞

37

孔进入火焰筒的空气是保护火焰筒的冷却空气；从混合射流孔进入火焰筒的空气是剩余的空气，称为二次空气或掺冷空气。

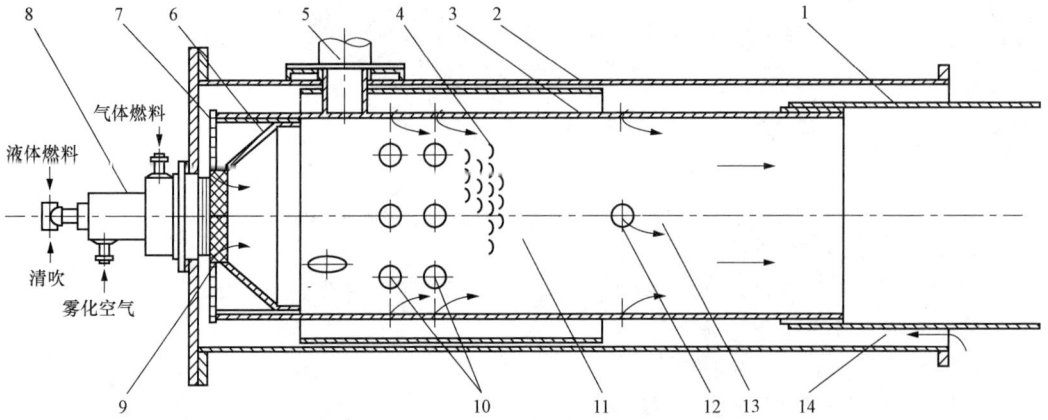

图 2 - 23　典型燃烧室结构及工作过程简图

1—过渡段；2—外壳；3—火焰筒；4—冷却鱼鳞；5—点火器；6—过渡锥顶；7—配气盖板；

8—燃烧喷嘴；9—旋流器；10——次射流孔；11—燃烧区；12—混合射流孔；13—混合区；14—环腔

1. 燃烧室应满足的要求

要保证燃气轮机在各种条件下都能正常、高效地工作，燃烧室必须且至少应满足下述要求。

(1) 各种工况下均能维持稳定燃烧，不熄火，无燃烧脉动，否则不仅使燃气轮机无法实现正常功能，而且可能引起事故。

(2) 燃烧要完全，燃烧效率在额定工况下要达到 99% 左右，在低负荷工况下要不低于 90%，否则燃气轮机的效率要同比例地下降。

(3) 流动损失小，压损率 ε_b 要不高于 5%，否则燃气轮机的效率要受到很大影响。研究表明，燃气轮机流道中的工质总压每降低 1%，燃气轮机的效率要相对下降 1%~2%。

(4) 出口气流的温度场要均匀，温度不均匀系数 $\delta_t < 10\%$，否则会使下游透平叶片受热不均匀，增大其热应力。δ_t 的定义为

$$\delta_t = （出口截面上的最高温度－出口平均温度）/出口平均温度$$

(5) 燃烧热强度高、尺寸小、质量轻。燃烧热强度是指单位时间内，在单位体积的燃烧空间或单位通道截面上释放出来的燃烧热。

(6) 具有较长的使用寿命，并便于调试、检修和维护。电站燃气轮机燃烧室的翻修寿命已可达到 20000~30000h。

(7) 点火性能好，不仅在启动时能可靠地点火，而且在燃气轮机升速和加负荷的过程中不出现熄火、超温或火焰过长等现象。

(8) 排气中的污染物含量少。

2. 燃烧室工作条件

燃烧室要同时满足上述要求非常困难，原因之一在于其工作条件比一般燃烧设备要

苛刻得多。

（1）燃烧过程一般是在高速气流中完成的。燃气轮机中的空气流量很大，为了保证燃烧室的高燃烧热强度和尺寸紧凑性，其内部的气体速度不能太低。目前电站燃气轮机燃烧室进出口处的气流速度已达到 $100 \sim 150 \text{m/s}$，燃烧区的平均气流速度也有 $20 \sim 25 \text{m/s}$。要在这比十二级台风还要高速的气流中使火焰不熄灭、燃烧完全、流动损失小，燃烧室设计上的困难很大。

（2）过量空气系数大，且在变工况时变化剧烈。过量空气系数 α_f 是实际空气量与理论上需要的空气量之比。在锅炉等一般的燃烧设备中，助燃用的空气量一般仅取得比理论空气量略大一些，这样其过量空气系数 α_f 一般仅比 1 略大一些，燃烧区的温度可达到 $1800 \sim 2000 ℃$。而在燃烧室中，空气的流量只取决于燃气轮机，燃气轮机的最高工作温度决定了燃烧室的过量空气系数 α_f 在额定工况下一般都在 3 以上，在低负荷下可急剧上升至 15。如果这么多的空气都直接参与燃烧，那么燃烧区的燃料浓度会相当低而不能保证完全燃烧，低负荷下燃料浓度更是会低到贫燃料熄火极限以下。如何在这么大而且变化剧烈的过量空气系数条件下保证燃烧稳定、完全，且使出口温度场保持均匀，是非常困难的。

（3）温度高和燃烧热强度大。一般来说，燃气轮机燃烧室的燃烧热强度是锅炉的数十至数百倍，同时其出口气流的平均温度目前已达到 $1500 ℃$ 以上。在如此高的温度和燃烧热强度，且温度和燃烧热强度都可能发生急剧变化的条件下，如何保证燃烧室各热部件（火焰筒和过渡段）不出现大的热应力，从而保证一定的寿命，是目前面临的难题。

燃烧现象的物理、化学过程非常复杂，涉及空气和燃气的流动、空气与燃料之间的混合、燃料与气体中氧的化学反应、热量在不同区域间的传递、各种物质在不同区域间的互相扩散等，其规律还没有被人们完全掌握。因此到目前为止，新燃烧室的设计还主要依据经验、试验和反复的调整。

3. 组织燃烧的基本原则和手段

在对燃气轮机的燃烧室进行的长期研究和实践中，人们总结出了组织燃烧的一些基本原则和手段，主要有以下几个。

（1）通过燃烧室及其部件结构的限制，将空气分为一次空气、冷却空气和二次空气，并将它们从不同的部位以不同的方式导入火焰筒中。一次空气的流量和导入方式要保证在各种工况（包括急剧变化的工况）下燃料能被可靠地点燃，保证火焰稳定不熄火，保证燃料能充分而快速地燃烧；冷却空气的导入方式要保证高温部件得到良好的冷却保护；二次空气的导入方式要保证出口气流的温度场均匀。

（2）通过燃料喷嘴或燃烧器的合理设计，使燃料流与空气流之间有良好的匹配，使燃料空气混合物的浓度分布和速度分布有利于点火、有利于稳定燃烧。

（3）对各热部件的结构及安装方式要进行仔细设计，使其能得到良好的冷却，使其在保持定位和密封的同时能自由地膨胀。

对有关原则的不同理解和把握，使各制造厂设计的燃烧室的结构千差万别，形态各异。尽管如此，按照其整体结构上的特点和在燃气轮机上布置方式的不同，仍然可将它们划分为分管形、圆筒形、环形和环管形四种基本类型。

二、燃烧室的类型及特点

1. 分管形燃烧室

分管形燃烧室是一种以几个、十几个或者几十个为一组，环绕布置在压气机和透平之间主轴周围的小圆筒形状的燃烧室。

分管形燃烧室的优点是燃烧空间中空气的流动模型与燃料炬容易配合，燃烧过程易组织，燃烧效率高且稳定；尺寸小、便于系列化、便于解体检修和维护；由于流经燃烧室的空气流量只是整个机组进气总量的 $1/n$（n 为该机组中分管型燃烧室的个数），因而燃烧室便于在试验台上作全尺寸和全参数的试验，试验结果可靠而且节省费用。它的缺点是空间利用程度差；流阻损失大、压损率高；需要用联焰管传焰点火，制造工艺要求高。

GE 公司的 MS5001 就是此类机型的代表。图 2 - 24 所示为 GE 公司传统采用的一种分管形燃烧室的结构，GE 公司在 MS600 系列燃气轮机上所用的分管形燃烧室及其布置情况如图 2 - 25 所示。

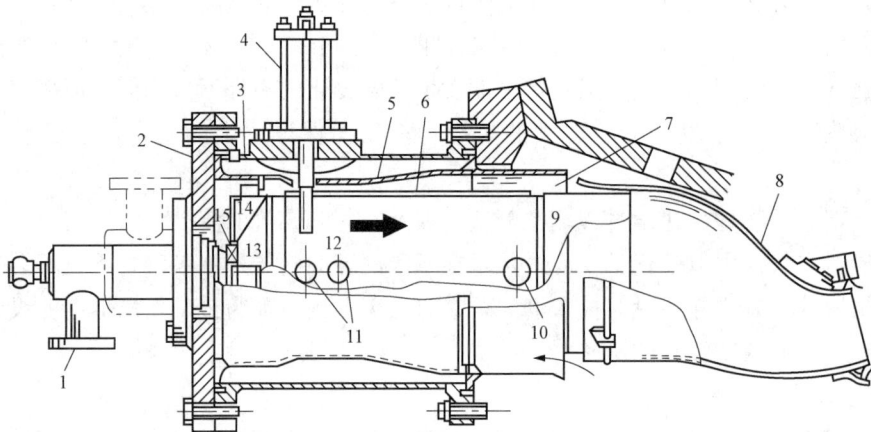

图 2 - 24　分管形燃烧室的结构

1—燃料喷嘴；2—盖板；3—外壳；4—点火器；5—遮热筒；6—火焰筒；7—环腔；8—过渡段；9—掺混区；
10—混合射流孔；11——次射流孔；12—燃烧区；13—过渡锥顶；14—配气盖板；15—旋流器

如图 2 - 24 所示，占 $20\%\sim30\%$ 的一次空气，分别从旋流器 15、配气盖板 14 和过渡锥顶 13 上的切向孔，以及开在火焰筒前段的一次射流孔 11，进入火焰筒前段的燃烧区 12 中去，在那里与由燃料喷嘴 1 喷射出来的燃料混合，使其燃烧。冷却空气穿过开设在火焰筒冷却进气环上的小孔（见图 2 - 38）进入火焰筒，在火焰筒内表面形成一层空气膜对其进行冷却保护。剩余的二次空气从开在火焰筒尾部的混合射流孔 10 进入火焰筒，掺混到高温燃气中去，使其成为温度均匀一致的燃气。

该燃烧室火焰筒中的气流的流场如图 2 - 26 所示，经由旋流器进入火焰筒前部的一次空气是以强烈旋转着的方式进入燃烧区的，在离心力的作用下，这部分空气中的很大一部分会被甩到火焰筒筒壁附近，在那里形成一股高速旋转的环状气流层（称为一次空气主流区），该气流层会对火焰筒中心部位发生抽吸作用，从而在那里形成一个既绕自身轴线也绕火焰筒轴线旋转的环状回流区。

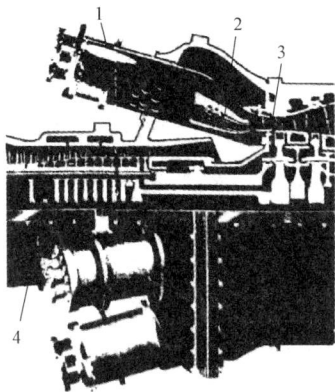

图 2-25　MS600 系列燃气轮机
的分管形燃烧室及其布置情况
1—燃烧室外壳；2—过渡段；3—透平；4—压气机

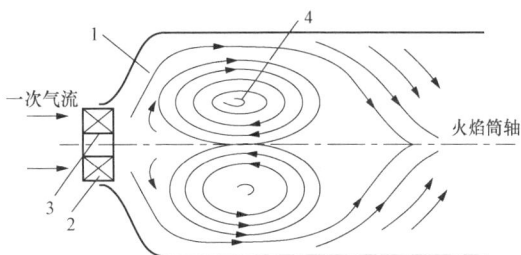

图 2-26　火焰筒中气流的流场
1—主流区；2—旋流器；3—旋流器内环；4—回流区

随着流动的继续，一次空气主流区的气流层在火焰筒的轴线处会重新合成一股总体上向前运动，同时又绕火焰筒轴线旋转的气流。此时，这股气流由于已经经过剧烈的摩擦和湍流交换，其旋转趋势已变弱，轴向速度也已逐渐趋于均匀分布。图 2-27 绘出了该流场中气流的轴向速度分布。

如果能够将燃料相匹配地从一次空气主流区与回流区的交界面附近送入燃烧室（实际情况正是如此），那么这样的流场，特别是流场中自然形成的回流区对燃烧而言就非常有利。首先，主流区与回流区交界面处的气流速度梯度很大，这会使燃料与空气快速混合从而形成可燃气体；其次，回流区中反向流动的气体在燃烧

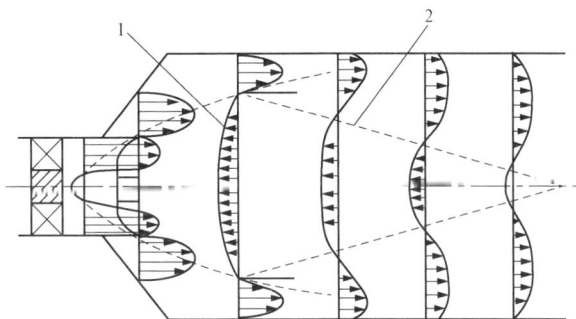

图 2-27　火焰筒中气流的轴向速度分布
1—回流速度；2—回流区边界

开始以后必然会是高温燃气，它会源源不断地将热量传递给刚刚进入火焰筒的可燃气体并点燃，这样，回流区实际上就是一个可靠而又稳定的点火源；再次，当反向流动的气流逐渐离开火焰筒轴线而向顺流方向过渡时，回流区外围必然会出现一个轴向速度相当低的顺向流动区域，这个低速流动区能够为火焰稳定提供条件。此外，回流还延长了反应物质在火焰筒内逗留的时间，也为燃料的完全燃烧提供了条件。

2. 圆筒形燃烧室

圆筒形燃烧室是一种可布置在机组近旁，也可直接布置在燃气轮机机座上的外壳为

圆筒状的燃烧室。

圆筒形燃烧室的最大优点是结构简单，布置灵活；机组的全部空气流过一个或两个燃烧室，能适应固定式燃气轮机的结构特点，便于与压气机和透平配装；装拆容易；由于燃烧室的尺寸比较大，因而在流阻损失较小的前提下，比较容易取得燃烧效率高、燃烧稳定性好的效果。其缺点是燃烧热强度低，笨重，金属消耗量大；难以作全尺寸燃烧室的全参数试验，致使设计和调试比较困难。

图 2 - 28 所示为 Alstom 公司设计生产的一种具有挂片式冷却结构的标准圆筒形燃烧室的结构，Alstom 公司在 13 型燃气轮机上所用的圆筒形燃烧室及其布置如图 2 - 29 所示。该燃烧室的火焰筒为一个与外壳同轴的圆筒，它采用了 1 个大尺寸的燃料喷嘴，喷嘴穿过外壳的顶部伸入火焰筒中。

图 2 - 30 所示为 Siemens 公司设计生产的一种具有陶瓷内衬的圆筒形燃烧室，它采用的燃料喷嘴的数目视机组功率大小而异。该燃烧室在 Siemens 公司 V94.3 型燃气轮机上的布置如图 2 - 31 所示。圆筒形燃烧室的内部流场与分管形燃烧室十分相似，区别仅在于尺寸的大小，因此不再进行讨论。

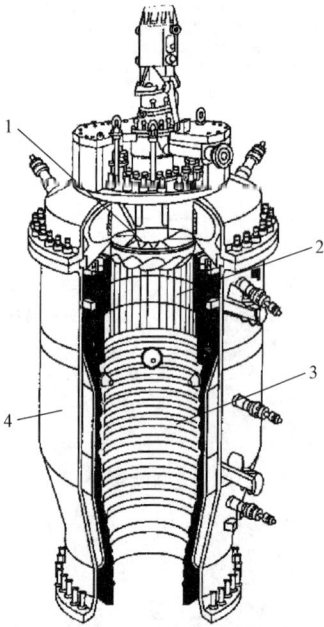

图 2 - 28 标准圆筒形燃烧室的结构
1—旋流器；2—挂片式冷却结构；
3—火焰筒；4—外壳

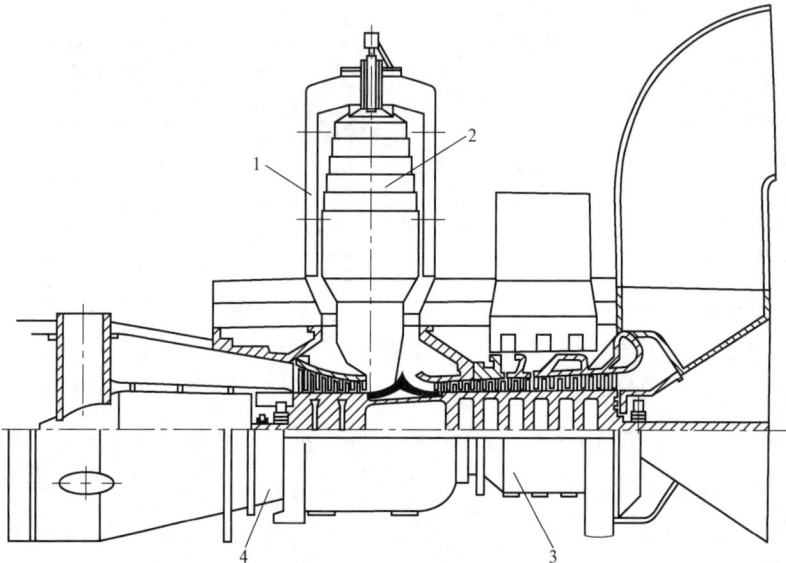

图 2 - 29 圆筒形燃烧室及其布置
1—燃烧室；2—火焰筒；3—压气机；4—透平

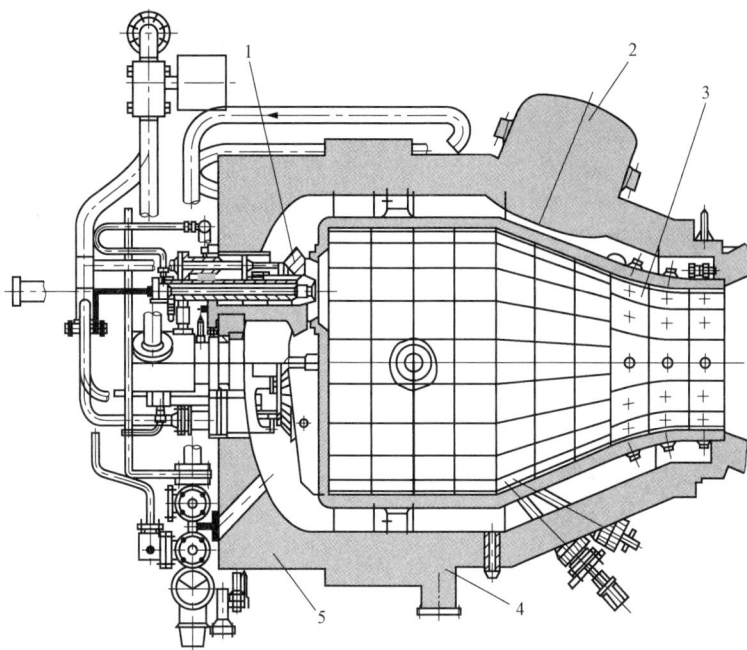

图 2-30　圆筒形燃烧室

1—燃烧室；2—人孔；3—陶瓷材料出口段；4—支架；5—保温层

3. 环形燃烧室

环形燃烧室是一种由多层同心圆环组成，按与机组同轴线的方式直接布置在压气机和透平之间的燃烧室。

环形燃烧室的优点是体积小、质量轻，特别适合与轴流式压气机和透平匹配；其压损率低，流动损失小，联焰方便，火焰管的受热面积小，发展潜力大。缺点是由于燃烧空间彼此连通，气流与燃料炬不容易组织，燃烧性能较难控制，燃气出口温度场受进气流场的影响较大而不易保持稳定；由于需要用机组的整个进气量作燃烧试验，试验周期长而耗费

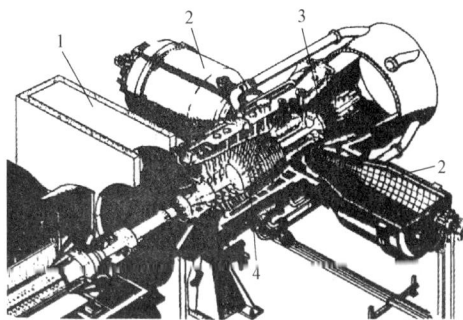

图 2-31　V94.3 型燃气轮机的圆筒形燃烧室
及其布置

1—进气蜗壳；2—卧式布置的燃烧室；3—透平；4—压气机

大，难以作全尺寸实验，使得设计调试困难；结构的刚性差，解体检修非常困难。

图 2-32 所示为 Siemens 公司设计生产的一种环形燃烧室的结构示意。它实际上是一个由内外两个同心环形遮热板构成、具有火焰筒性质的燃烧空间，Siemens 公司在 3A 系列燃气轮机上所用的环形燃烧室及其布置如图 2-33 所示，其外壳与燃气轮机的外机壳实际上是一体化的。环形燃烧室的内部流场组织与分管形燃烧室区别很大，也复杂得多，此处不再讨论。

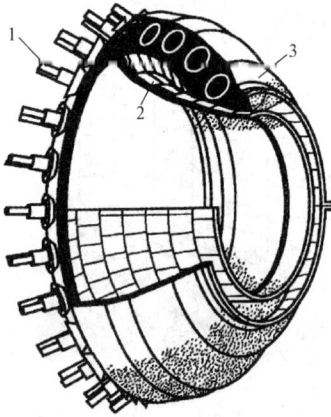

图 2 - 32　环形燃烧室的结构示意

1—燃烧器；2—内层遮热板；3—外层遮热板

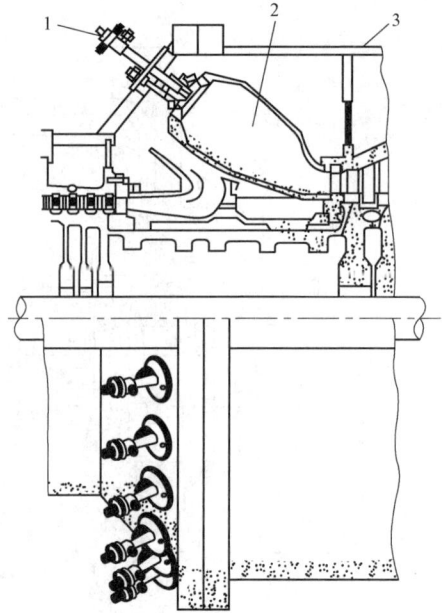

图 2 - 33　3A 系列燃气轮机
的环形燃烧室及其布置

1—燃烧器；2—燃烧室；3—外机壳

4. 环管形燃烧室

环管形燃烧室是一种外壳为环形，内由几个到几十个火焰筒组成，火焰筒环绕布置在压气机和透平之间的主轴周围的燃烧室。

环管型燃烧室的优缺点大体上介于分管形和环形燃烧室之间。其优点是火焰筒尺寸小，便于系列化，便于解体检修，便于做全尺寸实验，燃烧过程易组织，燃烧效率高且稳定；缺点是质量较大，火焰管结构复杂，需要用联焰管点火，流动损失稍大，制造工艺要求高。它适宜与轴流式压气机配合工作，能够充分利用由压气机排气的动能，在目前应用得相当广泛。

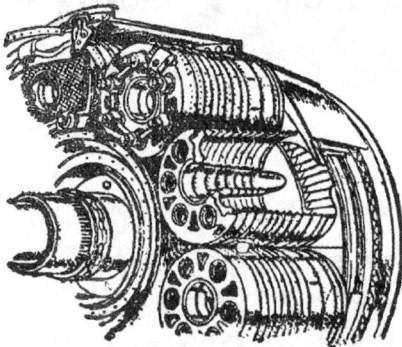

图 2 - 34　环管形燃烧室结构示意

图 2 - 34 所示为环管形燃烧室结构示意。图 2 - 35 所示为三菱公司设计生产的环管型燃烧室在 M701F 型燃气轮机上的布置情况，该燃烧室的外壳与燃气轮机的外机壳也是一体化的。

三、燃烧室火焰筒与过渡段的冷却

燃烧室中承受温度最高的部件是火焰筒和过渡段。为了使火焰筒和过渡段具有较长的使用寿命，除了需采用具有高温强度、耐腐蚀的母材制造这些部件，并在其表面涂敷以 Al、Cr、MCrAlY 等为代表的耐氧化涂层外，还要采取两个重要的降温措施：一是涂或镶耐热层，如图 2 - 36 所示；二是用高压的冷空气或水蒸气对火焰筒和过渡段进行不间断地冷却。耐热层一般采用以 ZrO_2、Y_2O_3 等为代表的陶瓷材料，这层陶瓷耐热层可使母材温度降低170℃左右。

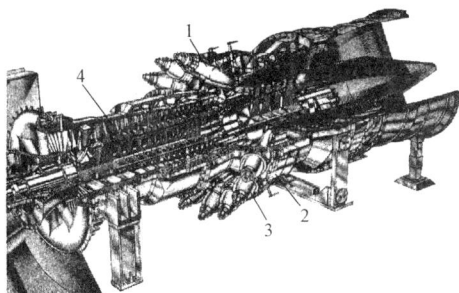

图2-35　M701F型燃气轮机的环管形燃烧室及其布置
1—燃烧室的火焰筒；2—透平；3—围绕主轴布置的20个环管式燃烧室；4—压气机

火焰筒及过渡段的冷却方式随这些部件的具体结构不同而不同，但基本方式不外乎气膜冷却、对流冷却和冲击冷却三种形式。气膜冷却是指用一层空气或蒸汽膜对被冷却的表面所进行的冷却和保护；对流冷却是指用空气或蒸汽，以热交换的方式对被冷却的表面所进行的冷却；冲击冷却是指用大量的空气或蒸汽射流冲击被冷却的表面所形成的冷却。

图2-37给出了与图2-24所示的分管形燃烧室相配套的火焰筒的结构，它的冷却结构大致如图2-38所示。该火焰筒采用的是冲击、气膜综合冷却方式。

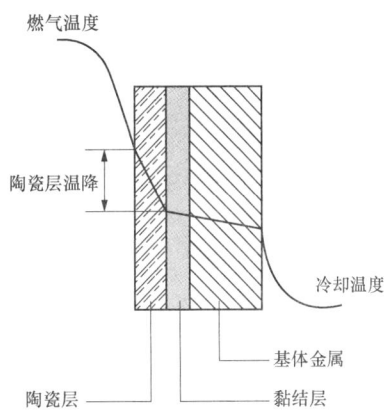

图2-36　陶瓷耐热层及其隔热效果示意

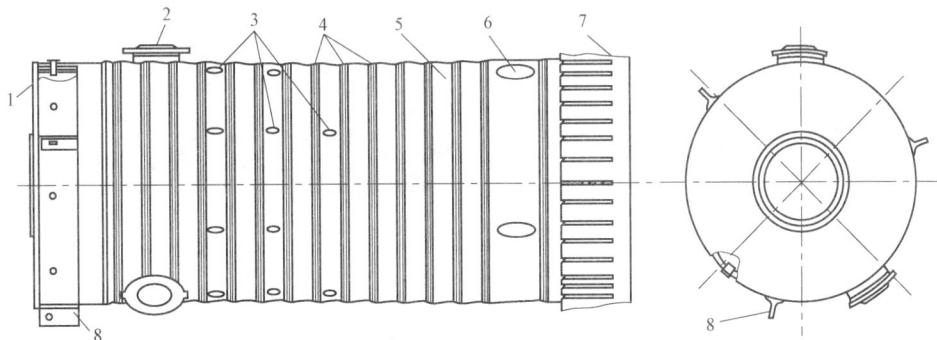

图2-37　分管形燃烧室的火焰筒
1—盖板；2—联焰管接口；3—一次射流孔；4—冷却孔进气环；
5—火焰筒环；6—混合射流孔；7—膨胀环；8—固定凸肩

图2-39为图2-28所示的燃烧室中的火焰筒的局部结构，该火焰筒采用了一种挂

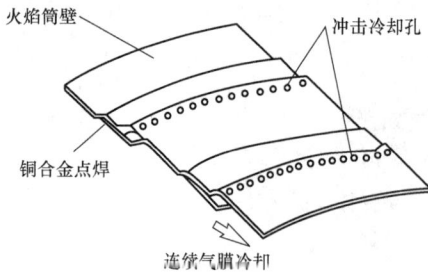

图2-38 冷却孔进气环的结构

片式冷却方式。挂片冷却的原理是让冷空气穿过火焰筒外衬筒之间的接口进入外衬筒与挂片之间的流道，从内部对挂片进行对流冷却，然后流进火焰筒，在下一个由挂片构成的火焰筒内表面上形成一层空气膜，对火焰筒进行冷却保护。由此可见，挂片冷却是一种对流、气膜综合的冷却方式。

图2-40所示为开有冲击冷却小孔的双层结构过渡段。该过渡段的外层上开有许多小孔，空气穿过这些小孔形成射流，冲击过渡段的内层，形成冲击冷却。

图2-39 挂片式冷却结构

1—挂片；2—由挂片组成的火焰筒内壁；3—火焰筒外衬筒；
4—挂片详图；5—挂片上的肋片

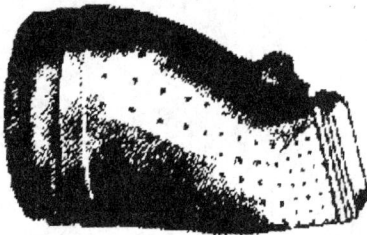

图2-40 开有冲击冷却小孔的双层结构过渡段

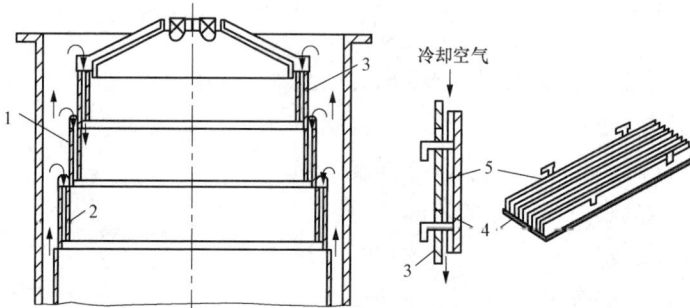

在采用耐热涂层和各种冷却措施的基础上，燃烧室金属材料的温度目前可被控制在850℃以下。燃气轮机近年来所取得的成就在很大程度上应归功于冷却手段的发展和冷却效率的提高。冷却效率的定义为

冷却效率＝（高温气体温度－金属温度）/（高温气体温度－冷却空气温度）

四、燃烧室工作原理

燃烧室近年来和今后一段时间内发展的方向之一是降低燃烧产物中的有害物质。对

于燃烧天然气的燃烧室而言，主要是降低 NO_x 的生成。根据燃烧方式的不同，燃烧室可分为扩散型燃烧室和干式低 NO_x 预混型燃烧室。为深入了解它们的特性，需对扩散燃烧和预混燃烧的原理有所了解。

1. 扩散燃烧

在 20 世纪 90 年代之前燃气轮机燃烧室主要都是按照扩散燃烧的原理进行设计的。扩散燃烧是燃料与空气分别进入燃烧区，然后逐渐混合，在过量空气系数 $\alpha_f \approx 1$ 的区域内燃烧。燃烧原理如图 2-41 所示，在燃烧器管口处，燃料与空气是相互隔开的，然后在分子扩散和湍流扩散的联合作用下，迅速相互掺混，在离开管口一定距离处形成一个燃料-空气混合物薄层并在该薄层内发生燃烧。

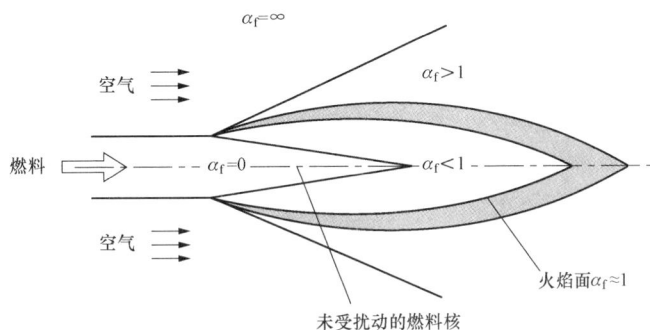

图 2-41　扩散燃烧原理示意

图 2-42 所示是一种扩散燃烧型的燃烧室：由压气机送来的压缩空气，在逆流进入导流衬套与火焰管之间的环腔时，因受火焰管结构形状的制约分流成为几个部分，逐渐流入火焰管。其空气流量与燃料流量的比值，总是要比理论燃烧条件下的配比关系大很多，其中的一部分空气称为一次空气，它由开在火焰管前段的三排一次射流孔进到火焰管前端的燃烧区中去，与由燃烧喷嘴喷射出来的液体燃料或天然气进行混合和燃烧，转化成为 1500～2000℃ 的高温燃气，这部分空气大约占进入燃烧室的总空气量的 25%；另一部分空气称为冷却空气，它通过许多排列在火焰管壁面上的冷却射流孔逐渐进入火焰管的内壁部位，并沿着内壁的表面流动，这股空气可以在火焰筒的内壁附近形成一层温度较低的冷却空气膜，冷却高温的火焰管壁，使其免遭火焰烧坏；此外，剩下的空气则称为二次空气或掺混空气，它是由开在火焰管后段的混合射流孔射到由燃烧区流来的 1500～2000℃ 的高温燃气中去，使其温度比较均匀地降低到透平前燃气初温设计值，该区称为稀释区。

图 2-42 所示的燃烧室即为按扩散燃烧原理设计的燃烧室，图 2-43 则表示了与之配套使用的燃料喷嘴。该喷嘴是一种双燃料喷嘴，在燃烧天然气时，雾化空气进口关闭。

显然，扩散燃烧的特点是火焰面处的 $\alpha_f \approx 1$，温度差不多为与 $\alpha_f \approx 1$ 相对应的理论燃烧温度；燃烧速度取决于分子扩散和湍流扩散的速度，而不取决于化学反应的速度。这类燃烧的优点是燃烧稳定、不易熄火、不会回火；其缺点是燃烧区温度高，因此

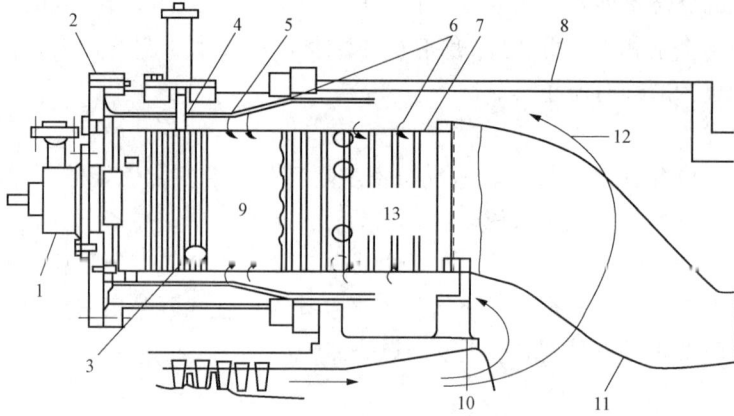

图 2 - 42 典型扩散燃烧室的结构

1—燃料喷嘴；2—盖板；3—联焰管；4—点火器；5—导流衬板；6—冷却缝；7—火焰管；
8—燃烧室外壳；9—燃烧区；10—燃烧筒支撑；11—过渡段；12—压气机排气；13—掺混区

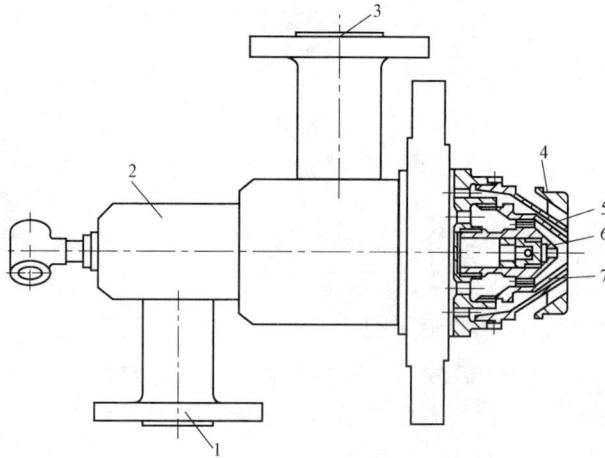

图 2 - 43 与分管形燃烧室配套使用的喷嘴

1—雾化空气进口；2—喷嘴体；3—气体燃烧进口；4—旋流器；
5—气体燃料喷口；6—液体燃料喷口；7—雾化空气切向槽

NO_x 的生成率高。要理解为什么燃烧区温度高时，NO_x 的生成率就高，需要对燃烧过程中生成的机理有所了解。

研究表明，燃烧过程中生成的 NO_x 大体上可分为燃料 NO_x 和热力 NO_x 两种类型。燃料 NO_x 主要取决于燃料的氮化合物含量（对液体和气体燃料而言不占主要成分），在燃烧过程中很难控制。热力 NO_x 则是空气中的氮气和氧气在高温条件下化合的结果，在组成上主要是 NO（占 $90\%\sim95\%$）。图 2 - 44 所示为在一定时间段内，液体和气体燃料在燃烧过程中生成的 NO 的浓度与温度的关系。由图 2 - 44 可见，热力 NO_x 的生成率与温度关系密切。在低于 $1600℃$ 的温度下，热力 NO_x 的生成率是很低的。但是在 $1650℃$ 以上，特别是 $1700℃$ 以上，热力 NO_x 的生成率将会大幅度提高，且温度越高，生成率就越高。

　　由于扩散燃烧的燃烧区温度一般都高于
1650℃，所以燃烧过程中生成的热力 NO_x 往往
很高。这类燃烧室为了降低 NO_x 排放浓度，通
常采取以下 3 种方式。

　　（1）向燃烧区注水或注水蒸气，强制性地
降低火焰温度。这是一种在燃烧中降低 NO_x
的方法。但注水燃烧会降低燃气轮机效率，造
成燃烧不稳定，导致燃烧不完全，使燃烧室的
结构复杂化，并降低燃烧室和透平的使用
寿命。

　　（2）在下游余热锅炉中布设催化反应器，
采用向烟气中喷氨水的方法将已生成的 NO_x 还

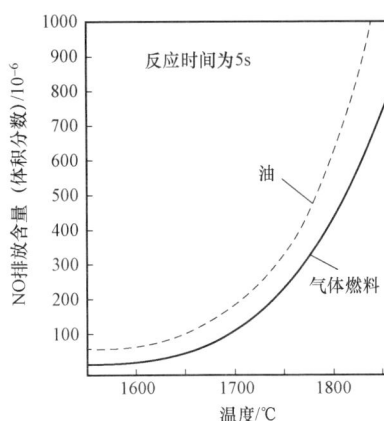

图 2-44　热力 NO_x 的浓度与温度的关系

原为 N_2。但布设催化反应器将会使设备投资大幅度提高（催化反应器的价格约为燃气
轮机价格的 20%）。

　　（3）采用预混燃烧室。目前大型燃气轮机无一例外地采用了干式低 NO_x 预混燃
烧室。

2. 预混燃烧

　　预混燃烧是一种让燃料与空气预先混合成均相的、稀释的可燃气体后，再引入燃烧
区的燃烧方式。预混燃烧的特点是火焰以湍流方式传播，燃烧速度取决于化学反应进行
速度，火焰表面的燃烧温度取决于燃料/空气掺混比。因此，通过控制燃料与空气的掺
混比，可以使火焰面的温度低于 1650℃，这样就能控制热力 NO_x 生成。氧-乙炔焊枪
中的燃烧就是预混燃烧的一个典型例子。

　　预混燃烧可以按照过量空气系数 $\alpha_f > 1$ 的条件设计，也可以按照 $\alpha_f < 1$ 的条件设
计。前者称为均相贫预混燃烧，后者称为均相富预混燃烧。

　　均相贫预混燃烧类型的燃烧室是现代燃气轮机燃烧室技术的主要发展趋势。均相贫
预混燃烧的优点是通过控制掺混比可使燃烧温度低于理论燃烧温度，也低于或略高于热
力 NO_x 生成的起始温度（1650℃），从而可降低 NO_x 的生成量；其缺点是因为可燃气
体的燃料浓度低，所以燃烧温度低，低负荷时很容易熄火，另外，还可能造成 CO 排放
量增大。

　　为了防止燃烧室熄火，并适应燃气轮机负荷变化范围很广的特点，同时有效降低
CO 的排放量，克服均相贫预混燃烧的缺点，在设计均相贫预混燃烧室时，还得采取以
下一些优化措施。

　　（1）合理地选择掺混比，使火焰面的温度达到 1700～1800℃，这样既兼顾低 NO_x
燃烧的要求也兼顾燃烧稳定的要求，使燃烧室的 NO_x 和 CO 的排放量都比较低，如图
2-45 所示。

　　（2）适当增大燃烧室的直径或长度，以适应火焰温度较低时火焰传播速度比较低的

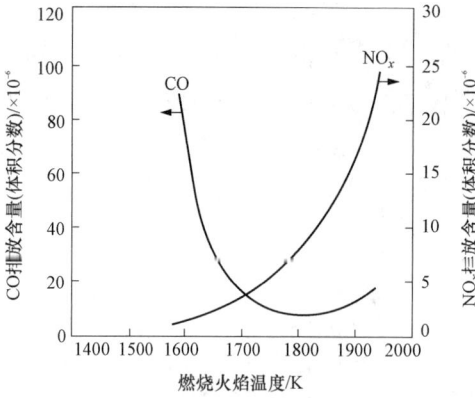

图 2-45 燃烧火焰温度对 NO_x 和 CO 排放量的影响关系

特点。

（3）必要时在低负荷工况下（包括启动点火工况）仍然保留一小股扩散燃烧火焰，以防燃烧室熄火，并满足燃气轮机燃烧室负荷变化范围很宽的要求。

（4）合理地控制可燃混合物的喷射压比，避免与燃烧室火焰管的共振周期重合，以防燃烧室发生振荡燃烧现象。

（5）采用可调节的空气旁路，在负荷变化时，通过改变参与燃烧的空气的流量来实现掺混比的优化。

（6）采用分级方式组织燃料的燃烧，在负荷变化时，通过改变参与燃烧的级数来实现掺混比的优化。分级燃烧又分为串联和并联两种方式，图 2-46 所示为串联式和并联式分级燃烧示意。

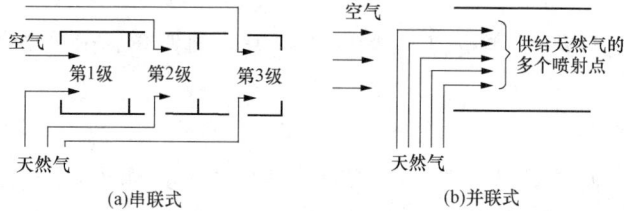

图 2-46 串联式和并联式分级燃烧示意

如图 2-46 所示，采用串联式分级燃烧方式时，一般在燃烧室中设置多个彼此串联的燃烧区，一般情况下，每个燃烧区都供给一定量的燃料和空气。不论机组的负荷如何变化，流经每个燃烧区的空气量都几乎是恒定的，但供入的燃料量则根据负荷的大小不断改变。在机组启动和低负荷下，只向第一级燃烧区供应燃料，随着负荷的增大，再逐渐向第 2、第 3 级燃烧区供应燃料。一般，第 1 级燃烧区仍采用扩散燃烧方式，但第 2、第 3 级燃烧区等则采用均相预混燃烧。

采用并联式分级燃烧方式时，可在燃烧室中设置多个彼此并联的燃烧区。一般情况下，每个燃烧区都供给一定量的燃料和空气，并都采用均相预混燃烧。但在机组负荷降低时，部分燃烧区将被切除燃料供应。

五、典型 DLN 燃烧室（器）简介

DLN 预混燃烧室的说法是为了区别于采用喷水或者蒸汽来降低 NO_x 排放的燃烧室。下面就各大燃气轮机制造公司采用的均相贫预混燃烧方式的 DLN 燃烧室作简要介绍。

1. GE 公司的 DLN 燃烧室

图 2-47 所示为美国 GE 公司设计生产的分管形 DLN 燃烧室前半部的结构示意，它是一种两级串联的 DLN 燃烧室。第 1 燃烧区由 6 个彼此隔开、围绕在第 2 级燃料喷嘴

周围的燃烧空间组成，每个燃烧空间都装设有各自的燃料喷嘴。第2级燃烧区布置在文杜利组合件之后，其燃料喷嘴则设在燃烧室的中心体组合件上。该燃烧室既可燃用天然气，也可燃用轻质液体燃料。

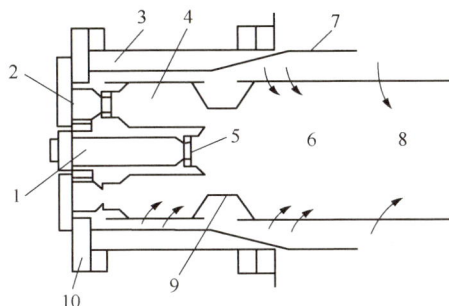

图 2-47 分管形 DLN 燃烧室前半部的结构示意

1—第2级喷嘴；2—第1级喷嘴；3—外壳；4—第1级预混室；5—中心体组合件；
6—第2级燃烧区；7—导流衬套；8—掺混区；9—文杜利组合件；10—端盖

在燃用天然气时，根据机组负荷的大小，该燃烧室中会有 4 种不同的燃烧组织方式，如图 2-48 所示。

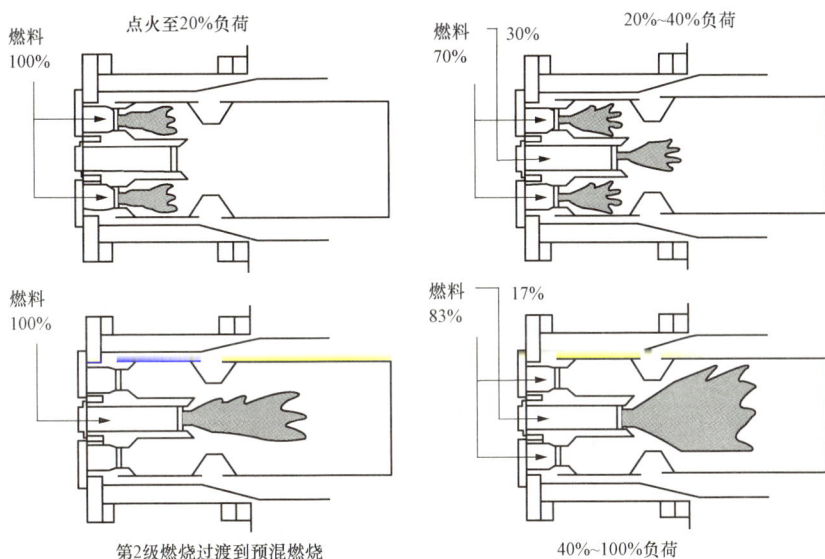

图 2-48 不同负荷下 DLN 燃烧室中的燃料分配和燃烧方式

（1）从机组启动点火到携带 20％的负荷，全部燃料都从第 1 级燃料喷嘴喷入，燃烧过程发生在第 1 级燃烧区中，燃烧方式则为扩散式，这样可保证低负荷工况下燃烧火焰的稳定性。

（2）从 20％的负荷到 40％的负荷，70％的燃料从第 1 级燃料喷嘴喷入，30％的燃料从第 2 级燃料喷嘴喷入。在这种情况下，第 1 级燃烧区中仍为扩散燃烧，第 2 级燃烧区中则为以一小股扩散火焰为中心的预混燃烧。

（3）在负荷达到40％时，燃烧组织方式有一个突变，瞬间内100％的燃料都改从第2级燃料喷嘴喷入，在第2级燃烧区中形成一个以一小股扩散火焰为中心的预混燃烧火焰。

（4）在40％以上的负荷范围内，83％的燃料改从第1级燃料喷嘴喷入，17％的燃料从第2级燃料喷嘴喷入。在这种情况下，第1级燃烧区因前一阶段的熄火而不再发生燃烧，它只是将燃料和空气混合供到第2级燃烧区中，而第2级燃烧区中的燃烧则为以一小股扩散火焰为中心的预混燃烧。

按照以上燃烧组织方式，在40％以上的负荷范围内，绝大多数燃料都在以预混方式燃烧，所以可以达到控制NO_x排放量的目的。

在燃烧组织方式上，该燃烧室燃用柴油和燃用天然气大不相同。燃用柴油时，在50％以下的负荷范围内，燃烧在第一级燃烧区内进行；在50％以上的负荷范围内，燃烧在第1级和第2级燃烧区内同时进行。但它们均为扩散燃烧，无降低NO_x的作用。为了降低NO_x，必须向燃烧区内喷水或水蒸气。

2. Alstom 公司的 DLN 燃烧器

Alstom 公司生产的燃气轮机，根据型号和燃用燃料的情况不同，分别配用圆筒形或环形燃烧室。但无论哪种燃烧室，在燃用天然气或燃用轻质液体燃料时，都采用该公司独特的 EV（Environmental）型燃烧器来实现干式低NO_x燃烧。EV 型燃烧器是一种采用贫预混燃烧方式的燃烧单元，每台机组根据需要并联配用多个这样的燃烧器，因此，Alstom 公司的 DLN 燃烧室实际上是一种采用并联分级燃烧方式的燃烧室。

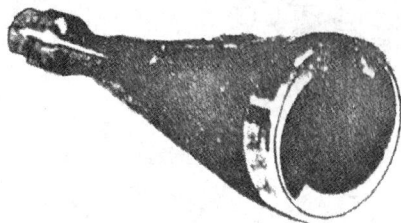

图 2 - 49 EV 型燃烧器的照片

图 2 - 49 所示为 Alstom 公司 EV 型燃烧器的照片。图 2 - 50 所示为该燃烧器燃用不同燃料时燃料与空气混合并逐渐形成均相预混可燃气体的示意，在结构上，EV 型燃烧器由两个空心的半锥体组成，两锥体之间错开一定距离，形成两条轴对称的开缝。燃烧空气从这两条开缝沿切线方向进入锥体内部，形成从锥顶到出口越来越强烈的旋流。该旋流除有利于空气与燃料的混合外，对燃烧器内表面还起到冷却保护作用，到达出口时还会在出口外空间内形成一个作为稳定点火源的回流区。燃用天然气时，天然气从两条开缝边缘处的许多小孔进入锥体内部，逐渐与空气混合成均相可燃气体。这股可燃气体离开燃烧器时被回流区的高温燃气点燃，由此形成均相贫预混方式燃烧的 DLN 火焰。

EV 型燃烧器燃用液体燃料时，燃料从安装在锥体顶部的喷嘴中喷入锥体，在空气旋流的作用下，逐步雾化、蒸发、与空气混合、形成可燃气体。但由于液体燃料到达锥体出口边时不可能完全蒸发，所以燃烧火焰在相当大程度上为扩散火焰。为了降低NO_x，须向锥体的混合区喷水或水蒸气。

3. Siemens 公司的 DLN 燃烧器

与 ABB 公司类似，Siemens 公司生产的燃气轮机也根据型号不同分别配用圆筒形或环形燃烧室，因此每台机组需要配置多个燃烧器。但是，在 DLN 燃烧室的设计思路上，Siemens 公司与 ABB 公司有很大区别。Siemens 公司采用的是一种带有值班喷嘴的并联二级 DLN 燃烧器，图 2-51 所示为该燃烧器的结构及燃用不同燃料时，燃料与空气在其内部混合的情况。

该燃烧器的设计思路：

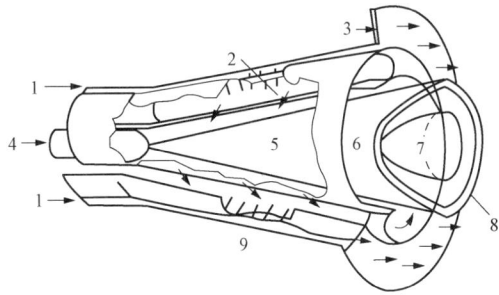

图 2-50　EV 型燃烧器中燃料与空气
的混合情况示意

1—气体燃料进口；2—燃烧空气；3—掺混空气；
4—液体燃料喷嘴；5—喷雾炬；6—点火点；
7—中心回流区；8—火焰前锋；9—气体燃料喷射孔

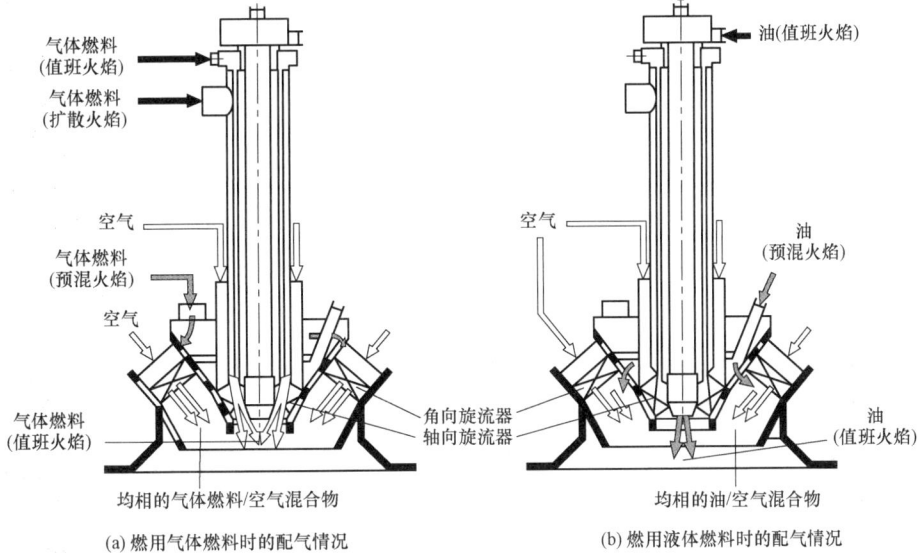

(a) 燃用气体燃料时的配气情况　　(b) 燃用液体燃料时的配气情况

图 2-51　带有值班喷嘴的并联二级 DLN 燃烧器

（1）在燃烧器的中心部位，建立一个燃料量不变的值班喷嘴，采用扩散方式燃烧，以形成一个稳定的点火源。

（2）燃用气体燃料时，根据机组负荷的大小，在值班喷嘴的外围形成一或两层燃烧区。其中，靠近中心的那层燃烧区为扩散燃烧区，外围的那层燃烧区为预混燃烧区。

（3）燃用液体燃料时，低负荷下，全部燃料都从值班喷嘴中喷入，采用扩散方式燃烧；在高负荷下，在燃烧器的最外围将已经雾化的燃料与空气混合，形成预混燃烧。

4. 三菱公司的 DLN 燃烧器

图 2-52 给出了三菱公司设计生产的环管形 DLN 燃烧室的示意。该燃烧室也为双燃料燃烧室。从结构上看，它的燃烧器是一种带有导向喷嘴的燃烧器。导向喷嘴位于燃

烧器的中心，实质上是一个以扩散方式燃烧的值班喷嘴。8 个主喷嘴彼此独立，围绕在导向喷嘴的周围。在导向喷嘴的前端，有一个喇叭状的组件。主喷嘴的位置处在喇叭状组件之后。在燃用气体燃料时，从主喷嘴供入的燃料在喇叭状组件之后的空间内与空气混合，但并不燃烧，直到从喇叭状组件的侧边流入值班火焰所在燃烧区时才被点燃。那时，燃料与空气已充分混合为均相可燃气体。因此，供入主喷嘴的燃料以贫预混方式燃烧，这就保证了低的 NO_x 生成量。

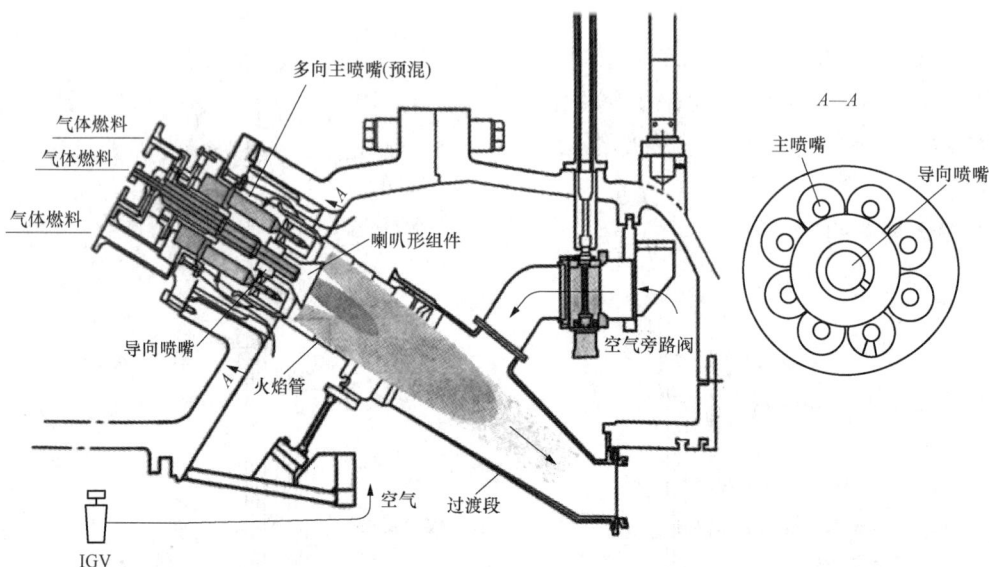

图 2 - 52　环管形 DLN 燃烧室的示意

该燃烧室在结构上的另一个重要特色是设置了一个空气旁路，利用该旁路将一部分空气引入燃烧室的过渡段。在启动和低负荷工况下，通过调节旁路中的空气量可以方便地控制参与燃烧的空气量，从而实现掺混比的优化，保证燃烧器高效稳定地燃烧。

燃用液体燃料时，从主喷嘴供入的燃料在喇叭状组件之后的空间内被空气旋流雾化、蒸发，与空气混合。但由于液体燃料到达燃烧区时蒸发不完全，所以此时的燃烧火焰在相当大程度上为扩散火焰。为了降低 NO_x，须向燃烧区喷水或水蒸气。

任务 2.3　透　平　认　知

任务目标

1. 能描述透平的分类方式。
2. 能说出轴流式透平各组成部件。
3. 能解释透平的工作过程和工作原理。
4. 能陈述透平中的能量损失。
5. 能说明透平的特性及特性线。

6. 能描述透平的冷却。

7. 能简述 PG9351（FA）型燃气轮机透平的结构组成。

任务工单

学习任务	压气机认知						
姓名		学号		班级		成绩	

通过学习，能独立完成下列问题。

1. 根据燃气在透平内部的流动方向不同，燃气轮机透平分为哪两类？它们各有哪些优、缺点？

2. 轴流式透平的主要组成部件有哪些？

3. 相对于汽轮机，燃气轮机透平具有哪些特点？

4. 燃气轮机初温的定义有哪三种？通常提到的是哪一种？

5. 什么是反动式透平？什么是冲动式透平？

6. 燃气是如何驱动透平动叶旋转的？

7. 透平的能量损失有哪些？

8. 何谓透平的特性？何谓透平的特性线？

9. 透平冷却系统设计一般应遵循哪些原则？

10. 透平叶片的冷却方式主要有哪两种方法？

11. 与开环空气冷却相比，闭环蒸汽冷却有哪些主要优、缺点？

12. PG9351（FA）型燃气轮机透平的结构组成部件主要有哪些？

任务实现

一、透平的类型及结构

透平是燃气轮机的三大部件之一，其作用是将来自燃烧室的高温高压燃气的热能转化为机械功，其中一部分用来带动压气机工作，多余的部分则作为燃气轮机的有效功输出。

按照燃气在透平内部的流动方向不同，可以把燃气轮机透平分为轴流式和径流式两大类。轴流式透平的机内燃气在总体上沿轴向流动，其优点是流量大、效率高（目前为91％左右，最高可达94％），缺点是级的做功能力小。径流式透平的机内燃气在总体上沿径向流动，其优点是级的做功能力大，缺点是流量小、效率低（目前为88％左右）。两类透平的特点不同，决定了它们的应用场合不同。径流式透主要用于小功率的燃气轮机中，而轴流式透平则主要用在大功率的燃气轮机中，这样燃气轮机可以采用多级以满足大流量、高效率、大功率的要求。本书主要介绍轴流式透平。

轴流式燃气透平与轴流式压气机很相似，在结构上，透平主要由两大部分构成：一是以转轴为主体的转子，转子上装有沿周向按照一定间隔排列的动叶片（或称工作叶片）；二是以气缸及装在气缸上的各静止部件为主体的静子，静子上装有沿周向按照一定间隔排列的静叶片（或称喷嘴叶片）。图 2-53 所示为一台 3 级轴流式透平的结构示意。

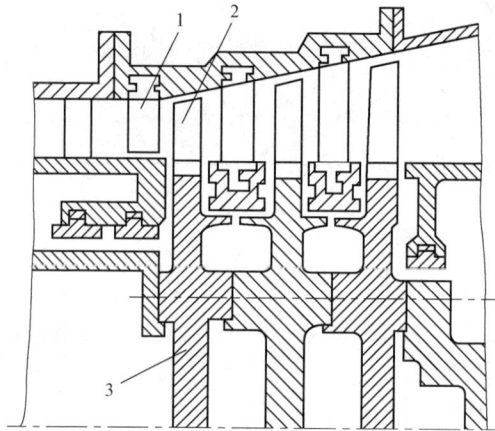

图 2-53　3 级轴流式透平的结构示意

1—静叶片；2—动叶片；3—叶轮

二、透平的工作过程及特点

透平的基本工作单元是级，在结构上，每一级由一列静叶片和其后的一列动叶片所构成的一组流道组成。高温高压的燃气流过这样的工作单元时，在静叶片流道中，由于静叶片的流道是做成渐缩型的，它能使燃气的流速提高，燃气的压力和温度逐渐下降，热能转化为动能；在动叶片流道中，当这股具有相当速度的燃气以一定的方向冲击动叶片时，就会推动叶轮旋转向外界输出功，燃气的流速降低，动能转化为输出到外界的机械功。为了达到较大的做功能力，透平通常都做成多级。

1. 透平的特点

透平与汽轮机在原理上基本相同，但也存在如下特点：

（1）气缸壁薄。这是因为透平的工作压力很低，目前一般都在 3MPa 以下，而汽轮机的工作压力目前已达到 20MPa 以上。这一特点使得透平有适应快速启停和剧烈变工况的能力。

（2）级数少，目前透平大多为 3～5 级。这是因为透平的总膨胀比很小，一般仅为汽轮机的千分之几。

（3）转子和叶片均需用压缩空气或水、水蒸气进行冷却。这是因为其工作温度高达 1300～1600℃，远远超过了钢材所能承受的温度。

（4）没有调节级。这是因为燃气轮机的功率主要是靠对燃气初温的调节，而不是靠对燃气流量的调节来实现的。

（5）其效率变化对燃气轮机装置效率变化的影响更加显著。一般来说，透平效率相对改变 1％，机组的效率则相对改变 2％～3％。这是因为透平 45％～70％的输出功消耗在压气机上。

燃气轮机向着高效率、大功率化的方向发展，为适应该需要，透平必须提高初温、增加通流能力，采取的主要措施是采用更先进的耐高温、耐腐蚀合金材料，发展更先进的转子和叶片冷却技术等。

2. 初温的定义

应该指出，燃气轮机初温的定义目前尚未统一，现在主要有三种定义方法。

（1）燃烧室出口，即第一级静叶流道入口处的平均滞止温度 T_A^*。

（2）第一级动叶流道入口处的平均滞止温度 T_B^*。

（3）进入透平的各股气体的平均温度 T_C^*。

由于 T_B^* 是燃烧室出口处的燃气与从透平前轴封漏入的空气、第一级静叶的冷却空气混合后的平均滞止温度，所以 $T_B^* < T_A^*$。同理，由于 T_C^* 是燃烧室出口处的燃气与透平前轴封漏气、各级静叶和动叶的冷却空气等的平均温度，所以 $T_C^* < T_B^*$。因此，对同一台燃气轮机而言，上述 3 个温度的关系是 $T_A^* > T_B^* > T_C^*$。通常提到的燃气初温一般是指 T_B^*。

三、透平的工作原理

1. 基元级的速度三角形

像压气机的级一样，燃气透平的级是轴流式燃气透平中能量交换的基本单位，因此要了解透平的工作原理，首先需了解级的工作原理。与压气机的情况类似，在轴流式透平级的研究中也可以引入基元级的概念，并可以把透平级看作由无限多个半径不同的基元级叠加而成。因此，对透平级内流动与工作原理的研究也可先从基元级着手，然后在半径方向将各基元级进行叠加，从而形成对整个级内气体流动及工作原理的认识。

轴流式透平基元级的环形叶栅在平面上展开后所形成的平面叶栅如图 2-54 所示。

由图 2-55 可见，与压气机相反，透平级的动、静叶栅流道一般来说都是通流面积

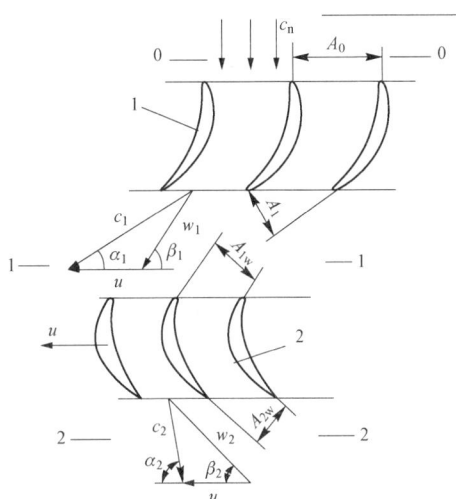

图 2-54 透平的基元级平面叶栅
1—静叶栅（喷嘴环叶栅）；2—动叶栅

不断减小的收缩形流道，这是因为透平级内的气流流动是一个压力降低、速度提高的膨胀过程。当然，如果要使静叶栅出口处的气流速度达到声速以上，则必须将静叶栅流道设计为缩放型的。

在对基元透平级的能量转换过程进行研究时，如果不打算涉及流场分布等细节，也只需对 3 个特征截面上的压力、温度、速度变化情况加以分析，这 3 个特征截面是静叶栅前截面（又称级前截面）、静叶栅后截面和动叶栅后截面（又称为级后截面），分别记为截面 0、1 和 2，如图 2-54 所示。

当高温高压的燃气由燃烧室流出后，将以平均初速 c_0 流入燃气透平的喷嘴环。此时，燃气会从进口压力 p_0 膨胀到压力 p_1。由于燃气的膨胀以及喷嘴环叶栅中渐缩流道的变化，气流的速度将由 c_0 加速到 c_1。与此同时，燃气的温度将由原先的 T_0 值随之降

低到 T_1。流出喷嘴环后气流的绝对速度为 c_1，它与出口平面夹成 α_1 的角度。α_1 通称为喷嘴气流的出气角，一般取 $14°\sim20°$。由于相对运动的关系，这股高温燃气将以相对速度 w_1 进入喷嘴环之后的动叶栅，它与动叶栅进口平面的夹角为 β_1。当 c_1 的方向和大小已定时，β_1 角的大小就取决于动叶栅的圆周速度 u 的大小。

在大多数情况下，动叶栅的流道通流面积也是做成渐缩型的，这样可以使燃气流在动叶栅中也有所加速，以求改善其流动特性。这种透平称为反动式透平。因而，在这种动叶栅中不仅相对速度有增加（$|w_2|>|w_1|$），而且气流在其中还发生折转，即方

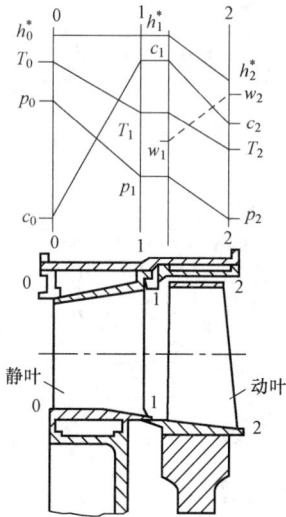

向也有所改变，此时，燃气流将以相对速度 w_2，并与动叶栅的出口平面夹成 β_2 的出气角流出动叶栅。在此过程中，燃气因在动叶栅中的继续膨胀，将使压力由 p_1 下降到 p_2，与此同时，温度会降至 T_2。

在动叶工作叶轮的出口处，气流的绝对速度为 c_2。这个离开叶轮的绝对速度 c_2 将带走相应的动能，对于单级燃气透平来说，它就是一种能量的损失（称为余速损失）。因此，希望它尽可能地减小，即力求 c_2 的方向大致接近于 $90°$。通常，绝对速度 c_2 要比进口速度 c_1 小得多，即流过动叶栅时气流的动能是减小的。但是由于气流在反动式透平的叶栅中是加速的，因而在动叶栅中相对速度却是增大的，即 $|w_2|>|w_1|$。燃气透平级中燃气状态参数的变化如图 2-55 所示。

图 2-55 燃气透平级中燃气状态参数的变化

但是在有些透平级的动叶栅中，气流的相对速度大小是恒定不变的，这种透平称为冲动式透平。图 2-56 给出了冲动式和反动式燃气透平基元级的速度三角形，它们是分析基元级工作过程的基础。

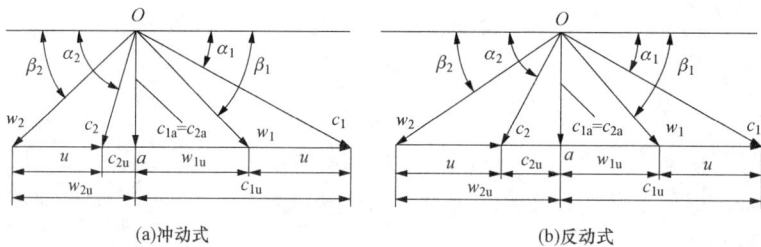

图 2-56 燃气透平基元级的速度三角形

2. 基元级的能量转换

在明确了高温高压燃气流经动叶栅时速度三角形的变化关系后，分析燃气是如何驱动透平动叶旋转的。

根据图 2-56 和动量定理可以得知，当燃气流经动叶栅时对叶片有个切向作用力 F_u，正是这个切向作用力推动工作叶轮旋转做功。这个切向力的产生是流经透平级的燃气本身能量下降转换而来的。

（1）首先燃气在流经喷嘴环时发生膨胀，结果是增大气流的流动速度 c_1，这样就把燃气本身所具有的能量 h_0^*，部分地转化成为气流的动能。在这个过程中燃气的压力 p_0、温度 T_0 和比焓 h_0 都出现了降低，但其容积 V_0 则增大，速度 c_0 却增高了。由于当时燃气与外界尚无热能和功量的交换，因而燃气的滞止焓值 h_0^* 和滞止温度 T_0^* 是维持恒定不变的，可是滞止压力 p_0^* 则由于不可逆现象的存在，将略有降低。

（2）当高速的燃气喷向装有动叶栅的工作叶轮时，燃气在流过动叶栅流道时会发生动量的变化，这样在动叶栅中便产生一个连续作用的切向推力 F_u，从而推动工作叶轮旋转而对外做功。

（3）工作叶轮中燃气的做功过程有两种：在冲动式透平级中，气流流过动叶栅时一般不再继续膨胀了，因而在动叶栅的前后，燃气的压力 p_1、温度 T_1 和相对速度 w_1 的大小不再发生变化；但是绝对速度和滞止焓值都有相当程度的降低。燃气绝对速度动能的减少量将全部转化为燃气对外界所做的膨胀轴功；在反动式透平级中，气流流过动叶栅时还会继续膨胀。因此在动叶栅的前后，燃气的压力 p_1、温度 T_1 和比焓 h_1 都将进一步下降，而其容积 V_1 和相对速度 w_1 有所增大。当然，膨胀终了时燃气的绝对速度和滞止焓值也都会有相当程度的降低。在这种情况下，燃气流经工作叶轮时所发生的绝对速度动能与相对速度动能变化量的总和，将全部转化为燃气对外界所做的膨胀轴功。

高温高压的燃气就是按照上述工作过程，从透平的第一级喷嘴环开始，逐级膨胀到最后一级动叶栅的出口。其结果是燃气的状态参数发生了变化，与此同时，把燃气本身所具有的能量部分地转化成为对外界所做的膨胀轴功。

在图 2-57 中给出了在冲动式和反动式透平中，燃气热力参数的变化趋势，以及透平级中燃气的膨胀过程在焓熵图（h - s 图）上的表示方法。

在反动式透平中，人们习惯于用热力学反动度 Ω_t 的概念来表示燃气在动叶栅流道中继续膨胀的程度。它的定义为［见图 2-56（b）］

$$\Omega_t = h_{2,s}/h_s^* = \frac{h_1 - h_{2's}}{h_0^*} \quad h_{2s} \tag{2-1}$$

显然，在冲动式透平级中 $\Omega_t = 0$，在反动式透平级中 $0 < \Omega_t < 1$。通常，为了减小气流在透平喷嘴环和动叶栅流道中的流阻损失，在反动式透平级中 Ω_t 一般取为 0.5 左右，图 2-58 所示为 $\Omega_t = 0.5$ 的速度三角形。

当然，随着反动度 Ω_t 的加大，相对速度 w_2 就要比 w_1 大得更多，因而，动叶的进气角 β_1 与出气角 β_2 之间的差值就会相应地增大。

3. 透平的能量损失

像压气机级那样，透平级中发生的型阻损失、端部损失、径向间隙的漏气损失等内部损失会影响透平级中燃气的状态参数，此外，还有由于气流离开透平动叶栅时，因具有一定的绝对速度 c_2 而带走的余速损失。

从图 2-57 中可以看出：由于型阻损失和端部损失的作用，燃气在喷嘴环和动叶栅中就不能按等熵过程进行膨胀，这将导致气流在喷嘴环中发生 Δh_n 的能量损失，同时使气流在动叶栅中发生 Δh_b 的能量损失。其结果将使气流流出喷嘴环和动叶栅的流速

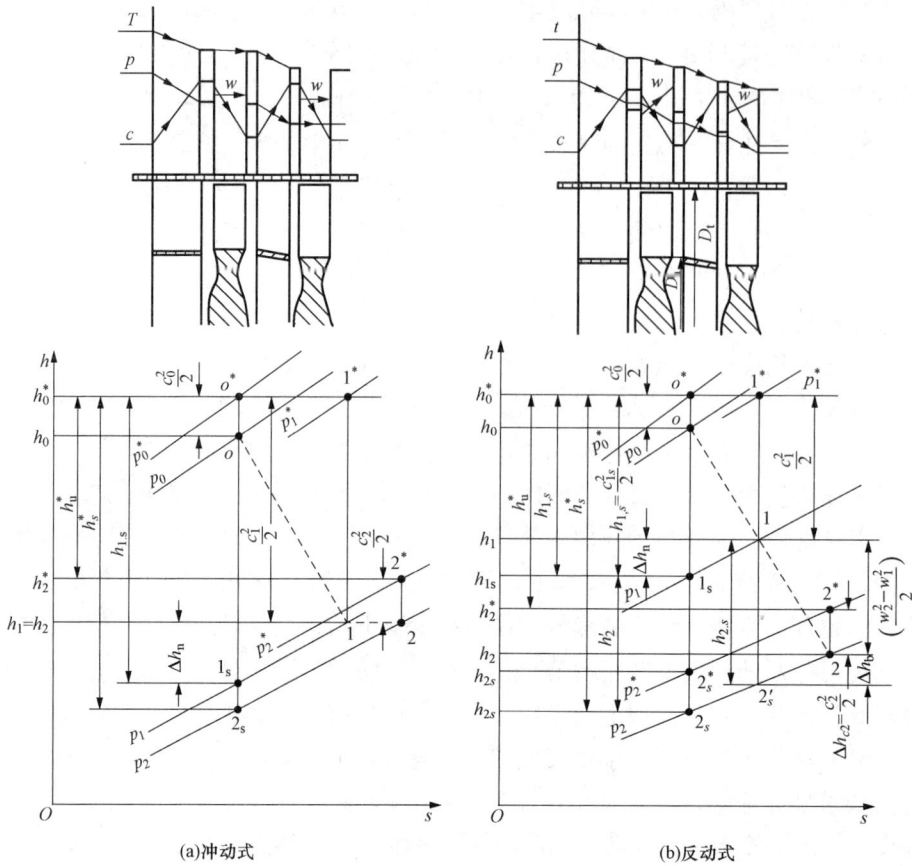

图 2-57　在冲动式和反动式透平级中热力参数的变化趋势，
以及在透平级中燃气膨胀过程的焓熵图

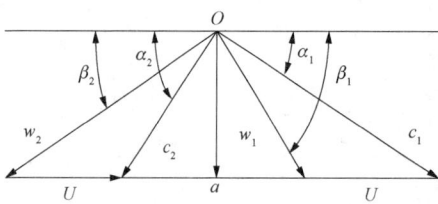

图 2-58　$\Omega_t = 0.5$ 的速度三角形

c_1 和 w_2 有一定程度的减小。

　　试验表明，影响喷嘴环和动叶栅中能量损失的因素是很多的。其中型阻损失和端部损失与气流进入叶片时的冲角有密切关系。在正冲角范围内，随着冲角的增大，端部损失，特别是型阻损失增加得很迅速，致使叶栅的总能量损失增大得很厉害。在负冲角范围内，随着负冲角的加大，型阻损失虽然同样是增大的，但是端部损失却有所减小，因而叶栅的总能量损失反而会有所下降。对于型线已定的叶栅来说，通过合理地选择叶栅的安装角 γ_p 和相对栅距，可以使能量损失趋于最小值。一般来说，冲动式叶栅的最佳相对栅距的范围为 0.60～0.70，反动式叶栅距为 0.70～0.80。

　　在任何的透平级中，总是有由于径向间隙的漏气所造成的能量损失，这将导致透平的膨胀效率略有下降。对于初参数彼此相同的多级透平来说，当按冲动式方案进行设计时，透平的级数必然较少；反之，当按反动式方案进行设计时，透平的级数一定较多。

通常，由于透平的圆周速度 u 总是要受材料强度的制约，它是有限的，因而，在每级透平中 c_1 值（或焓降值）就不可能设计得很大，这就是一般需要采用多级透平的主要原因。

四、透平的特性

透平的性能主要由流量 q_m、效率 η_t、转速 n、膨胀比 $\pi_t = \dfrac{p_3^*}{p_4^*}$ 等几个参数表示。在透平的进气压力 p_3^* 和温度 T_3^* 一定时，流量 q_m、效率 η_t、转速 n、膨胀比 π_t 等参数之间的关系称为透平的特性。透平特性可以通过实验得到，也可以通过计算得到。

与压气机特性类似，透平的特性也可以用通用曲线的形式表示。根据相似原理，对于若干台几何相似的透平或者同一台透平的不同工况，如果它们的定性准则数相等，则它们的工况就相似，所有的无因次参数都相同。

研究发现，透平的主要定性准则数目也是两个，并可以用无因次流量 $q_m \sqrt{T_3^*}/p_3^* d_1^2$ 和无因次转速 $nd_1/\sqrt{T_3^*}$ 表示。对同一台透平的不同工况，由于 $d_1 = \text{const}$，因此，还可以用折合流量 $q_m \sqrt{T_3^*}/p_3^*$ 和折合转速 $n/\sqrt{T_3^*}$ 分别代替无因次流量 $q_m \sqrt{T_3^*}/p_3^* d_1^2$ 和无因次转速 $nd_1/\sqrt{T_3^*}$ 作为定性准则数。这就是说，对一台几何形状和尺寸一定的透平而言，其所有的无因次参数都是折合流量 $q_m \sqrt{T_3^*}/p_3^*$ 和折合转速 $n/\sqrt{T_3^*}$ 的函数，如

$$\pi_t = f\left[\frac{q_m \sqrt{T_3^*}}{p_3^*}, \frac{n}{\sqrt{T_3^*}}\right]$$

$$\eta_t = f\left[\frac{q_m \sqrt{T_3^*}}{p_3^*}, \frac{n}{\sqrt{T_3^*}}\right]$$

用曲线形式表示的上述关系就是透平的特性线，由于该曲线对不同的工作条件都适用，所以称为通用特性线。

如图 2-59 所示，是以折合转速 $n/\sqrt{T_3^*}$ 为自变量、折合流量 $q_m \sqrt{T_3^*}/p_3^*$ 为参变量绘制的某透平的通用特性线，现对其作简要分析。

（1）$n/\sqrt{T_3^*}$ 一定时，$q_m \sqrt{T_3^*}/p_3^*$ 随 π_t 的变化。由图 2-59 可见，在折合转速 $n/\sqrt{T_3^*}$ 一定时，随着膨胀比 π_t 的提高，一般情况下，折合流量 $q_m \sqrt{T_3^*}/p_3^*$ 将逐渐增大。根据级的工作原理，这一点很容易理解，因为膨胀比增大时，各级内气流的速度都将提高，与此相应，流量必然增大。但当膨胀比 π_t 增大到一定程度后，折合流量 $q_m \sqrt{T_3^*}/p_3^*$ 将达到某一个值而不再改变。这是因为，此时透平内某处的气流速度已达到声速，在这种情况下，$q_m \sqrt{T_3^*}/p_3^*$ 将不再随膨胀比的增加而增加。这种流动状况通常称为透平的临界流动状况，临界状况下的膨胀比称为临界膨胀比，流量称为临界流量。

一般情况下，转速越低，折合转速 $n/\sqrt{T_3^*}$ 越小，膨胀比 π_t 的临界值越小。但当转速高到一定程度后，则是 $n/\sqrt{T_3^*}$ 越大，π_t 的临界值越小。造成这种情况的原因，简单

临界流动边界线

π_t

$(\times 10^{-5}\mathrm{kg} \cdot \mathrm{s}^{-1} \cdot \mathrm{K}^{\frac{1}{2}} \cdot \mathrm{Pa}^{-1})$

$\dfrac{q_m\sqrt{T_3^*}}{p_3^*}=130$

0.87

0.86

0.85

0.83

127
125
121
115
110
100

0.84
0.82

$\eta_t=0.81$

$\dfrac{n}{\sqrt{T_3^*}}[\mathrm{r(min\cdot K}^{-\frac{1}{2}})]$

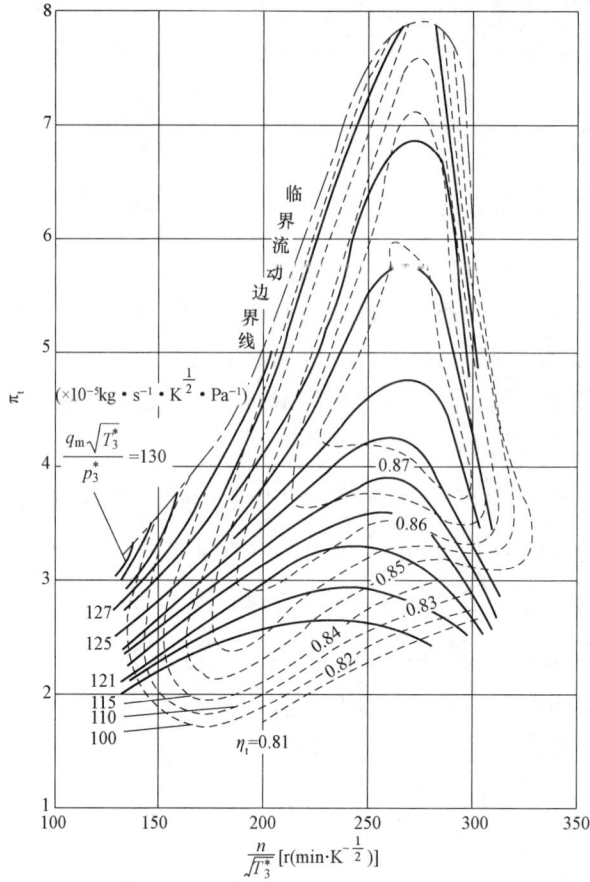

图 2-59　以 $\dfrac{n}{\sqrt{T_3^*}}$ 为自变量、$\dfrac{q_m\sqrt{T_3^*}}{p_3^*}$ 为参变量绘制的某透平的通用特性线

地说是级的速度三角形会随着 $n/\sqrt{T_3^*}$ 的改变而改变，焓降在静、动叶栅中的分配情况也会随着 $n/\sqrt{T_3^*}$ 的改变而改变。

（2）π_t 一定时，$q_m\sqrt{T_3^*}/p_3^*$ 随 $n/\sqrt{T_3^*}$ 的变化。对图 2-59 所示的在膨胀比 π_t 一定时，折合流量 $q_m\sqrt{T_3^*}/p_3^*$ 随折合转速 $n/\sqrt{T_3^*}$ 变化的规律，可以按照变转速透平的流量变化规律进行解释。变转速透平的流量变化规律是膨胀比 π_t 一定时，转速 $n/\sqrt{T_3^*}$ 越高，流量 $q_m\sqrt{T_3^*}/p_3^*$ 越小。但是当 $n/\sqrt{T_3^*}$ 高到一定值后，流量 $q_m\sqrt{T_3^*}/p_3^*$ 反而随 $n/\sqrt{T_3^*}$ 的提高而略有增大。发生这种现象的原因也在于级的焓降在静、动叶栅中的分配情况会随着 $n/\sqrt{T_3^*}$ 的改变而改变。

（3）$q_m\sqrt{T_3^*}/p_3^*$ 一定时，π_t 随 $n/\sqrt{T_3^*}$ 的变化。如上所述，对变转速透平，在转速 $n/\sqrt{T_3^*}$ 较低的情况下，膨胀比 π_t 一定时，转速 $n/\sqrt{T_3^*}$ 越高，流量 $q_m\sqrt{T_3^*}/p_3^*$ 越小，这表明，要在转速 $n/\sqrt{T_3^*}$ 提高的同时保持流量 $q_m\sqrt{T_3^*}/p_3^*$ 不变，膨胀比 π_t 就得

随 $n/\sqrt{T_3^*}$ 提高而增大。而在转速 $n/\sqrt{T_3^*}$ 较高的情况下，规律正好相反。图 2-59 所示正是这样的规律。

（4）$n/\sqrt{T_3^*}$ 一定时，η_t 随 π_t 的变化。转速 $n/\sqrt{T_3^*}$ 一定时，存在一个特定的膨胀比 π_t，使得级的速度三角形与设计速度三角形相似，只有在该膨胀比下，效率 η_t 才可能达到最高，其他情况下 η_t 都将降低。因此，在转速 $n/\sqrt{T_3^*}$ 一定的情况下，当膨胀比 π_t 由小而大变化时，效率 η_t 先是由小而大，然后再由大而小变化。图 2-59 所示正是这样的规律。

（5）π_t 一定时，η_t 随 $n/\sqrt{T_3^*}$ 的变化。膨胀比 π_t 一定时，存在一个特定的转速 $n/\sqrt{T_3^*}$ 使得级的速度三角形与设计速度三角形相似，只有在该 $n/\sqrt{T_3^*}$ 下，效率 η_t 才可能达到最高，其他情况下，效率 η_t 都将降低。因此，在膨胀比 π_t 一定的情况下，当转速 $n/\sqrt{T_3^*}$ 由小而大变化时，效率 η_t 先是由小而大，然后再由大而小变化。

五、透平的冷却

（一）透平冷却系统设计要求

燃气轮机工质的初温之所以可以达到 1300℃ 甚至 1600℃，除了与耐热、耐氧化材料的发展有关外，在很大程度上应归功于对透平的冷却。现代燃气轮机，除初温很低者外，其透平都要进行冷却。透平的冷却介质，理论上可以是空气，也可以是蒸汽、水以及其他流体介质，但目前应用最多的仍然是空气。这是因为在燃气轮机中，冷却空气可以方便地从压气机引过来。

透平冷却结构及系统的设计是一项要求很高的工作，总的原则是要用尽量少的空气，使透平的高温部件得到最有效、最可靠的冷却，因为冷却空气量过大会使压气机的耗功增大。但这还不是最主要的原因，更为主要的原因是，大量冷却空气掺入燃气，会使燃气温度降低，并会对透平内的燃气流动产生极为有害的影响。目前，燃气轮机所用的冷却空气量视初温高低一般占总空气量的 2%～10%。

为了取得较为理想的效果，透平冷却系统设计一般遵循以下原则。

（1）透平不同部位所用的冷却空气要从压气机的不同部位引过来。这样既可以与对应部位的压力相匹配以降低损失，也可以降低低压部位冷却空气的温度以取得更好的冷却效果。

（2）冷却空气的流量要合适，分配要合理。一般来说，这要通过对关键部位通流面积的精细计算和大量的试验调整才能实现。

（3）冷却空气要能够保持清洁（否则会堵塞冷却通道）。为此，首先要保持压气机进口的空气清洁，同时也要采取一定的结构措施。比如，可以从压气机内径处引出空气，由于有离心力的作用，空气中的灰尘颗粒一般不会集聚在压气机内径处，这里的空气是比较清洁的。

各制造厂在透平冷却结构及系统的设计上，虽然所遵循的原则一致，但由于经验和传统不同，设计结果也有很大差别。下面对 GE、Siemens、Alstom、三菱 4 家公司的典型燃气轮机的透平冷却结构作简要介绍。

（二）透平冷却空气组织

图 2 - 60 所示为 GE 公司 MS9001FA 机组的透平冷却空气流程。由图 2 - 60 可见，该机组的透平一共有 3 级，根据被冷却部位压力的高低，采用了 4 股从压气机不同部位引出的冷却空气。第一股空气来自压气机的排气，在对第 1 级静叶和静叶环进行冷却后混入燃气；第二股空气来自压气机第 17 级后，它沿转子的内部通道被分配到各级轮盘之间，然后有一部分从第 1、2 级动叶根部进入动叶内部，对动叶片进行冷却后从叶片的顶端混入燃气，其余的部分从各叶轮的轴向间隙处混入燃气，对动叶根部进行冷却和保护；第三股空气来自压气机第 13 级后，在对第 2、3 级静叶片进行冷却后，从静叶的内环流出，既作为隔板气封的密封空气使用，又对静叶内环进行冷却和保护；第四股空气由另设的风机提供，对设置在透平端的轴承壳体和第三级动叶的出口侧进行冷却后混入燃气轮机排气。

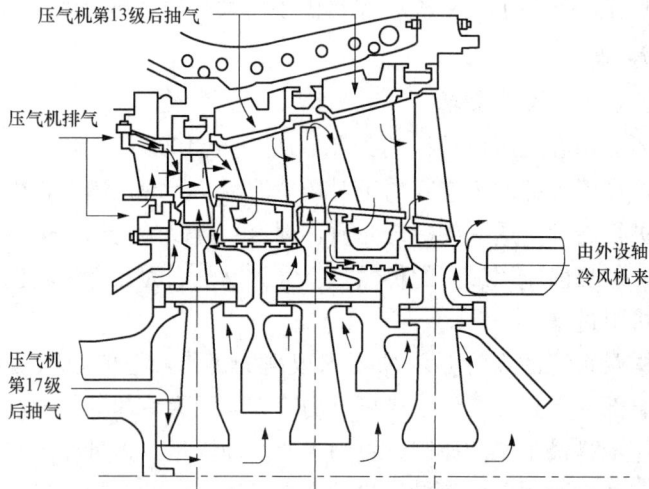

图 2 - 60　MS9001FA 机组的透平冷却空气流程

图 2 - 61 所示为 Siemens 公司 V94.3A 机组的透平冷却空气流程。该透平一共有 4 级，使用了 4 股压力互不相同的冷却空气。第一股来自压气机出口，对第 1 级的静叶、动叶和轮盘进行冷却；其余三股来自压气机不同级后的抽气，分别对第 2、3 级的静叶、动叶、轮盘和第 4 级静叶、轮盘进行冷却。供给第 4 级静叶的冷却空气的一部分还通过排气道的空心支柱流向透平端的轴承箱，对箱体进行冷却。由图 2 - 61 还可以看出，该透平的冷却空气通过转轴中心孔从压气机引向透平，这种设计可以利用离心力将冷却空气中的灰尘颗粒甩向中心孔壁面，使空气得到进一步清洁。

图 2 - 62 所示为 Alstom 公司 GT26 机组的高压透平冷却空气流程。该机组的高压透平只有 1 级，其静叶的前半部分直接采用压气机的排气进行冷却，静叶的后半部分和动叶则采用在外部用热交换器冷却后的压气机排气进行冷却。由于该机组的压比很高，压气机排气的温度可达到 535℃ 左右，所以在将排气作为冷却空气使用前，需先将其在外部用热交换器进行冷却。

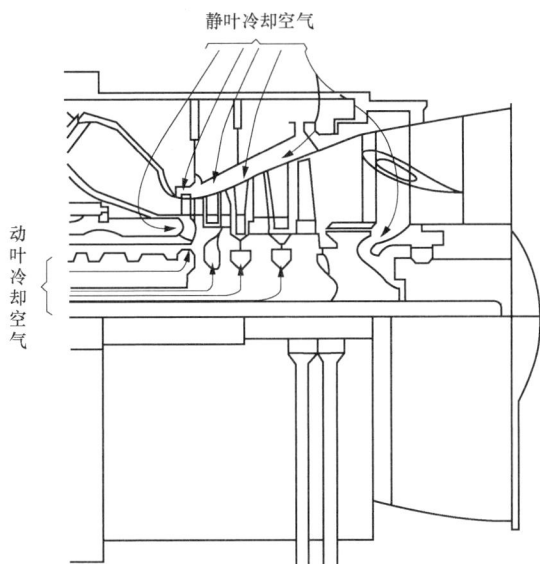

图 2-61　V94.3A 机组的透平冷却空气流程

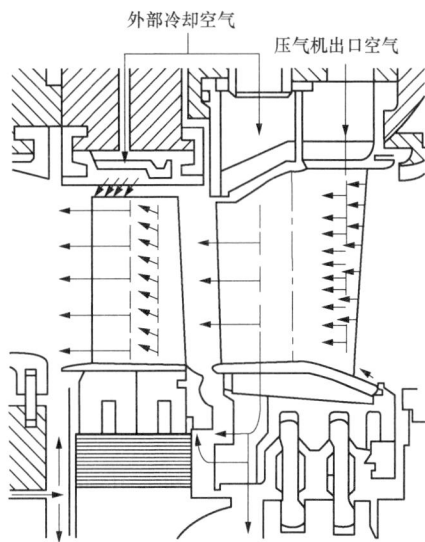

图 2-62　GT26 机组的高压透平冷却空气流程

图 2-63 所示为 GT26 机组的低压透平冷却空气流程。由图 2-63 可见，低压透平一共有 4 级（第 2～5 级），使用了 3 股压力互不相同的冷却空气。第一股为在外部冷却后的压气机第 16 级后的抽气，被用于对第 2 级静、动叶的冷却；第二股为来自压气机第 11 级后的抽气，被用于对第 3 级静、动叶和第 4 级静叶的冷却；第三股为来自压气机第 5 级后的抽气，被用于对第 4 级动叶的冷却。

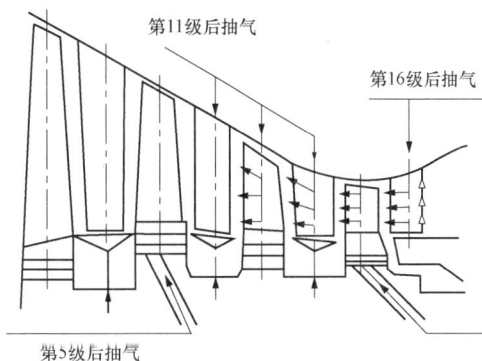

图 2-63　GT26 机组的低压透平冷却空气流程

图 2-64 所示为三菱公司 M701F 型机组的透平冷却空气流程。该透平共有 4 级，使用了 4 股压力互不相同的冷却空气。第一股为在外部冷却后的压气机的排气，对第 1 级的静叶和第 1、2、3 级的动叶进行冷却；其余三股来自压气机不同级后的抽气，分别对第 2、3 级的静叶和第 4 级静叶下部的腔室进行冷却。

（三）透平叶片冷却

叶片是透平中工作条件最为恶劣的高温部件，冷却结构也最为复杂。一般燃气轮机透平叶片的冷却方式主要有两种方法：一是以冷却空气吹向叶片表面进行冷却，这种冷却方式可降低叶片温度 50～100℃，如气膜冷却和冲击冷却；二是将冷却空气通入叶片内部的通道进行冷却，此种冷却方式可使叶片温度较周围高温燃气温度低 100℃以上，如对流冷却和鳍片式冷却。图 2-65 和图 2-66 所示为冷却方式以及效率图。

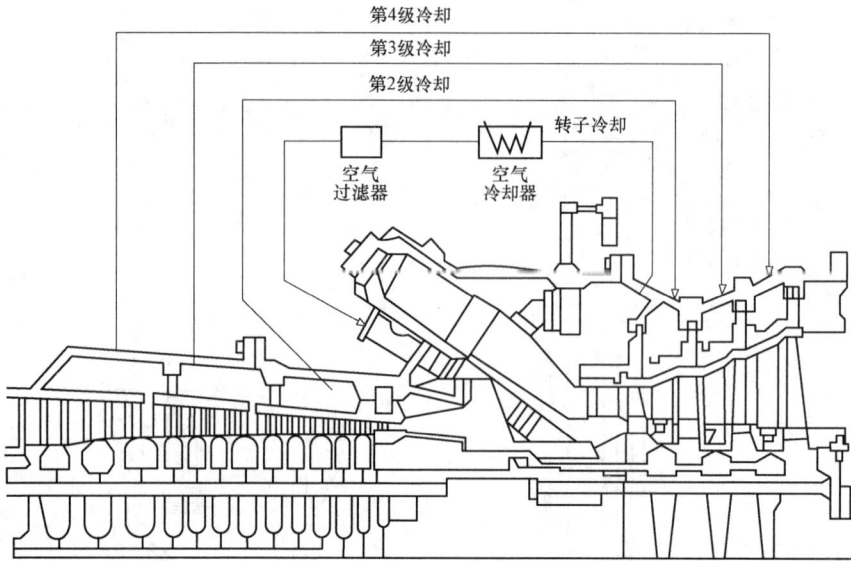

图 2 - 64　M701F 型机组的透平冷却空气流程

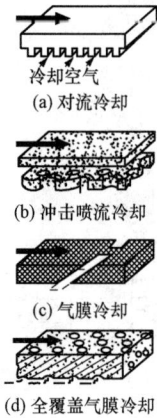

图 2 - 65　冷却方式

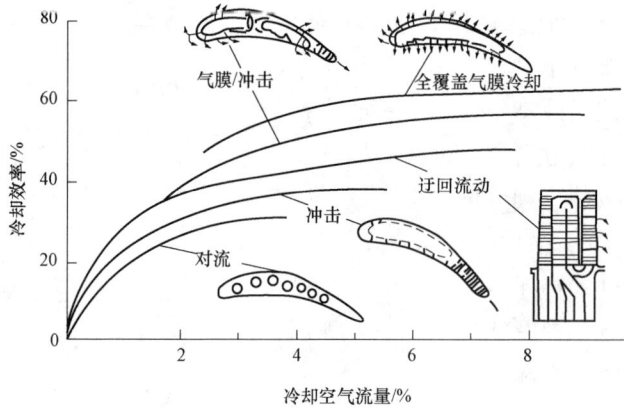

图 2 - 66　冷却效率

1. 对流冷却

当冷却空气和高温燃气在空心叶片内外流过时，通过冷却空气进行对流换热来降低叶片的温度。在叶片的出气边沿半径方向有大小型式不同的孔，对流冷却后的冷却空气依靠自身压力和离心力的共同作用通过该孔高速排入主燃气气流中继续做功。另外，这些冷却空气以较大的速度冲向气缸内壁，形成一层防止径向间隙漏气的气封层，起到阻止主气流的漏气和潜流的作用，减少了二次流的损失。

2. 冲击冷却

在空心叶片的内部嵌入导管，导管上开有很多小孔，冷却空气先进入导管，然后从导管上的小孔流出冲向被冷却叶片的内表面进行冷却，由于冲击的效果使传热系数变大而提高了冷却效果。冲击后的气流再沿叶片内表面做横向流动进行对流冷却，因此采用冲击冷却往往伴随着对流冷却。

3. 气膜冷却

在空心叶片的表面开有很多小孔或者缝隙，冷却空气从这些小孔或缝隙流出后顺着燃气气流方向流动，在叶片表面形成一层薄气膜，将叶片表面与燃气隔开而对叶片起到保护作用。与对流冷却对比，气膜冷却效果更好。

4. 鳍片（销片）式冷却

通过在叶片出气边加装一些针状筋（鳍片）来加大换热效果，如图 2-67 所示。

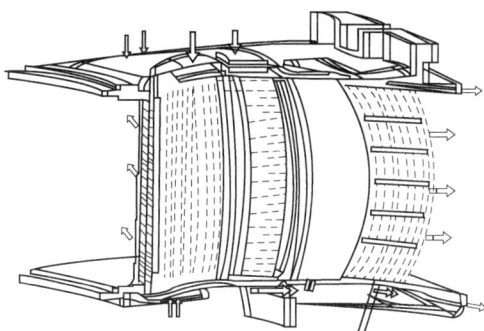

图 2-67　鳍片式冷却

气膜冷却、冲击冷却本质上也都是对流冷却。为了提高冷却效果，实际的透平叶片往往将几种冷却方式组合在一起使用。下面以 GE、Siemens、Alstom、三菱四家公司的典型机组来简要介绍目前的叶片冷却结构。

GE 公司 MS9001FA 机组的 3 个透平级中，除第 3 级动叶没有冷却外，其他三列静叶和两列动叶都采用了空气冷却，第 1 级动、静叶片的冷却结构如图 2-68 所示。由图 2-68（a）可见，第 1 级静叶采用的是气膜冷却、对流冷却和冲击冷却的综合冷却方式。在叶片的头部和腹部，开有许多细孔，空气从这些细孔流出后，可在叶片表面形成一层流动的空气膜，在将叶片与高温燃气隔开的同时，也对叶片进行冷却。在空心叶片的内部，装有开有许多小孔的导管，导管内的空气从这些小孔喷出后，可对叶片的内表面形成冲击并进行冷却。另外，在叶片出气边的内部，还有一排对流冷却槽，它利用空气的对流作用强化叶片出气边的冷却。图 2-68（b）所示为第 1 级动叶的冷却结构，它采用的是对流冷却和气膜冷却的组合冷却方式。叶片内部设有多个对流冷却通道，每一个对冷却通道又开有强化对流冷却效果的横槽，空气可以沿这些横槽从开在横槽一端的小孔流到叶片的表面，形成气膜。图 2-69 所示为第 2、3 级静叶的冷却结构，它们采用的是冲击、对流组合冷却。

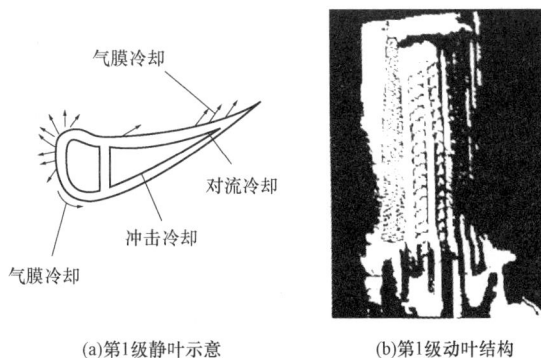

(a)第1级静叶示意　　　　(b)第1级动叶结构

图 2-68　MS9001FA 机组透平第 1 级动、静叶片的冷却结构

Siemens 公司 V94.3A 机组的四个透平级中，除第 4 级动叶没有冷却外，其他四列

静叶和三列动叶都采用了空气冷却。图 2-70 表示了该机组透平第 1 级叶片的冷却结构。第 1 级静叶采用的是气膜、对流、冲击综合冷却方式，第一级动叶采用的是对流式冷却和气膜冷却的组合冷却方式。其他各列冷却叶片，除第 2 级动叶采用对流、气膜组合冷却外，均采用纯对流冷却。

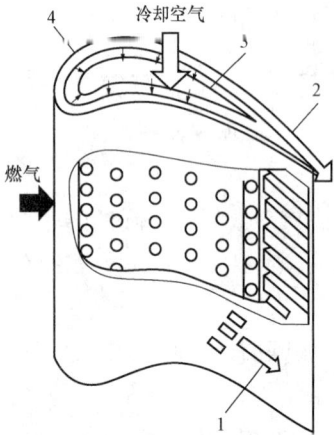

图 2-69　MS9001FA 机组透平第

2、3 级静叶的冷却结构

1—气膜；2—对流；3—导管；4—冲击

(a)第1级静叶　　(b)第1级动叶

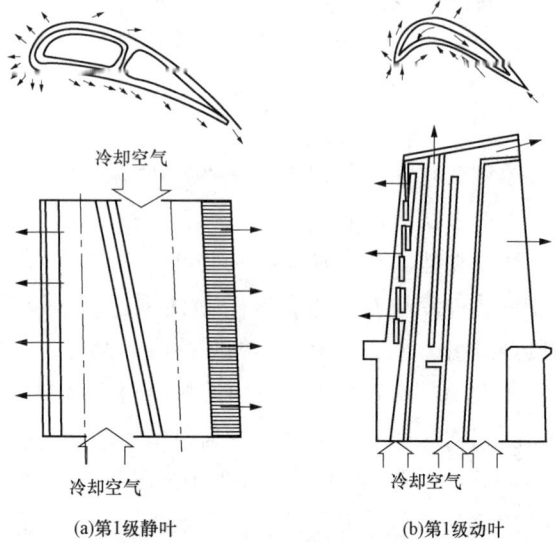

图 2-70　V94.3A 机组透平第 1 级叶片的冷却结构

Alstom 公司 GT26 机组的 5 个透平级中，除第 5 级没有冷却外，其他各级的静、动叶都采用了空气冷却。图 2-71 所示为该机组的第 1 级透平动叶的冷却结构，它采用的是一种多导管紊流式的冲击、对流、气膜组合冷却方式。

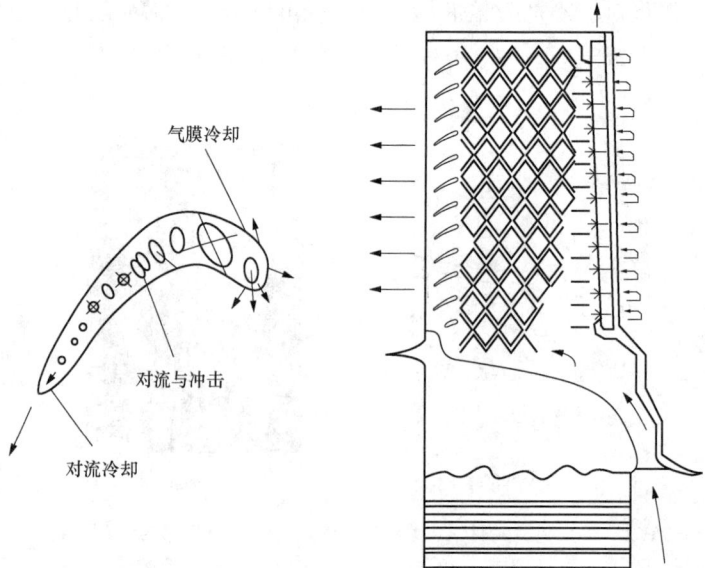

图 2-71　GT26 机组第 1 级透平动叶的冷却结构

三菱公司 M701F 机组的 4 个透平级中，除第 4 级叶片没有从内部进行冷却外，其他 3 级叶片都采用了空气冷却。如图 2-72 所示，表示了该机组透平第 1 级的冷却结构。由图 2-72（a）可见，第 1 级静叶采用的是气膜、对流、冲击组合冷却方式，空心叶片的内部设有 3 个插口，便于气流从各个部位均匀地冲击和冷却叶片。图 2-72（b）所示为第 1 级动叶的冷却结构，它采用的是一种紊流回流式冷却和气膜冷却的组合。

（四）冷却技术的发展

随着燃气轮机向高温、高压比、高效率、大功率方向的发展，人们还在不断地发展着形式多样、更为先进的冷却技术。

1. 发散冷却

所谓发散冷却是指在多孔介质材料制成的空心叶片内部通以冷却空气，让这些空气像"发汗"那样从叶片表面渗出，从而对叶片进行冷却。不难想象，由于空气渗过叶片壁面时与材料有非常紧密的接触，能带走大量热量，并且渗出后还会在叶片

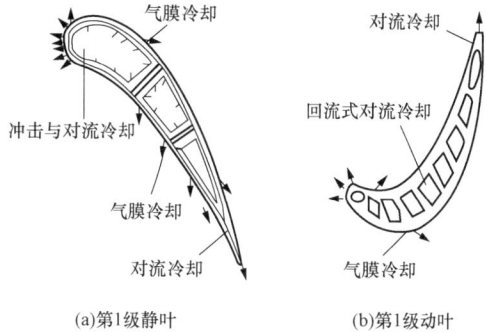

图 2-72 M701F 机组透平
第 1 级的冷却结构

表面形成一层分布均匀的保护膜，所以发散冷却应该可以在较少的冷却空气消耗的情况下达到良好的冷却效果。

图 2-73 给出了一个发散冷却叶片断面及表面温度分布。该叶片由多孔介质材料制成的蒙皮和叶片骨架构成，蒙皮与骨架采用焊接方式连为一体，在蒙皮与骨架之间设有空气通道。由图 2-73 可见，在来流燃气为 1365℃ 的条件下，用温度为 188℃、流量为燃气的 4.5% 的空气对叶片进行冷却时，该叶片表面的温度最高只有 644℃，温度的分布也比较均匀。这表明，采用发散冷却方式确实可以实现良好的冷却。

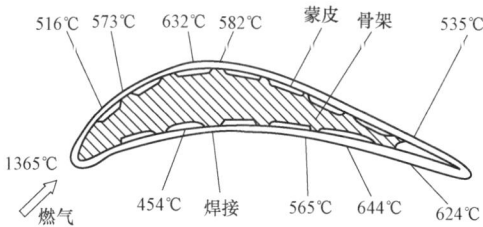

图 2-73 某发散冷却叶片断面及表面温度分布

然而，发散冷却叶片有一些很难克服的缺点，一是其蒙皮上的微孔很容易被外来污染物或者材料本身的氧化所堵塞；二是冷却空气垂直喷入叶片表面的流动边界层会导致严重的气动损失。此外，蒙皮与叶片骨架的可靠焊接也是一个不容小觑的问题，主要因为焊接工艺的可靠性直接影响叶片的寿命和性能。正因如此，虽然人们已经对这种冷却方式的结构和工艺进行了长期的理论和试验研究，但迄今为止，实践中仍未出现成功应用这种冷却方式的燃气轮机。

2. 闭环蒸汽冷却

以上介绍的空气冷却技术虽然已比较成熟，但是除了必须消耗一定的高压空气外，还不可避免地要对透平内的燃气流动产生有害影响，这会使燃气轮机的比功和效率都有所降低。为了从根本上解决这个问题，人们一直在研究一种以蒸汽为介质的闭环蒸汽冷

却技术。所谓闭环蒸汽冷却就是从外部蒸汽发生设备中引来蒸汽对燃气轮机的叶片等高温部件进行冷却,但不让蒸汽掺入高温燃气而是让其返回的一种冷却技术。

GE 公司、三菱公司已将其应用在它们生产的 H 等级的燃气轮机上(事实上,H 等级与 G 等级燃气轮机的主要区别就在冷却上,G 等级燃气轮机采用的是传统的空气冷却,H 等级燃气轮机则部分采用了闭环蒸汽冷却)。图 2 - 74 将空气冷却叶片与闭环蒸汽冷却叶片作了对比。

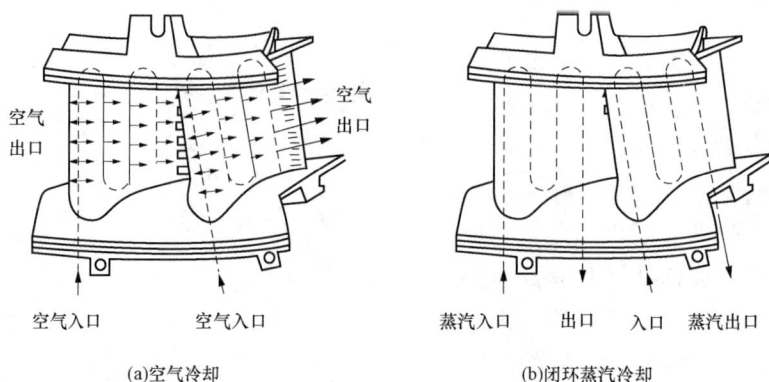

(a)空气冷却　　　　　　　　　　　(b)闭环蒸汽冷却

图 2 - 74　空气冷却叶片与闭环蒸汽冷却叶片的对比

(1) 与空气冷却相比,闭环蒸汽冷却的特点。

1) 蒸汽具有较大的比热容和良好的传热特性,可以在消耗较少的情况下实现较高的冷却效率,从而可在不增加金属温度的条件下实现更高的燃气初温。

2) 采用闭环方式运行,蒸汽不掺入燃气,不存在因掺混而引起的透平工作温度的降低,并且不会对透平内的燃气流动产生有害扰动。

3) 减少透平对冷却用空气的需求,增大了参与膨胀做功的燃气的流量,虽然要因此而消耗掉一些蒸汽,但是产生高压蒸汽远比产生高压空气付出的代价小。

4) 在燃气轮机工作在联合循环中时,蒸汽可取自联合循环的底部循环,在燃气轮机中升温后还可以回到底部循环膨胀做功。

研究表明,用闭环蒸汽冷却代替开环空气冷却可以使联合循环的效率提高 2 个百分点以上,同时比功也可有较大提高。

(2) 闭环蒸汽冷却自身存在的缺陷。

1) 由于需要一定的蒸汽,因此闭环蒸汽冷却一般适用于联合循环燃气轮机,较少用于单循环燃气轮机。

2) 冷却系统及结构大大复杂化,可靠性尚待验证。

总的来说,闭环蒸汽冷却是一种更为先进,也更为复杂的冷却技术,它代表着燃气轮机冷却技术的一个重要发展方向。

六、实例:PG9351(FA)型燃气轮机透平结构

PG9351(FA)的燃气透平是三级轴流式透平,主要包括静子、转子等组件。

（一）透平静子

透平气缸、排气框架以及安装在气缸上的透平静叶（喷嘴）、隔板气封、护环，支撑在排气框架上的2号轴承和排气扩压段共同组成了PG9351FA燃气轮机透平的静子部分。

1. 透平气缸

透平气缸为铸造结构，一般用耐热铸钢或球墨铸铁制成，采用双层结构和空气冷却。在采用双层结构后，气缸作为承力骨架，承受着机组的重量、燃气的内压力和其他作用力。内层则由静叶持环和护环组成，它们的工作温度高而受力小，主要承受热负荷。在内、外层之间接通冷却空气，这样就能有效地降低气缸的工作温度，不仅使气缸能用较差的材料制作，同时还能减少气缸的膨胀量和热应力，减少对气缸的热冲击，有利于机组快速启动和加载，从而有利于控制动叶顶部径向间隙在运行中的变化等。

图2-75所示为透平气缸示意。透平缸体控制护环和喷嘴的轴向和径向位置决定了涡轮间隙以及喷嘴和动叶的相对位置。这些定位对于燃气轮机运行至关重要。

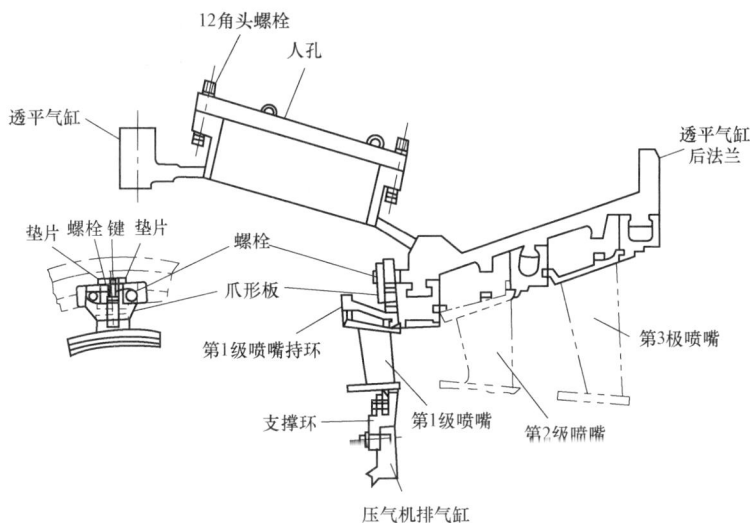

图2-75　透平气缸示意

透平气缸的前法兰用螺钉连接到压气机排气缸的后端壁上，缸体后法兰用螺栓与排气框架相连。耳轴浇铸在缸体外表面两侧，可用来起吊燃气轮机。

进入缸体的热气体被透平气缸包含着。为了控制缸体径向尺寸，有必要减少进入缸体的热流，并限制其温度。限制热流包括采用绝缘、冷却和多层结构。从压气机第9、13级抽取的空气被输送至第3、2级喷嘴周围的环状空间。空气从这里流经喷嘴隔板，进入叶轮间隙。

2. 静叶（喷嘴）组件

透平喷嘴组件引导燃烧室高温高压气体高速流入动叶片通道，同时气流在喷嘴片中膨胀，压力降低，速度增加，以很高的速度冲击动叶片，从而推动燃气轮机转子旋转。

喷嘴组件由喷嘴片和喷嘴环组成，共有 3 级喷嘴。由于燃气通过这些喷嘴压力降低，因此在喷嘴的内外侧都要密封，以防止漏气，减少能量损失。这些喷嘴工作在高温燃气流中，同时受到燃气压力和热应力的作用。

图 2 - 76 所示为透平第 1 级喷嘴及组件，喷嘴设计成两只叶片一组的铸造喷嘴段，周向装配入气缸，共 24 组 48 片。该喷嘴连接过渡段，接受来自燃烧系统的高温燃气。过渡段由喷嘴进口外部和内部的侧壁密封，减少了压气机进入喷嘴的排气泄漏。

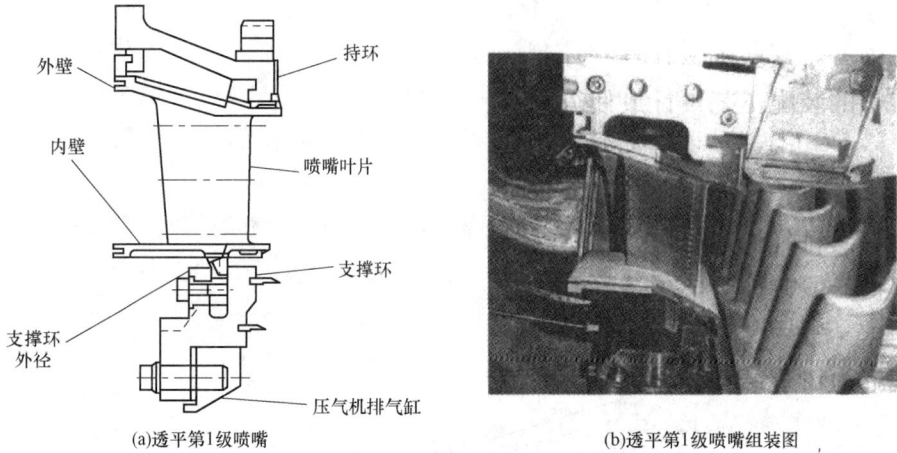

(a)透平第1级喷嘴

(b)透平第1级喷嘴组装图

图 2 - 76　透平第 1 级喷嘴及组件

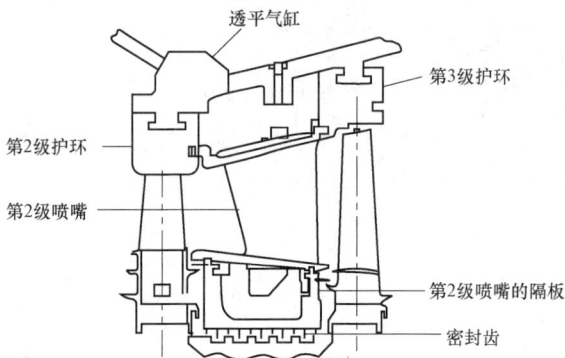

图 2 - 77　透平第 2 级喷嘴及组件

图 2 - 77 所示为透平第 2 级喷嘴及组件。从第 1 级动叶出来的燃气再次降压，并改变方向由第 2 级喷嘴流出，冲击第 2 级透平动叶。第 2 级喷嘴设计成两只叶片一组的铸造段，周向滑入气缸，共 24 组 48 片。外部侧壁上的进口和出口侧凸出的吊钩装入第 1 级护环尾端和第 2 级护环前端的凹槽，是为了维持喷嘴与透平壳体、转子同心。

这种密封舌榫匹配装置配合喷嘴与护环，可作为外径气封。喷嘴段被从壳体到喷嘴外侧壁轴向槽缝的径向销钉固定在圆周位置上。第 2 级喷嘴是由压气机第 13 级排气来冷却的。

图 2 - 78 所示为透平第 3 级喷嘴及组件。当高温燃气离开第 2 级叶片时进入第 3 级喷嘴，随着压力降低流速增加，继续冲击第 3 级叶片。喷嘴由铸件段组成，每个铸件段都有 3 个叶片和螺旋翼，共 20 组 60 片。喷嘴被固定在外侧壁前端和后端一个与第 2 级喷嘴样式类似的涡轮护环的凹槽上。第 3 级喷嘴被用径向销钉从壳体上周向定

位。从压气机第 9 级来的排气流经喷嘴隔板，对喷嘴进行对流冷却，并增大叶轮间隙的冷却空气流量。

透平喷嘴工作时被高温燃气所包围，特别是第 1 级喷嘴，所接触的是温度最高且不均匀的燃气。在启动和停机时又是承受热冲击最严重的零部件。为此，喷嘴应选用能耐高温和耐热冲击的耐热合金制作，广泛应用钴基铸造合金精密铸造而成。

PG9351（FA）机组燃气透平第 1 级喷嘴采用 FSX 414 精铸叶片，并用真空等离子体喷涂保护层；第 2 级喷嘴采用 GTD222 镍基合金精铸，用 Pack Process 工艺渗入保护层；第 3 级喷嘴采用 GTD222 镍基合金精铸，应用堆积涂层保护。

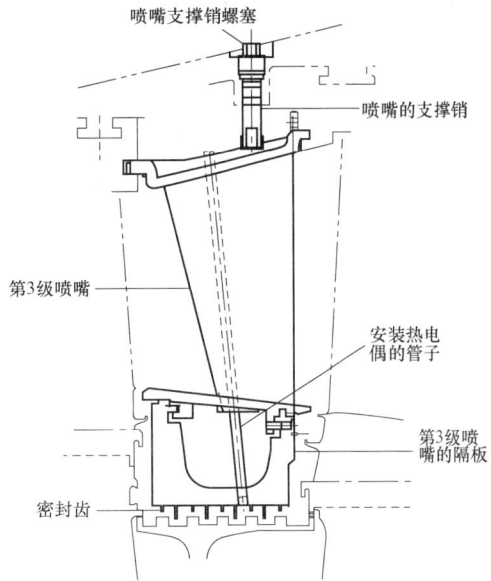

图 2-78 透平第 3 级喷嘴及组件

PG9351（FA）型的燃气轮机 3 级喷嘴都由空气冷却，其冷却结构采用薄膜冷却（在气道的表面处）、冲击冷却和对流冷却（在叶片和侧壁范围内）的复合冷却。图 2-79 所示为喷嘴复合冷却叶片的示意，第 3 级喷嘴的冷却通道只有对流冷却。

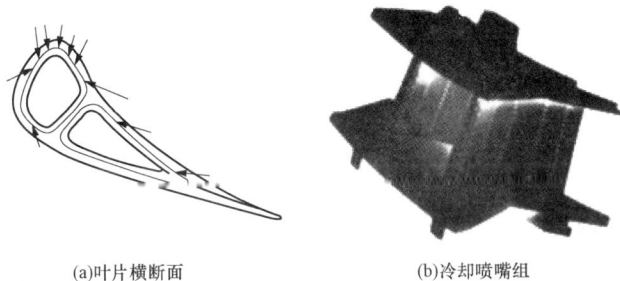

(a)叶片横断面　　　　　　　(b)冷却喷嘴组

图 2-79 喷嘴复合冷却叶片的示意

3. 隔板气封

每一个喷嘴组都有两处隔板或者螺旋翼，包含于一个水平分离的扣环，此扣环在侧边凸片上被透平缸体支撑，并由顶端和底端垂直中心线引导。这种结构允许由于温度改变引起的扣环径向膨胀时，扣环仍保持对中。扣环后端外径被反向装载于第 1 级涡轮护环的前端面，作为气封，以阻止喷嘴与透平缸体的压气机排气泄漏。

在内侧，喷嘴由一凸缘铸件密封，安装在一个第 1 级喷嘴支撑环的配合面上。偏心轴衬和一个与内侧凸片啮合的定位销用来防止各段内侧凸片的圆周旋转。凸片阻止喷嘴向前移动，焊接在垂直和水平中心线 45°的扣环后端外径上。这些凸片装配进一个凹槽，凹槽刚好铸在第1级护环T形吊钩前端的透平外壳上。通过移动水平连接支撑块和底部中心定位销，再拆去内侧壁的定位销，透平转子在适当位置时，喷嘴的下半部可以移出。

连接在第2或第3级喷嘴段的内径处的是喷嘴隔板。隔板的内径上加工有高或低的迷宫式密封齿，它们和转子上相对的密封齿紧密配合，阻止喷嘴内壁和转子间的空气泄漏。固定部分（隔板和喷嘴）和转动的转子之间具有最小的径向间隙是保持级间低泄漏的关键，可使透平有较高的效率。

4. 护环

与压气机安装叶片不同，透平动叶叶尖不是在一个完整的机加工面上直接旋转，而是在被称为护环的环形弧段上。护环的首要作用是为减少叶尖间隙泄漏而提供一个环形面，其次在热气体和相对冷的透平缸体之间构筑高热阻。凭借此功能，透平缸体冷却负荷急剧减少，缸体直径膨胀得到控制，圆形度得以保持，重要的涡轮间隙得以保证。

第1和第2级固定护环段分成两半；考虑膨胀和收缩，气体侧内护环和支撑的外护环是分离的，从而改善周期性疲劳的寿命。第1级护环是由缓冲、涂膜和对流来冷却的。透平缸体的径向销把护环块保持在圆周位置上。护环段之间以键销密封。图2-80所示为第1级护环原有结构和更新结构的对比。

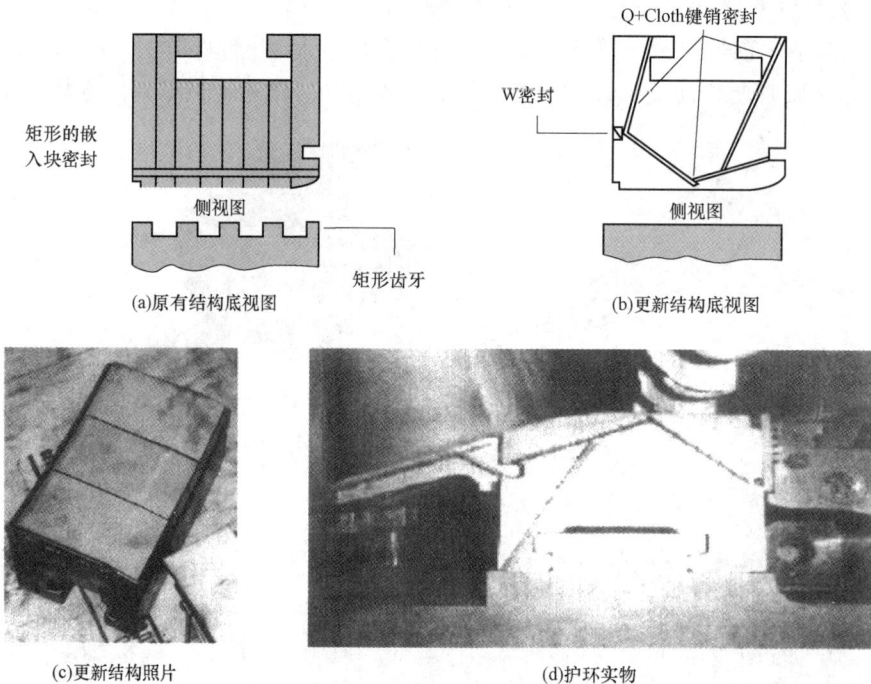

(a)原有结构底视图　　　　　　　　(b)更新结构底视图

(c)更新结构照片　　　　　　　　(d)护环实物

图2-80　第1级护环原有结构和更新结构对比图

这种改进型的第1级护环在表层材料上选用了一种特殊的铁-镍-铬合金，即HR-120合金，以取代原有的310SS，改善了护环块表面强度，可耐受更高温度，并延长低周循环疲劳寿命。

护环块之间和护环块与第 1 级喷嘴持环之间的气封做了改进。在护环块之间，如图 2-80（a）所示，以所谓 Q＋Cloth 键销密封代替原来呈矩形的嵌入块密封。以一种耐磨性能较优的 L605 金属线编织成所谓的 Cloth，然后再包裹并点焊在 X750 金属键销密封片上。经此改进后，键销密封的柔韧性较好，可灵活抵消由于受热或气流因素而造成的护环块之间间隙改变。

护环块与第 1 级喷嘴之间密封的改进采用 W 密封，如图 2-80（b）所示，即在护环块迎气流方向的键槽中嵌入一截面呈 W 形的金属薄片，利用其弹性力来抵消第 1 级喷嘴持环第和第 1 级护环块之间的间隙改变。

图 2-81 所示为第 2 级、第 3 级护环的更新结构。它们采用了蜂窝式密封结构，使动叶片的叶尖部燃气泄漏减至最小，提高了机组热效率。

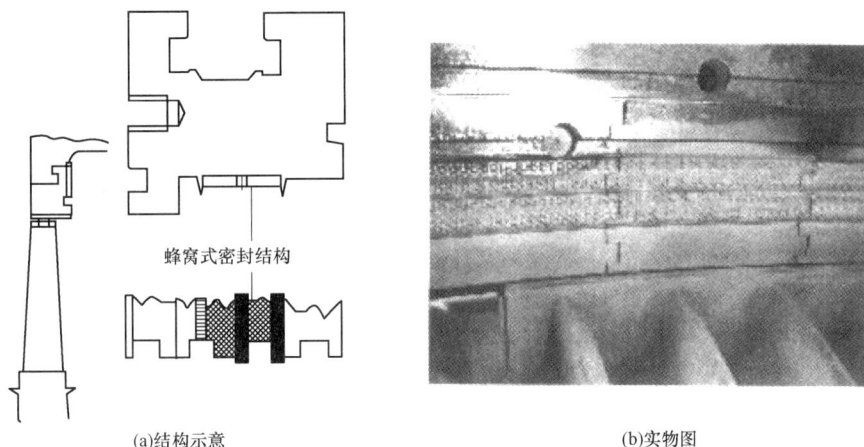

蜂窝式密封结构

(a)结构示意　　　　　　　　　　　　(b)实物图

图 2-81　第 2 级、第 3 级护环的更新结构

5. 排气装置（排气框架和扩压段）

排气框架用螺栓连接到透平缸体的后端法兰上，如图 2-82 所示。结构上，框架由径向支柱连接的内、外圆柱体组成，排气框架径向支柱穿过排气流。为了控制转子相对于静子的中心位置，支柱必须保持在均匀的温度下，因此支柱制成空心结构，即支柱外加一层金属包壳，安装在排气框架中使支柱与热燃气隔离。同时，这个包壳也为冷却空气提供了一个回路，来自排气框架冷却风扇的冷却气流在冷却透平缸以后，向内经过金属包壳与支柱之间的空间，以保持均匀的支柱温度。如图 2-82 所示，A 视图是排气框架和扩压段在外环的连接，B 视图是排气框架和扩压段在内环的连接。

排气扩压段紧随排气框架后，安装在排气装置上，如图 2-83 所示。第 3 级涡轮排出的燃气进入排气扩压段。在排气扩压段，燃气流速由于扩散作用和压力增加而降低。在扩压段的出口处，燃气直接进入排气箱。

扩压段紧随排气框架后，它的内环在出口端由内筒锥形端盖密封，将 2 号轴承密封在内环里，形成 2 号轴承隧道区。外环与内环之间由 3 根中空的支柱连接。来自轴承冷却风机的冷却空气经过各自的单向阀流入 3 个扩压段支柱中的一个进入 2 号轴承隧道

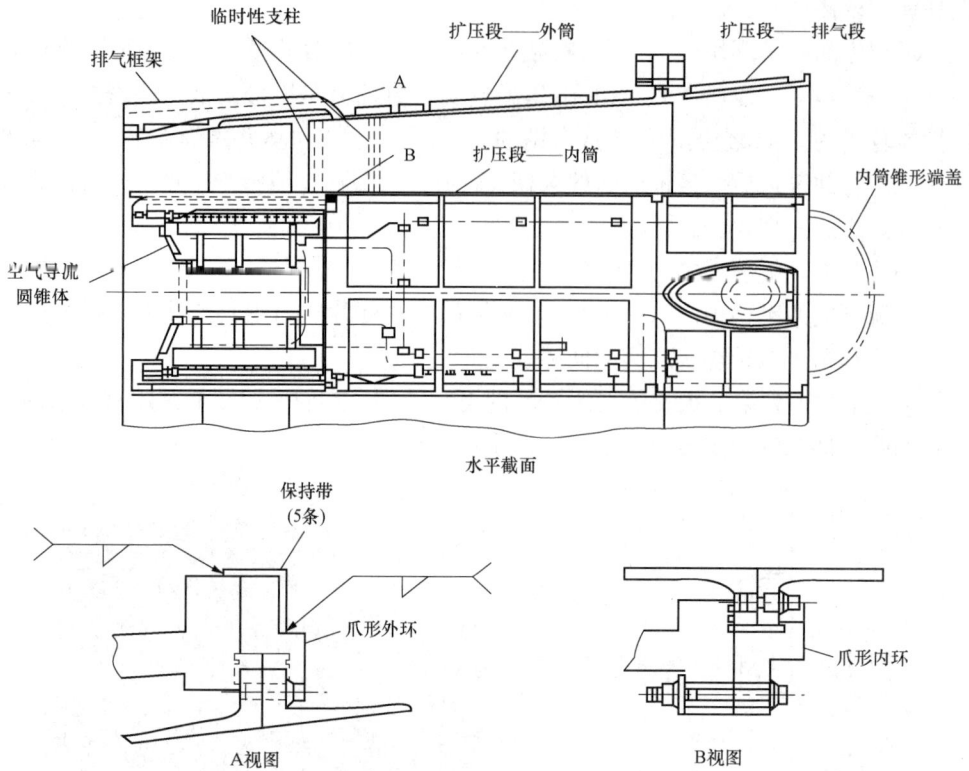

图 2-82 排气框架和扩压段

图 2-83 排气框架和扩压段实物图

区。被过滤除去对轴承有害颗粒后的冷却空气进入 2 号轴承隧道区，在 2 号轴承回油真空吸力的作用下，部分冷却空气进入 2 号轴承左端作为轴承密封。其余的冷却空气在冷却轴承隧道区后，由扩压段支柱中的另一个排至扩压段间，再由排气扩散段罩壳排烟风机排至厂房外。第 3 个扩压段支柱内的流道则通过 2 号轴承的进油和回油管，同时第 3 级叶轮后外侧测量温度热电偶的引线，由此引出。

当燃气轮机与其基座分离时，排气装置侧边的耳轴和前端压气机缸体类似的耳轴一起用来支起燃气轮机。

（二）透平转子

1. 透平转子结构

图 2-84 所示为透平转子结构图，采用贯穿螺栓结构，由透平前半轴、1～3 三级叶轮、级间轮盘、透平后半轴及拉杆螺栓组成。叶轮轮轴和级间轮盘上的配合止口控制各部件的同心度，用贯穿拉杆螺栓将它们压合在一起。由涡轮轮缘、轮轴和定位片控制同

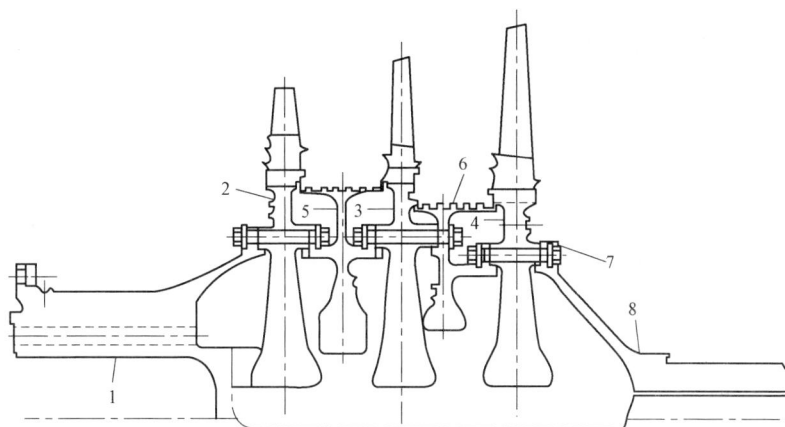

图 2-84　透平转子结构图

1—前半轴；2—第1级轮盘；3—第2级轮盘；4—第3级轮盘；

5、6—级间轮盘；7—拉杆螺栓；8—后半轴

轴性。各轮子通过位于轮轴和定位片上螺栓和法兰连接起来。透平转子通过压气机后联轴器的法兰用螺栓与压气机转子刚性连接。后半轴由2号轴承支撑。图2-85所示为燃气透平转子组件分解图。

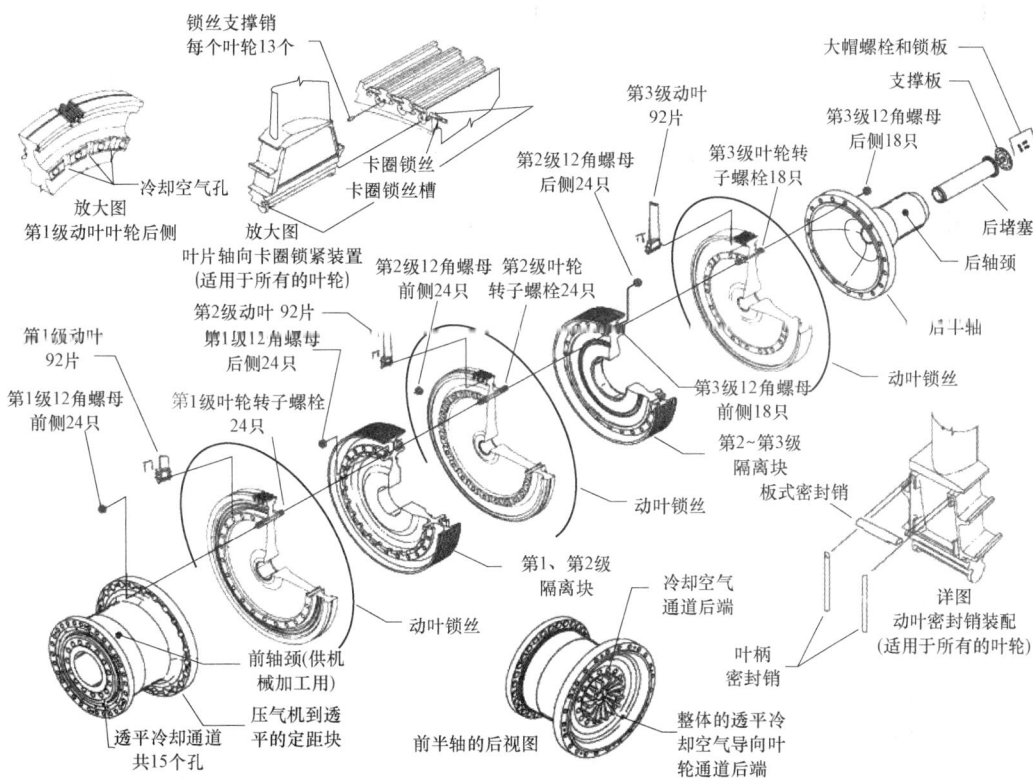

图 2-85　PG9351（FA）燃气透平转子组件分解图

2. 轮轴和轮盘

第 1、2 级轮缘之间和第 2、3 级轮缘之间的定位片决定了单个轮盘的轴向位置。这些定位片支撑密封隔板。前部和后部端面的 1～2 号定位片留有供冷却空气通道的径向缝。透平转子中间轴从第 1 级透平叶片延伸到压气机转子尾端凸缘。透平转子尾轴包括第 2 个支撑轴颈。轮盘也是采用 Inconel 706 制造。

2 只级间轮盘为各叶轮提供轴向定位。级间叶轮设置有隔板密封齿，级间叶轮的前端面有用作冷却空气通道的径向缝。

3. 叶片

PG9351（FA）第 1、2、3 级透平叶片如图 2-86 所示。叶片尺寸从第 1 级（叶高 386.69mm）到第 3 级（叶高 519.6mm）逐级增加，因为每一级的能量转化使得压力降低，所以要求环形面积增加以接收燃气的流量，保持各级的容积流量相等。

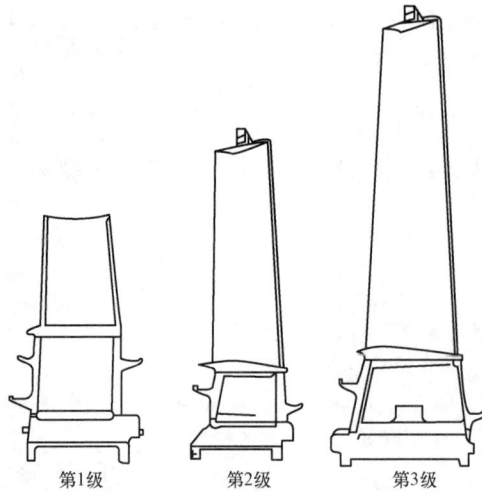

图 2-86　PG9351（FA）透平叶片

透平采用枞树形叶根的长柄式动叶片。长柄式叶片是指在叶片和叶根之间，通过较长的、断面为工字形的叶柄来连接的动叶片结构。在枞树形叶根的底平面上均开设有小孔，可以通入冷却空气，使叶根和叶身得以冷却。这样，减少了叶片对轮盘的传热，在通入冷却空气后，可以使叶根齿和轮缘的温度显著下降，并且改善叶根齿中第一对齿的承载条件和叶根应力的不均匀程度。所有第 3 级涡轮的叶片都是精密铸造的长柄叶片。长柄叶片有效地防护轮缘和叶根，当产生叶片振动机械阻尼时，免受高温气体破坏。作为振动阻尼的进一步预防，第 2 和第 3 级叶片在叶片尾端有联锁护环。这些护环能够减少叶片末端漏气，从而起到提高透平效率的作用。叶片护环上的径向齿静子上的楔形面连接在一起，构成一个迷宫式密封阻止燃气从叶片尾端泄漏。

PG9351（FA）燃气轮机的燃气初温高达 1318℃，为了保证燃气轮机的正常可靠工作，GE 公司从改善高温合金材料的性能和提高叶片冷却效果两方面入手，取得了显著成绩。该机组燃气透平转子部件的选材如下：

（1）转子轴：Inconel 706。

（2）轮盘：Inconel 706。

（3）第 1 级动叶：定向结晶 GTD - 111。

（4）第 2 级动叶：GTD - 111。

（5）第 3 级动叶：GTD - 111，用 Pack Process 工艺渗入高铬保护层。

第 1 和第 2 级动叶片表面均有真空等离子 Co - Cr - Al - Y 涂层，采用空气冷却结构，冷却通道内表面再喷涂一层铝保护层，第 3 级动叶片为非空气冷却。

图 2 - 87 所示为 PG9351（FA）燃气轮机第 1 级动叶内部的冷却通道。它除了有对流冷却外，在头部有冲击冷却和多处气膜冷却。为了增强对出气边的冷却，在冷却通道内还铸有多排针状的肋条，以增强冷却效果。该型叶片的冷却结构是模拟航空发动机 CF - 6 上的精铸动叶片结构。

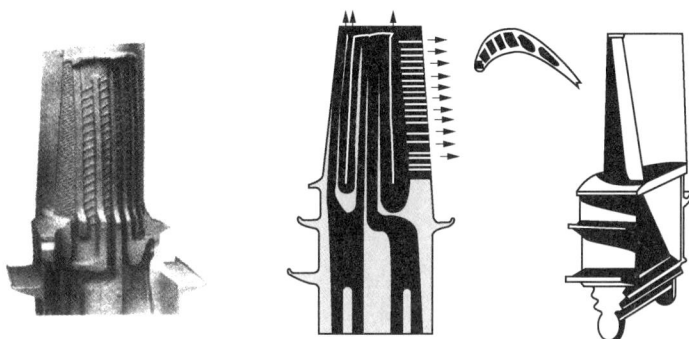

图 2 - 87　PG9351（FA）燃气轮机第 1 级动叶内部的冷却通道

图 2 - 88 所示为 PG9351（FA）燃气轮机中透平动叶的顶部结构。第 2 级动叶自枞树形叶根底面至叶顶布置有多孔动叶冷却用的纵向空气通道。冷却空气从枞树形叶根底部的冷却孔引入，流向叶尖，并从那里流出。叶片尖部由 Z 形围带封装，构成叶尖密封的一部分，这些围带在各叶片间联锁以阻尼振动。

(a)第2级动叶　　　　(b)透平动叶的顶部结构

图 2 - 88　PG9351（FA）燃气轮机中透平动叶的顶部结构

第 3 级动叶无内部空气冷却，其叶片尖部像第 2 级动叶一样，由 Z 形围带封装，构成叶尖密封的一部分，这些围带在各叶片间联锁以减少阻尼振动。

透平转子的装配工艺设计为可在不拆下叶轮、级间轮盘和转轴组件的情况下能更换动叶片。

任务 2.4　外缸和轴承及缸体支撑认知

任务目标

1. 能说出外缸的作用和各组成部件。
2. 能正确描述燃气轮机轴承的作用和类型。
3. 能描述燃气轮机轴承的润滑。
4. 能描述燃气轮机轴承的密封。
5. 能简述燃气轮机缸体支撑情况。

任务工单

学习任务	外缸和轴承及缸体支撑认知						
姓名		学号		班级		成绩	

通过学习，能独立完成下列问题。

1. 燃气轮机外缸的作用是什么？它主要由哪些部件组成？
2. 燃气轮机轴承按照功能可分为哪两类？
3. 燃气轮机支撑轴承的作用是什么？燃气轮机推力轴承的作用是什么？
4. 燃气轮机轴承的润滑情况是怎样的？
5. 燃气轮机轴承的密封可分为哪两类？
6. 燃气轮机缸体支撑主要由哪几部分组成？

任务实现

一、外缸

外缸是燃气轮机的重要组成部件，它将压气机、燃烧室以及燃气透平有机地结合成一个整体设备。外缸一般由 3 部分缸体组成，包括外缸 1、外缸 2、外缸 3，主要作用是承压、支撑燃烧器组件。下面以 SGT5 - 4000F（2）型燃气轮机为例进行说明。图 2 - 89 所示为 SGT5 - 4000F（2）型燃气轮机剖视图。

1. 外缸 1

外缸 1 是一个与静叶持环 Ⅰ 组成一体的圆锥形焊接构件，和前轴承座相邻，包含前 10 级压气机叶片和两个压气机抽气点。

2. 外缸 2

外缸 2 为轴向布置的第 2 段，为焊接结构，水平中分布置，包含压气机静叶持环 Ⅱ 和燃烧器，布置有压气机第 3 个抽气点，同时用来支撑燃烧器，这种结构可以吸纳热膨胀。

气流反方向外缸 2 视图如图 2-90 所示。主要由外缸连接法兰、圆柱形外缸、圆锥形外缸组成。顶耳焊接于外缸连接法兰的两侧，在大修过程中液压千斤顶作用于顶耳以打开上半部分。

如图 2-90 所示，在冷却空气抽出环面 E3 半圆柱形外缸下半部分的最低点，有一个疏水点，E3 处抽出的冷却空气，经过两个在半圆柱形外缸下半部分的抽气法兰至外缸 3。与此类似，上缸部分上的 A3 法兰用于在启动过程中的防喘放气。圆锥形外壳装有分段的内护罩，用来补偿热膨胀，以延缓燃气轮机启动过程中缸体的加热。在特定的内护罩段有导流板，以保证从压气机来的气流均匀地、低扰动地进入燃烧器。

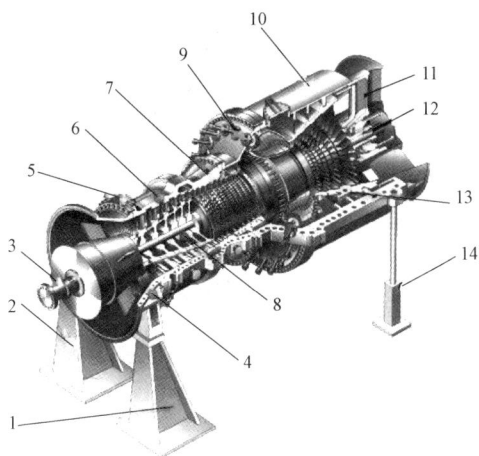

图 2-89 SGT5-4000F（2）型燃气轮机剖视图

1—压气机右支撑；2—压气机左支撑；3—中间轴；
4—压气机轴承座；5—外缸 1；6—压气机静叶持环Ⅰ；
7—压气机静叶持环Ⅱ；8—转子；9—外缸 2；
10—外缸 3；11—排气扩散器；12—透平轴承座；
13—透平静叶持环；14—透平支撑

燃烧器用螺栓紧固于 24 个位于圆锥形外缸前部以透平轴线为圆心的平面上，压气机静叶持环Ⅱ轴向地固定于一个槽中。它相对于转子的位置可通过间隙测量孔来检查，通过垂直导块和横向导块精确调整，周向槽中的密封条在环形冷却空气抽出空间 E3 和压气机放气区域之间形成一个屏障。位于外缸圆锥形部分的 4 个内窥镜式检查口可对扩压器的轴向、径向区域到燃烧器安装及入口区域进行检查工作。和压气机静叶持环Ⅰ法兰连接的下半部分螺孔中装有螺栓，在组装和大修时支撑压气机静叶持环Ⅱ。

3 外缸 3

外缸 3 是一个圆柱形焊接构件，包含燃烧室和透平静叶片持环，像外缸 2 一样，外缸 3 为燃气轮机承压外壳的一部分，如图 2-91 所示。它位于外缸 2 的下游，水平中分，构成环形燃烧室和透平本体，并用来支撑转子端部的透平端轴承，通过外壳法兰连接到燃气轮机扩散段。外缸 3 为焊接结构，主要由外缸连接法兰、圆柱形半外壳等组成。

适应各级温度和压力要求的冷却空气通过圆柱形外壳上的连接管道供应到外缸 3，由外缸 3 内部的半圆环空间向透平静叶持环圆周四周分配冷却气流，半圆环也起到透平轴导向的作用，并补偿透平轴向推力，疏水点位于各自冷却空气抽出环下半部分的最低点。

在外缸 3 两侧法兰上有侧向凹台和后部法兰面的凸出平面作为液压千斤顶的支承点，以便在大修时顶起外缸上半部分。负重凸耳焊接在外缸法兰上，该法兰螺栓连接到外缸 2，后部法兰面上有负重吊眼用来在制造和大修时搬运外缸。缸体的水平法兰螺栓

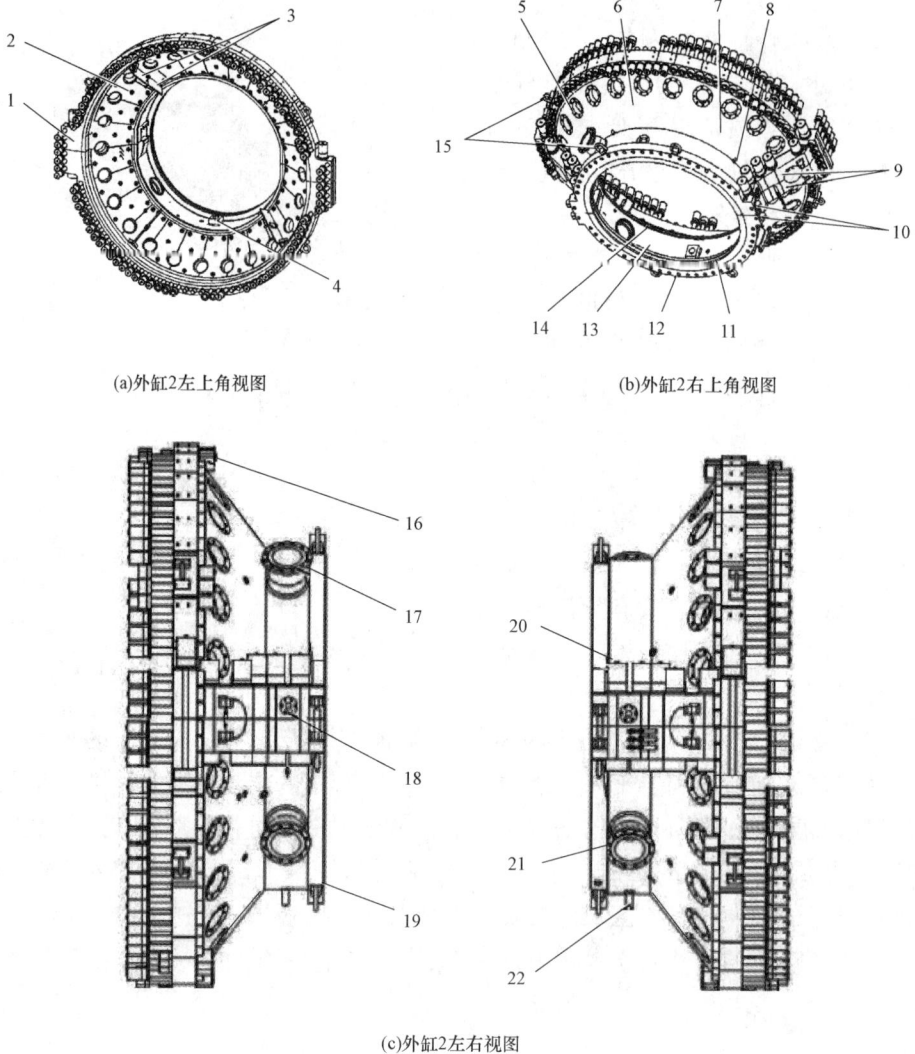

(a)外缸2左上角视图

(b)外缸2右上角视图

(c)外缸2左右视图

图 2 - 90　气流反方向外缸 2 视图

1—到外缸 3 的连接法兰；2—内护罩；3—导流板；4—横向导块；5—燃烧器法兰；6—圆锥形外缸；

7—内窥镜检查口；8—间隙测量孔；9—外缸连接法兰；10—液压千斤顶用顶耳；

11—补偿压气机静叶持环Ⅱ的槽；12—连接压气机静叶持环Ⅰ法兰；13—圆柱形外缸；

14—周向槽；15—负重吊耳；16—连接到外缸 3 的螺栓；17—连接法兰；18—垂直导块；

19—组件的支撑；20—外缸连接法兰；21—连接法兰；22—疏水管口

用液压预紧，相对于以前采用的带加热孔的螺栓，具有可重复性使用和紧固时间较短的优点。另外，外缸水平结合面上部有一预留接口用来连接到可选的防结冰系统，标准设计该接口安装一个盲法兰将其封住。

外缸 3 两侧结合面下半部分的两个缸体支撑点平面用来固定燃气透平的支撑腿，这些部件设计可以安全承受燃气轮机的重量，而不会阻碍外缸横向和纵向热膨胀，为防止不可抗拒的燃气轮机侧向运动，在排气端有一中心导向键，中心导向键基座结构永久性

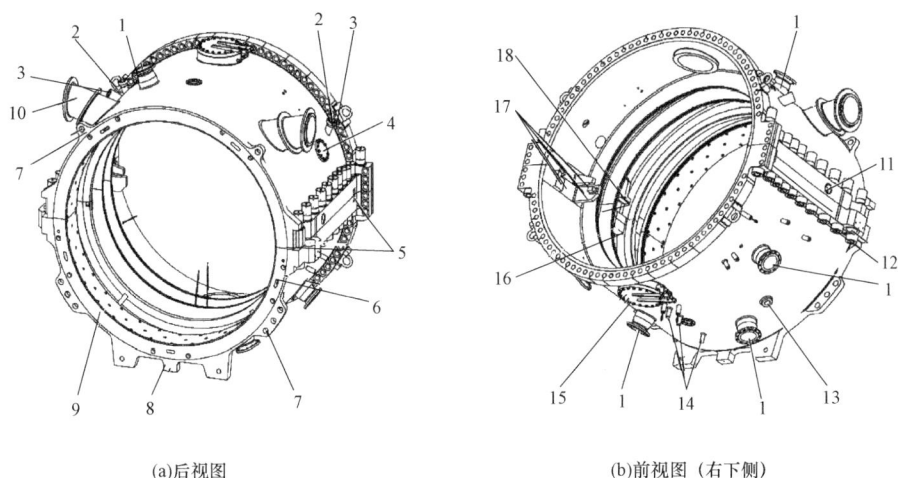

(a)后视图   (b)前视图（右下侧）

图2-91 外缸3视图

1—冷却空气连接管；2—火焰监视接口；3—吊环；4—可选防结冰系统用盲法兰；5—液压千斤顶用顶耳；
6—透平侧轴承外壳连接用法兰；7—负重吊耳；8—中心导向件；9—绝热材料；10—固定吊耳；
11—透平高度调整装置；12—缸体支撑点平面；13—透平静叶持环用组件支撑；14—疏水管口；
15—人孔盖；16—透平静叶持环支撑耳；17—环形燃烧室安装点；18—透平静叶持环限制耳

地用水泥固定在燃气轮机基础里。

位于外缸结合面附近的支撑耳和限制耳确保环形燃烧室外壳处于适当的竖直位置，而不会阻碍由热膨胀产生的运动。燃烧室外壳在横向的导向和位置调整通过导向管口（仅在下半部）中的一个机械装置来实现。透平静叶持环的位置固定和环形燃烧室外壳采用的方法相似，但相关的支撑耳和限制耳更粗大，原因为这些点要将整个透平的反作用力传递至外缸3。静叶持环在水平方向和竖直方向的精调类似于环形燃烧室外壳的调节方法。透平排出的热气流和相对较冷的排气缸壁之间唯一的一个部件就是很薄的外缸内衬层，外缸内衬有一层绝热材料，以防止由于热辐射而引起外缸区域过热。在首次组装和大修期间，可以不用外缸3内的支撑装置而确定燃气透平静叶持环下半部分的中心，这可通过透平静叶持环上的可径向移动的两片轴向垫片来实现，这些垫片插在下半缸的支撑点中。

燃烧器是否完全正常工作的信号对燃气轮机安全、可靠的运行至关重要。装在火焰监视接口上的快速响应、光学传感器就是获得这种信号的一种方式。一旦传感器检测到燃烧室火焰熄灭，燃气轮机控制系统将在不到一秒时间内切断燃料的供应。在调试阶段燃烧优化的过程中，如果需要可在火焰观察口安装一个光学探测器，火焰的画面被一个带反射装置的视频相机捕捉到，然后传送到视频监视器。

二、轴承及缸体支撑

压气机、燃烧室和透平外缸连同进排气缸都是刚性连接成一个整体，由处于中分面下方分别位于压气机缸、透平缸以及排气缸（排气通道）的3个外支撑立在底盘上。在工厂组装后，不用拆卸，就可以连同底盘一起直接运到现场安装。下面以M701F型燃

83

气轮机为例进行说明。

　　M701F 型燃气轮机转子采用 2 点轴承支撑（在进气缸和排气缸处各有一个支撑轴承）而非 3 点轴承支撑（除进气缸和排气缸处各有一个支撑轴承外，在中间燃烧室缸体处还设有一个支撑轴承），使轴承避免了高温环境，其密封以及冷却系统也相对较为简单，容易对中。两个支撑轴承均采用滑动轴承，为 2 块可倾瓦式。

　　采用单轴布置的 M701F 型燃气 - 蒸汽联合循环机组，如图 2 - 92 所示，燃气轮机、汽轮机、发电机布置在一根轴线上，汽轮机在中间，整个机组采用一个推力轴承，推力轴承为双工作面、多块可倾瓦结构，位于燃气轮机的压气机端。燃气轮机和汽轮机的缸体和转子在受热后都朝同一方向膨胀，使运行中动静部分的膨胀差控制在最小。

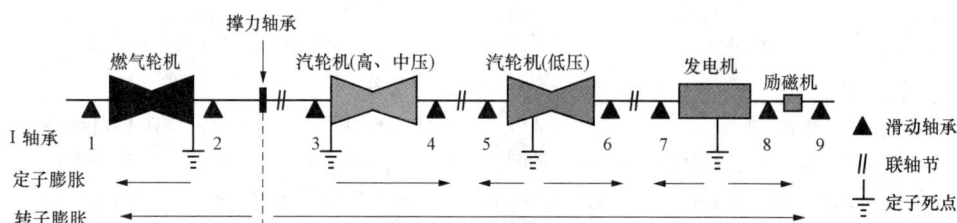

图 2 - 92　M701F 燃气 - 蒸汽联合循环机组轴系

　　（一）燃气轮机轴承

　　轴承是支撑燃气轮机转子并允许转子高速旋转的承力部件。燃气轮机运行时，轴承将承受转子旋转所产生的径向及轴向作用力，并经过轴承座传至气缸或直接传至底盘上。轴承按照功能可分为径向轴承和止推轴承两种。径向轴承承受径向力，起支撑的作用，也称支撑轴承。止推轴承承受轴向力，起承受燃气轮机机组轴向推力的作用，也称推力轴承。

　　M701F 型燃气轮机采用了双轴承支撑着整个燃气轮机转子，分别位于燃气轮机的压气机进气缸和透平排气缸；其中在压气机侧还安装有一个双工作面的推力轴承，用来保持整个转子的轴向位置。

　　1. 径向轴承

　　从排气方向看，位于透平排气端的轴承为 1 号径向轴承，压气机进气缸侧是 2 号径向轴承，两个径向轴承的结构相同，如图 2 - 93 所示，轴承的下半部轴承座为缸体的一部分，轴承盖由可拆卸的钢质壳体制成，该壳体在水平中分面处用螺栓与下半部分连接。径向轴承采用两块巴氏合金瓦连同瓦垫支撑安装在球面销上，此设计可以保证轴承间隙和转子对中。径向轴承轴端安装有油密封和气密封，以防止润滑油泄漏。油密封处的油压通过控制轴承的进油量来保持。轴承壳体中的防转销与缸中的槽吻合在一起，以防止轴承旋转。

　　2. 推力轴承

　　推力轴承与 2 号径向轴承共同装在压气机进气缸的 2 号轴承箱内，其功能是保持转子的轴向位置。推力轴承分为主推力轴承和副推力轴承，这是因为燃气轮机转子在正常

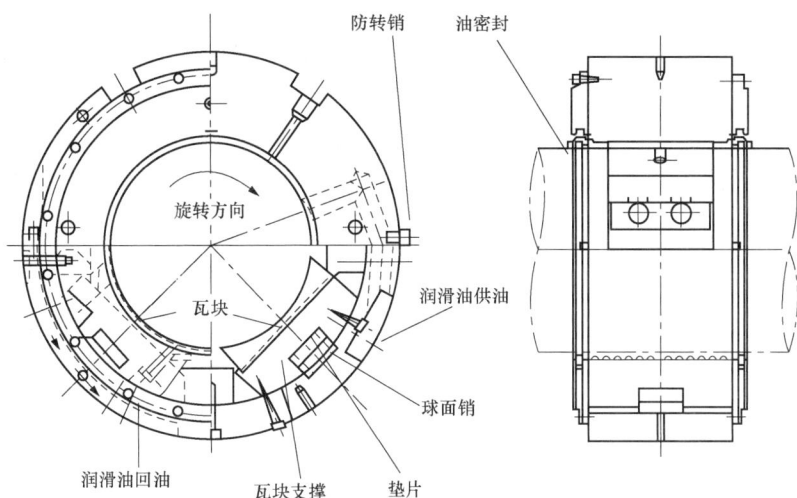

图 2-93　径向轴承剖面图

运行和启停过程时，转子所承受的轴向推力是不一样的，方向正好相反，为了承受两个方向上的推力负荷，在一个转子轴上装有两个推力轴承，承载正常运行时轴向推力的为主推力轴承，承载启停过程推力的为副推力轴承。对于 M701F 单轴联合循环燃气轮机发电机组，主推力轴承位于压气机的出气侧。

如图 2-94 所示，推力轴承包括推力盘、推力瓦（正副瓦块各 10 块）、油喷嘴和负载平衡机构等。推力盘与转子轴为一个整体，随转子一同旋转，转子推力通过推力盘传送到推力轴承上。负载平衡机构由装在两个开口环圈中的联锁平衡板组成，推力瓦由铜合金和带有锡基巴氏合金面制成，瓦块就位后，每块推力瓦均以钢支撑为枢轴旋转，与平衡板相互支撑，如果任一个推力瓦受压，则其运动立即传输到与其邻近的平衡板上，使平衡板一边向下倾斜，另一端则向上倾斜，从而强制下一个推力瓦向上移动，迫使它们承载均匀的负载。由于有负载平衡机构，所以所有推力瓦的厚度不一定必须相同，原因为少量的差异可由平衡板进行补偿。

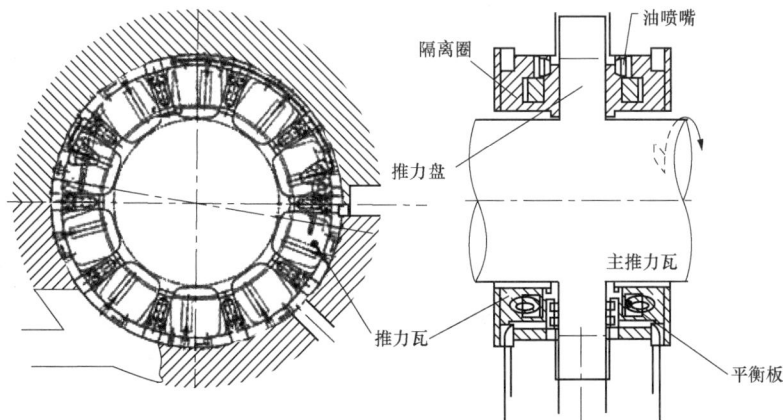

图 2-94　推力轴承

推力瓦在偏离位有枢轴点，因此，为达到最佳承载能力，一般采取偏心支承方式。另外，推力轴承的两端安装有油密封，以防止润滑油的泄漏。

3. 轴承润滑

燃气轮机径向轴承和推力轴承处的冷却和润滑用油均来自燃气轮机的润滑油系统。

经过滤和冷却后的润滑油以恒定流量通过径向轴承下半轴瓦体中的孔进入径向轴承，再经水平中分面连接处的供油连接向轴瓦的上半部分供油。当润滑油经过轴承时润滑和冷却轴瓦，润滑和冷却完成后的油通过箱体下半部的回油点排出。轴瓦上有孔可以起到类似节流孔板作用，可计量通过轴承的油流量。轴承两端安装的油密封可保证轴承中的油压正常。

推力轴承的润滑油从两端进入，然后流经瓦块和转子推力盘之间的间隙。当到达推力盘时，在离心力驱使下油自然向外进入轴承箱的排油孔，润滑油从此处返回到润滑油箱。

4. 轴承密封

轴承处的密封分为油密封和气密封。

压气机侧 2 号轴承箱内的油密封分为推力轴承油密封和径向轴承油密封。推力轴承油密封位于轴承密封壳体中，轴承两端各一个［详见图 2 - 95 （a）中剖面图 A—A、剖面图 B—B］，它们由一系列加工成型、环绕转子布置、直径相等的密封齿环与转轴表面共同组成迷宫式密封。在 2 号径向轴承靠压气机侧，为防止润滑油可能沿转子泄漏到压气机中，也安装有油密封［详见图 2 - 95 （a）中剖面图 C—C］。油密封和转子之间的迷宫式间隙可以减少沿轴方向的润滑油的泄漏量，并且沿轴方向泄漏的油也可在微负压作用下经过轴承回油管路返回润滑油箱内（正常运行时，润滑油箱保持微负压状态）。

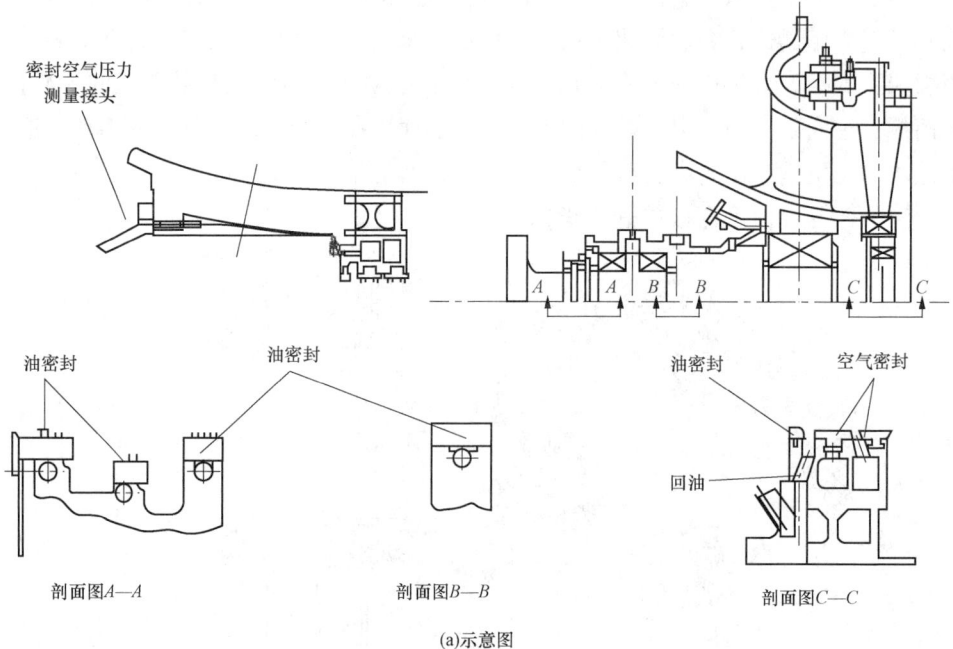

剖面图A—A   剖面图B—B   剖面图C—C

(a)示意图

图 2 - 95 2 号轴承密封图（一）

(b)实物图

图 2-95 2 号轴承密封图（二）

为防止轴承滑油沿转子轴向流入压气机，使压气机叶片免受油污染，在轴承箱内还安装了迷宫式气密封，来自压气机的第 6 级抽气被直接送到轴承密封空气系统，并最终送到该气密封处［详见图 2-95（a）中剖面图 C—C］，对轴端进行密封。密封空气进入迷宫式密封腔室后，一部分沿轴向进入具有微负压的轴承箱内，防止润滑油沿轴向流向压气机；另一部分沿轴向从轴端漏出，防止外部空气进入，如图 2-96 所示。

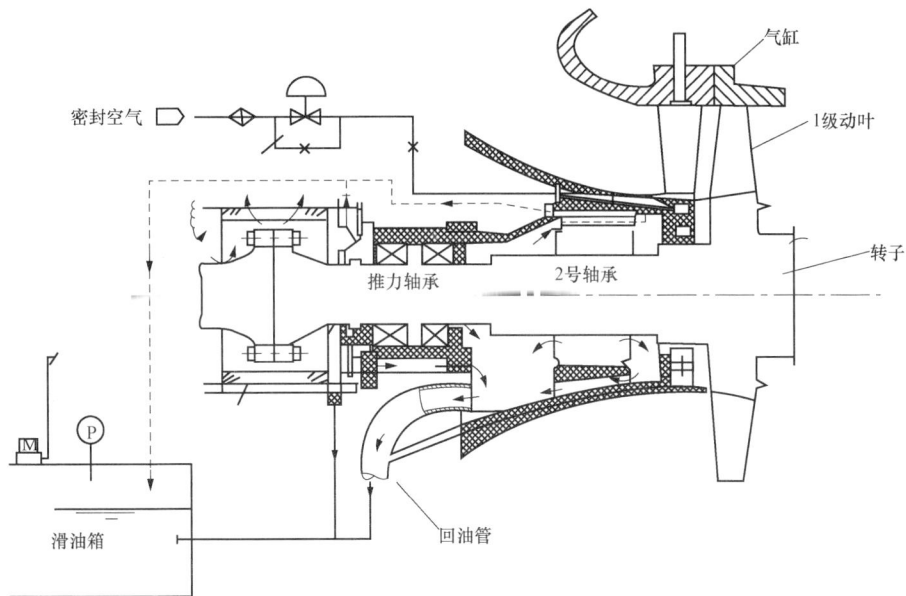

图 2-96 2 号轴承润滑和密封图

透平侧 1 号径向轴承的两侧各有一个挡油环，靠近透平侧装有迷宫式油气密封，工作原理和作用与压气机侧相同，如图 2-97 所示。1 号轴承箱外装有一密封箱将 1 号轴承箱与第 4 级后的透平轮盘腔室分开，该密封箱开有气流通道与透平第 4 级轮盘腔室相通。来自压气机的第 6 级抽气进入 1 号轴承箱与排气缸内锥体之间的空间，再通过密封箱的气流通道进入第 4 级后的轮盘腔室，最后被不断吸入透平排气气流中以防止轮盘腔室处的热空气进入 1 号轴承座及空间内。另外，1 号轴承空气密封系统中一部分空气通过油气密封顺燃气排气流方向泄漏到微负压的轴承腔室内部，形成的油气混合物随回油管回到润滑油箱。其余则沿着 1 号轴承气密封向燃气轮机排气反方向流动，进入第 4 级轮盘腔室空间，最后也汇进燃气轮机排气气流中，如图 2 - 98 所示。

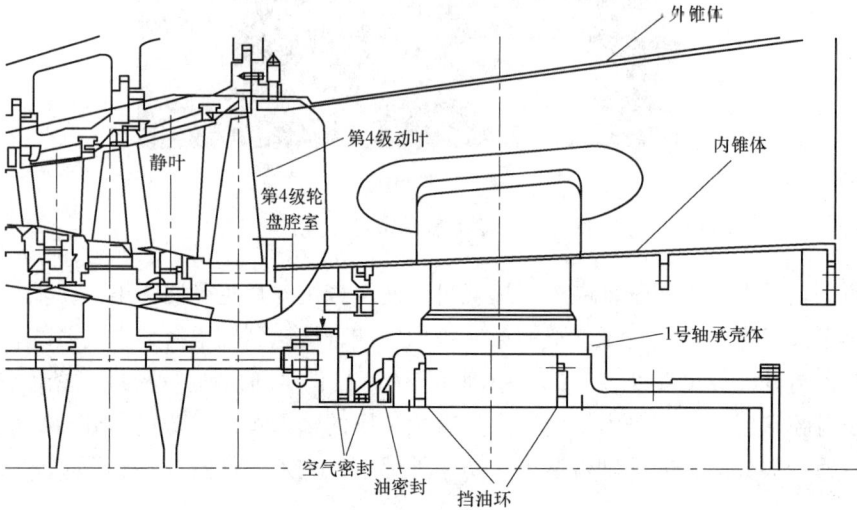

图 2-97 1 号轴承密封图

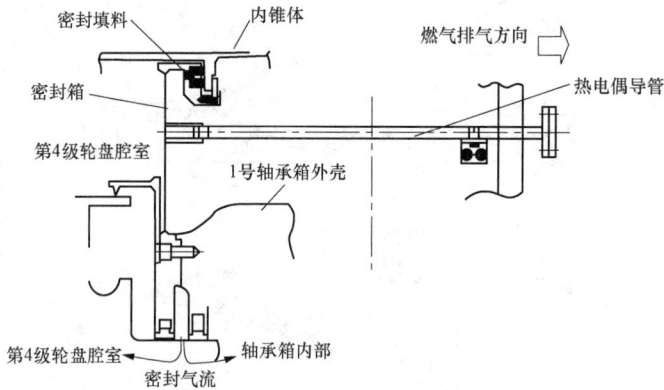

图 2-98 1 号轴承空气密封图

这样的结构既保证了 1 号轴承的油气密封，又为轴承箱周围提供了连续的通风，从而保证了轴承箱的工作温度在允许范围内。第 4 级轮盘腔室处安装有热电偶测量轮盘温度，以监视冷却空气流量是否足够。

（二）缸体支撑

整个燃气轮机缸体共有 3 处支撑，分别位于压气机缸、透平缸和排气通道处，如图 2 - 99 所示。

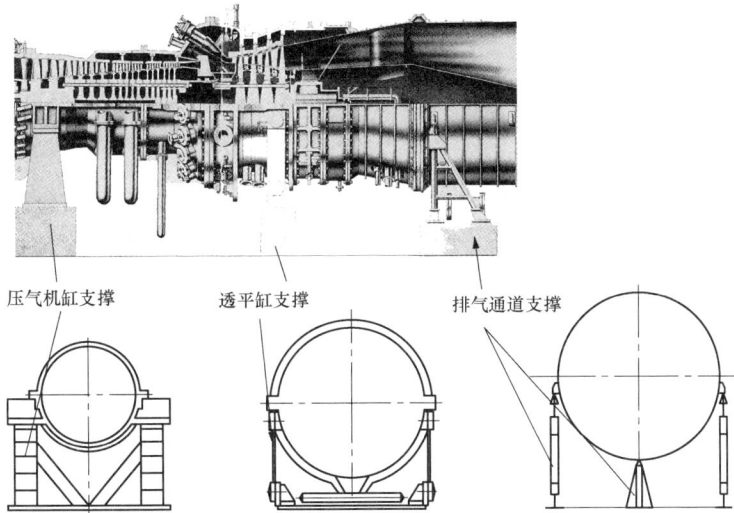

图 2-99　燃气轮机缸体支撑

1. 压气机缸支撑

在压气机缸的前端下部装有一刚性支架，此支架将压气机缸沿轴向锁死，是整个燃气轮机缸体的膨胀死点，从而保证在燃气轮机缸体受热膨胀后，其变化方向只能从压气机进气端朝向透平排气端。

2. 透平缸支撑

在透平缸的两侧装有柔性的耳轴支撑臂（也称支撑腿，见图 2-100），支撑臂与透平缸和支架基座连接处均装有耳轴轴承。当透平缸的温度增高时，耳轴支撑可以允许透平缸沿轴向和水平方向进行热膨胀，如图 2-101 所示，而不会影响与转子的对中。耳轴支撑臂上装有润滑油管路，润滑油通过其进入支撑臂中的油路通道，冷却上部耳轴轴承。

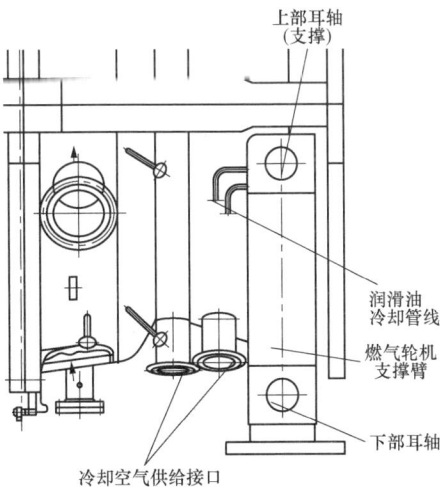

图 2-100　透平缸体支撑

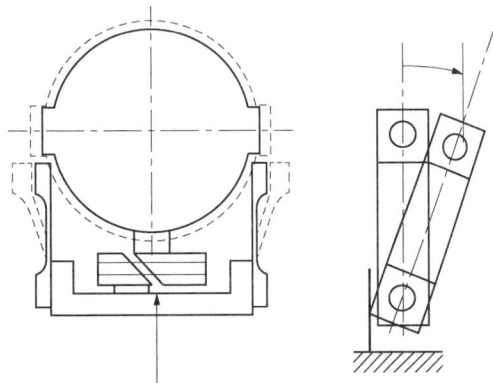

图 2-101　透平支撑径向和轴向膨胀

3. 排气通道支撑

在后排气通道的上游端外部安装有挠性排气支撑和中心支撑，此两支撑与压气机侧和透平侧支撑共同完成对整个燃气轮机缸体的支持作用。挠性排气支撑可吸收排气通道的热膨胀，用螺栓固定到基础板上，支架可以按照需要加设垫片，以便透平找中。

任务 2.5　燃气轮机的整机结构认知

任务目标

1. 能描述燃气轮机结构设计要求。
2. 能简述燃气轮机结构设计基本原则。
3. 能说明电站燃气轮机的整机结构特点。

任务工单

学习任务	电站燃气轮机的整机结构认知				
姓名		学号		班级	成绩

通过学习，能独立完成下列问题。

1. 燃气轮机结构设计一般需满足哪些主要要求？
2. 燃气轮机结构设计中有哪些基本原则？
3. 现代大功率燃气轮机为什么多采用轴向排气方式？
4. 大功率燃气轮机主要采用哪几种转子结构形式？它们各有哪些特点？

任务实现

一、燃气轮机结构设计原则

现代燃气轮机的设计制造技术由汽轮机和航空发动机两大设计制造技术发展而来。受两种机器设计思想的影响，燃气轮机在早期曾形成两个技术流派。一个流派受汽轮机技术的影响较大，在设计和制造中比较注重装置热效率、部件牢固性和使用寿命、材料易得性和制造检修工艺方便性，而在结构紧凑性、运行灵活性等方面注重不够。另一个流派受航空发动机技术的影响较大，在设计和制造中比较注重结构紧凑性、启停和运行的灵活性，但舍弃了使用寿命上的要求。后来虽经过融合，但由于燃气轮机多用在需快速启停和灵活运行的场合，因此后一流派留下了更多痕迹。不过，在大中型燃气轮机上，前一流派的不少优点也得到了继承。

1. 结构设计要求

燃气轮机结构设计中需要考虑的要求主要有以下几个。

（1）要有足够的刚度、强度，以保证长期安全可靠运行；停机检查和大修的时间间隔要足够长。目前，燃天然气且带基本负荷的燃气轮机，检修时间间隔已达 4000～8000h，大修时间间隔已达 30000h。

（2）要保证足够高的热力性能，保证达到设计压比、温度、流量、转速，以保证所要求的功率和效率。

（3）结构较简单，尺寸较小，质量较轻，便于制造、装配、运输和安装，便于检查、维护和维修。

2. 基本的设计原则

要同时满足上述要求非常困难，原因在于这些要求有些是相互矛盾的。在长期的研究和实践中，人们总结出了一些最基本的设计原则，主要包括：

（1）压气机、燃烧室、透平三大部件要尽量统一整体布置，即它们的外壳要相互连接为一个整体，统一支撑在一个基座上。

（2）压气机和透平转子在机械上要相互连接，尽量构成一个统一的转动部件。

（3）转子与静子要配合形成一个顺畅的工质流动通道。对联合循环用的燃气轮机，还要使工质能顺畅地从燃气轮机流进余热锅炉，尽量减少不必要的流动转折。

二、典型电站燃气轮机整机结构简介

在基本设计原则指导下，不同制造厂设计制造的燃气轮机在结构上有许多相似之处。但由于每一个具体结构都有许多不同方案，所以不同制造厂的燃气轮机看起来又形态各异。这里仅打算结合目前国际上几个主要公司的典型产品，对电站大型燃气轮机，尤其是联合循环用燃气轮机与热力相关的一些结构特点做简要分析。

图 2 - 102 所示为 GE 公司设计生产的 MS9001FA 型燃气轮机的纵剖面图，图 2 - 103 所示为 Siemens 公司 V94.3A 型燃气轮机的纵剖面图，图 2 - 104 所示为 Alstom 公司 GT26 型燃气轮机的轴侧图，图 2 - 105 所示为三菱公司 M701F 型燃气轮机的纵剖面图。这几个型号的燃气轮机的燃气初温均为 1300℃ 等级，功率均为 260MW 左右。

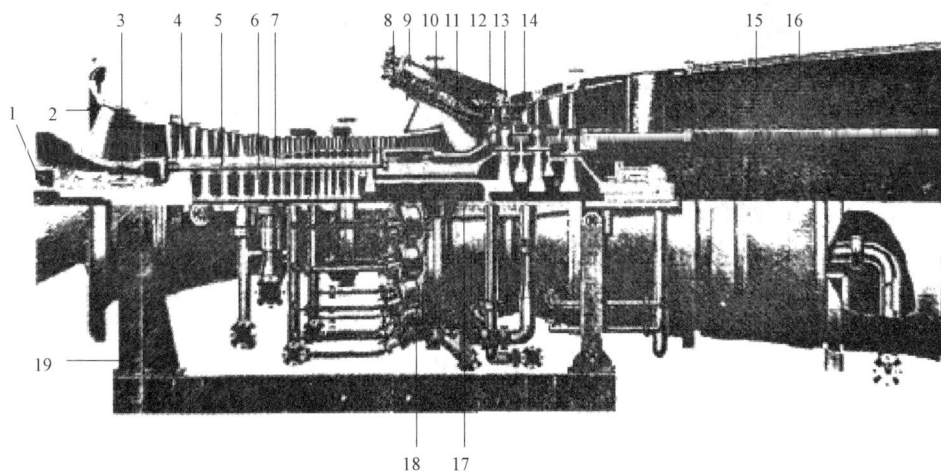

图 2 - 102 MS9001FA 型燃气轮机的纵剖面图

1—输出端联轴器；2—进气道；3—径向支持轴承；4—压气机叶片；5—压气机；6—压气机轮盘；7—拉杆；

8—燃料喷嘴；9—火焰管；10—燃烧室；11—燃烧室过渡段；12—透平喷嘴组件；13—透平静叶环；

14—透平动叶片；15—排气扩压器；16—排气测温热电偶；17—水平中分面；

18—燃烧室安装面；19—刚性前支撑

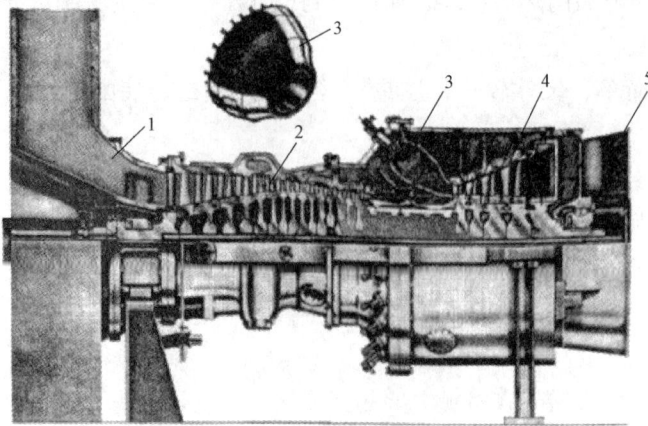

图 2 - 103　V94.3A 型燃气轮机的纵剖面图

1—进气道；2—压气机；3—环形燃烧室；4—透平；5—排气扩压器

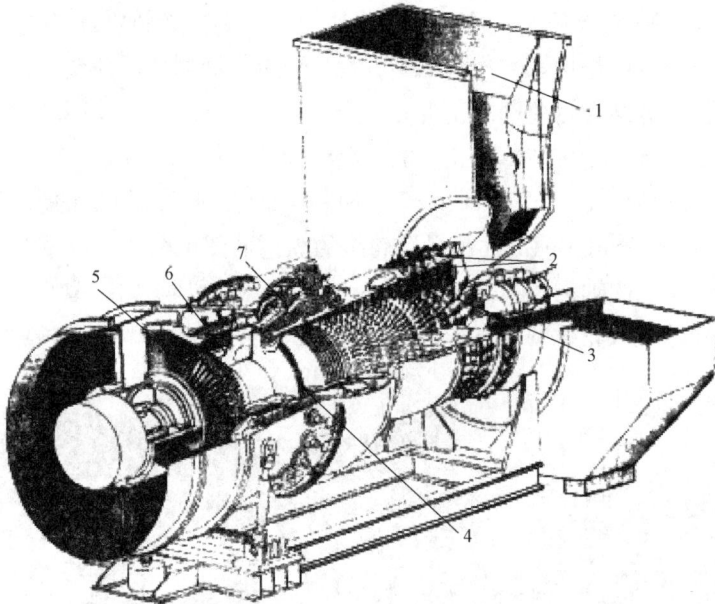

图 2 - 104　GT26 型燃气轮机的轴侧图

1—进气道；2—前三排可转导叶；3—压气机；4—高压透平；5—低压透平；

6—环形再燃烧室；7—环形高压燃烧室

1. 总体结构

由图 2 - 102～图 2 - 105 可见，4 台机组均采用了统一的整体结构，压气机、燃烧室、透平的外壳按次序连接成一整体，安装在同一个底座上；压气机和透平的转子也利用螺栓，通过过渡段刚性地连接为一个统一的旋转部件。整台机器在制造厂内装配完成，可节省大量的现场安装时间和费用。

4 台机组均采用了轴向排气，排气扩压器为直通道型，可直接与余热锅炉的进口相

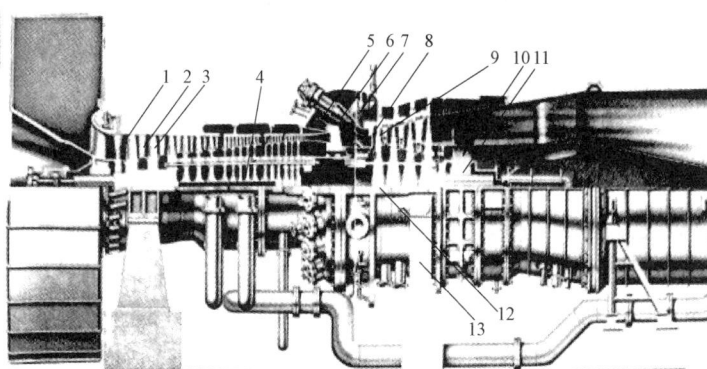

图 2 - 105 M701F 型燃气轮机的纵剖面图

1—可转进口导叶；2—压气机静叶片；3—压气机动叶片；4—压气机叶轮；5—火焰管；6—过渡段；
7—空气旁路阀；8—透平导叶；9—透平动叶片；10—支撑件；11—后轴承；12—透平叶轮；13—弹性支撑

连，减少了工质在排气道中的压力损失。与此相应，机组的功率输出端则设在压气机端。这说明，这 4 台机组的设计均充分考虑了联合循环的要求。

4 台机组均采用了两轴承支承方案，两个支持轴承分别布置在压气机进口端和透平的出口端，推力轴承布置在压气机进口端，压气机与透平之间不设轴承，这样可充分简化结构。与此相应，转子设计成鼓状，对刚度做了加强。

2. 压气机

在压气机级数、压比、防喘措施等方面，4 台机组有较大区别。MS9001FA 型燃气轮机的压气机级数为 18 级，压比为 15.4。为防止喘振，设置两个中间放气口（兼做冷却空气的抽气口），分别位于第 9 和第 13 级后，还设置了可转进口导叶。可转进口导叶除了用于防喘，还用于调节空气流量，改善燃气轮机及其联合循环在部分负荷下的工作效率。V94.3A 型燃气轮机的压气机级数为 15 级，压比为 16，设置两个中间放气口，分别位于第 4 和第 9 级后，还设置了可转进口导叶。GT26 型燃气轮机的压气机级数为 22 级，压比为 30，设置 3 个中间放气口，分别位于第 5、11 级和第 16 级后，其进口导叶和第 1、2 级的导叶均可转。M701F 型燃气轮机的压气机级数为 17 级，压比为 17，设置 3 个中间放气口，分别位于第 6、11 级和第 14 级后，还设置了可转进口导叶。

研究表明，对 1300℃等级、采用简单循环的燃气轮机，如果独立使用，与比功最大相对应的最佳压比 $\pi_{w\max}$ 在 15～19 之间；如果在联合循环中使用，与联合循环效率最高相对应的最佳压比 $\pi_{\eta\max}$ 在 15～19 之间。从这一点上看，MS9001FA 型燃气轮机、V94.3A 型燃气轮机和 M701F 型燃气轮机的压比大体上都是它们在独立使用情况下的 $\pi_{w\max}$ 和在联合循环中使用情况下的 $\pi_{\eta\max}$。GT26 型燃气轮机之所以采用高达 30 的压比，原因在于它是一台采用再热循环的燃气轮机，再热循环机组的最佳压比要高于简单循环机组的最佳压比。

由于 GT26 型燃气轮机的压比远高于其他两台型燃气轮机的压比，所以必然要采用更多的防喘放气口和更多可转导叶。多级可转导叶还为改善燃气轮机和联合循环的部分负荷特性提供了更便利的手段。

相比较而言，V94.3A 型燃气轮机压气机级的增压能力是最高的，平均级压比达到了 1.20，而 MS9001FA、M701F 型燃气轮机和 GT26 型燃气轮机压气机的平均级压比分别为 1.16、1.18 和 1.17。这在一定程度上表明，V94.3A 型燃气轮机压气机通流部分的设计更先进一些。

3. 燃烧室

GE 公司的机组传统上采用分管形燃烧室，MS9001FA 型燃气轮机也不例外。该机组共使用了 18 个分管形 DLN 燃烧室，它们呈轴对称地布置在压气机和透平之间的空间内。该燃烧室可燃用气体或液体燃料。

Siemens 公司在 V94.3A 型燃气轮机中一改过去采用圆筒形燃烧室的传统，转而采用了环形燃烧室，配用 24 个 DLN 燃烧器。燃烧室的内环管和过渡段均用陶瓷材料拼装而成。为方便维修，燃烧室上还开有可使维修人员出入的人孔，这样在不解体的情况下即可对燃烧室和透平第 1 级静叶进行维修。

Alstom 公司的 GT26 型燃气轮机由于采用再热方案，所以配备了高压和低压两个燃烧室。高、低压燃烧室均为环形燃烧室，配用 EV 型 DLN 燃烧器。值得一提的是，按照 ABB 的设计思想，GT26 型燃气轮机在运行时，可通过对多级导叶安装角的调整，在很大负荷范围内保持空气流量按比例随负荷变化，使高、低压燃烧室的燃烧温度都保持恒定，以保证燃烧的稳定和低 NO_x 的产生。然而，在实际运行中，该机组曾出现过低压透平进口燃气超温的现象。据推测，产生这种现象很大可能是因为低压燃烧室的燃烧空间比较狭小，燃烧组织上存在一定困难。2001—2002 年，Alstom 公司在解决燃气超温的问题上有了突破，目前已经解决了这一问题。

三菱公司的燃气轮机技术在引进美国 WH（西屋）公司技术的基础上发展而来，其产品在结构上与 GE 公司的产品有许多相似之处。M701F 型燃气轮机所采用的燃烧室，是在分管形燃烧室基础上发展而来的环管形燃烧室。该机组的燃烧室壳体内共配置了 20 个 DLN 燃烧室（火焰管），它们呈轴对称地布置在压气机和透平之间的空间内。该燃烧室可燃用气体或液体燃料。

4. 透平的级数

MS9001FA 型燃气轮机采用了 3 级透平。V94.3A 型燃气轮机和 M701F 型燃气轮机采用了 4 级透平。GT26 型燃气轮机采用了 5 级透平，与再热方案相适应，这 5 个透平级又分为 1 个高压级和 4 个低压级。

透平的级数应在对内效率和透平的尺寸、重量、制造成本综合考虑的基础上确定。一般来说，级数多时，每一级的膨胀比可以小一些，级的效率可以高一些，透平的效率也可以高一些，但尺寸、重量会大一些，制造成本也高一些，反之亦然。根据这个原则，Siemens 公司经过研究认为，V94.3A 型燃气轮机采用 4 个透平级，从各方面考虑都最理想。V94.3A 型燃气轮机中，透平的总膨胀比为 16 左右（略小于压气机的压比17），采用 4 个透平级时，每一级的平均膨胀比约为 2.0。假若用这个值作为衡量透平级膨胀比是否合适的标准对其他 3 台机组作考察，就会发现，M701F 型燃气轮机的透平级数是合适的，MS9001FA 型燃气轮机的透平级数可能少了些，而 GT26 型燃气轮机的透平级数应算作合适。它们的透平级的平均膨胀比分别为 2.0、2.40 和 1.95 左右。MS9001FA 型燃气轮机的效率比其他 3 台机组低 2.5 个百分点的事实可能与此有一定关系。

5. 压气机和透平转子

GE 公司机组的压气机和透平转子过去均采用由多根（10～16 根）外围拉杆和螺栓连接的鼓式结构形式。外围拉杆是一种在接近轮盘外缘处贯通各级轮盘的细长杆件，其两端带有螺纹，以便在装配时用螺栓将各级轮盘彼此压紧，使它们形成一个转鼓。但是，从 F 级燃气轮机开始，GE 公司开始在透平转子上引入轮盘层积结构。轮盘层积结构就是用短拉杆将相邻轮盘连接在一起的结构。据称，轮盘层积结构具有刚性好、变形小的优点。MS9001FA 型燃气轮机的透平转子采用的就是这种轮盘层积结构，但压气机转子仍采用了外围拉杆结构形式。

V94.3A 型燃气轮机的压气机和透平转子采用了用中心大拉杆和轮盘端面齿将各级轮盘连接在一起的转鼓式结构，Siemens 公司的机组基本上都采用了这样的结构。中心大拉杆的作用仅在于将各级轮盘彼此压在一起，至于各个叶轮之间扭矩的传递则依靠轮盘端面上开设的径向细齿（见图 2 - 106）来实现。这种结构的优点是质量轻、刚性好、轮盘可自动相互对中，适宜于快速启停。

GT26 型燃气轮机的压气机和透平转子采用了与汽轮机类似的焊接鼓式结构，这是 ABB - Alstom 公司机组一贯采用的结构。焊接鼓式转子具有刚性好、强度高、可靠性高、免维护的优点，但相对比较笨重。

M701F 型燃气轮机的压气机和透平转子采用类似于外围拉杆的螺栓连接在一起，但不依靠这些螺栓传递扭矩。压气机轮盘上的扭矩依靠轮盘

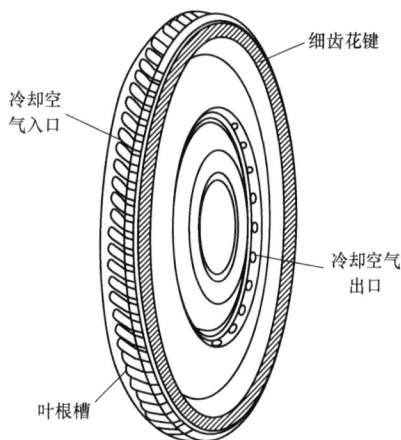

图 2 - 106 V94.3A 型燃气轮机的压气机轮盘

之间的摩擦力和扭矩销传递，这种扭矩销从 F 等级的燃气轮机上开始使用，其可靠性在运行中已得到考证。透平轮盘上的扭矩则依靠端面齿传递。

燃气 - 蒸汽联合循环的其他热力设备认知

模块描述

熟知燃气 - 蒸汽联合循环余热锅炉、汽轮机的特点，熟知余热锅炉、汽轮机的热力参数及参数选取，认知启动装置、进气系统、通流部分清洗装置、同步自动离合器等燃气 - 蒸汽联合循环的主要辅助设备和系统。

任务 3.1 燃气 - 蒸汽联合循环的余热锅炉认知

任务目标

1. 能解释余热锅炉的原理和特点。
2. 能说出余热锅炉的主要组成部件。
3. 能描述余热锅炉的分类方式。
4. 能陈述余热锅炉的热力参数。
5. 能了解余热锅炉各热力参数的优化选取。
6. 能解释燃气 - 蒸汽联合循环的汽水系统压力分级。
7. 能陈述燃气 - 蒸汽联合循环常用的除氧方式。
8. 能简述余热锅炉典型汽水系统工作流程。
9. 能描述余热锅炉的总体结构类型及特点。

任务工单

学习任务	燃气 - 蒸汽联合循环的余热锅炉认知					
姓名		学号		班级		成绩

通过学习，能独立完成下列问题。

1. 什么是余热锅炉？余热锅炉具有哪些特点？

2. 余热锅炉是如何进行分类的？

3. 余热锅炉的主要组成部件有哪些？

4. 余热锅炉的主要热力参数有哪些？

5. 试绘出单压、无再热余热锅炉的 $T-Q$ 曲线，在图上标出余热锅炉的端差、节点温差、接近点温差，并说明如何合理地选取节点温差和接近点温差？

6. 选取余热锅炉的排烟温度时，应考虑哪些因素？

7. 如何合理地选取余热锅炉的主蒸汽温度和主蒸汽压力？

8. 燃气 - 蒸汽联合循环机组为什么要采用多压汽水系统？目前主要有哪些多压汽水系统类型？

9. 燃气 - 蒸汽联合循环常用的除氧方式主要有哪 3 种？余热锅炉除氧系统与常规煤粉电站的除氧系统有何异同？

10. 余热锅炉有哪两种总体结构形式？它们各有哪些优缺点？

任务实现

一、余热锅炉的原理

余热锅炉（HRSG）是燃气 - 蒸汽联合循环中的一个重要换热设备。其主要工作原理是通过布置大量的换热管（通常采用螺旋鳍片管）来吸收燃气轮机排气的余热，产生蒸汽供汽轮机发电或作为供热及其他工艺用汽。在燃气 - 蒸汽联合循环发电机组中，它处于燃气循环和蒸汽循环的交接点上，接收燃气轮机的排气余热，产生汽轮机所需要的蒸汽；它与燃气轮机、汽轮机的联系密切，因此其性能受到这些设备的很大影响，同时也在很大程度上影响这些设备。

简单循环燃气轮机的排气温度不仅相当高（一般在 400～600℃之间），而且排气流量非常大（9F 级燃气轮机排气流量达 600kg/s），因而，燃气轮机排气蕴藏着大量的能量。余热锅炉正是利用燃气轮机透平高温排气中的余热来加热给水，产生高温高压的蒸汽，进而送到汽轮机中去做功，这样就能多发一部分机械功，不仅能增大机组的功率，而且能提高燃料的化学能与机械能之间的转化效率。

当简单循环燃气轮机加装余热锅炉和汽轮机而组合成为燃气 - 蒸汽联合循环机组后，机组的总发电量和热效率都有大幅提高。一般来说，在不增加燃料耗量的前提下，机组的发电容量和热效率可相对增加 50% 左右。

余热锅炉的受热面一般由省煤器（给水加热器）、蒸发器、过热器以及联箱和汽包等组成，在有再热的蒸汽循环中，布置有再热器。在省煤器中，完成对锅炉给水的预加热任务，使给水温度升高到接近饱和温度的水平；在蒸发器中，使给水加热后变成饱和蒸汽；在过热器中，饱和蒸汽被加热升温成为过热蒸汽；在再热器中，汽轮机的排汽和中压过热蒸汽进一步加热。

二、余热锅炉的类型与特点

1. 余热锅炉的类型

余热锅炉的型式是多种多样的，一般可概括为以下几类：

（1）按照是否补燃分为非补燃型余热锅炉和补燃型余热锅炉。非补燃型余热锅炉仅单纯地回收燃气轮机排气的余热，以产生蒸汽，蒸汽的压力、温度和流量严格地受控于燃气轮机透平排气温度和流量的限制。补燃型余热锅炉除了回收燃气轮机排气的余热外，还喷入一定数量的燃料进行燃烧，使燃气温度升高，以增大蒸汽的流量并提高其压力和温度参数。由于补燃会降低余热锅炉的效率，除非是用于热电联产或其他特殊工艺要求，一般应选用非补燃型余热锅炉。

（2）按照其循环方式分为强制循环余热锅炉和自然循环余热锅炉。两者的主要区别是强制循环锅炉需配置循环泵，依靠循环泵的压头实现蒸发器内的水循环，而自然循环则主要靠下降管和受热的蒸发管束中工质的密度差来实现循环。

（3）按照余热锅炉本体结构布置方式分为卧式布置余热锅炉和立式布置余热锅炉。

通常，卧式布置余热锅炉都是自然循环方式的，其中各级受热面部件（省煤器、蒸发器、过热器和再热器）的管簇都是直立式布置的，烟气横向流过各级受热面。这种余热锅炉的占地面积比较大，烟囱也比较高，但锅炉本体较低，有利于抗震。

立式布置的余热锅炉大多是强制循环方式的，其中各种受热面部件的管簇都沿高度方向水平布置，烟气自下而上地流过各级受热面。这种锅炉的占地面积小，烟囱也比较低，适宜于现场面积狭窄的电厂中使用。

（4）按照余热锅炉产生的蒸汽压力等级可分为单压级余热锅炉（产生一种压力的蒸汽）、双压级余热锅炉（产生多种压力的蒸汽）、多压级余热锅炉（产生多种压力的蒸汽）。

上述各种类型交叉组合，形成了多种形式的余热锅炉。随着燃气轮机燃气初温的提高，联合循环已很少采用补燃方式，无补燃型式的余热锅炉成为余热锅炉发展的主流。这里主要介绍无补燃型式的余热锅炉。

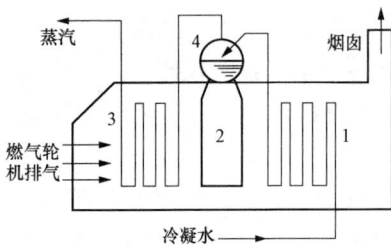

图 3 - 1　无补燃单压余热锅炉的汽水系统
1—省煤器；2—蒸发器；3—过热器；4—汽包

图 3 - 1 所示为一台最简单的无补燃单压余热锅炉的汽水系统，它由省煤器、蒸发器、过热器等换热面和汽包等设备组成。该锅炉的传热量 Q 与烟气和汽水温度 T 之间的关系如图 3 - 2 所示。在烟气侧，由于烟气的比热容近似等于常数，所以烟气的温度与放热量之间近似呈线性关系。在汽水侧，给水在省煤器中和蒸汽在过热器中被加热时，它们的温度与吸热量之间呈线性关系，但给水在蒸发器中发生相变时，温度保持不变。

2. 余热锅炉的特点

相对于常规燃煤锅炉，燃气 - 蒸汽联合循环的余热锅炉有很多特点，主要表现在下述几个方面。

（1）热力特性变化大。常规燃煤锅炉的热源由燃料直接燃烧产生，可独立控制；而余热锅炉的热源是上游燃气轮机的排气，不能独立控制。由于燃气轮机的负荷始终处在变动之中，其排气的温度和流量经常发生较大变化，所以余热锅炉在运行中热力参数和性能也经常发生较大变化。

（2）燃气温度低、流量大，传热方式以对流为主。常规锅炉由于烟气温度高，辐射换热量要占到全部换热量的 40%～50%，甚至更多；而联合循环余热锅炉由于进口烟气温度仅为 500～610℃（无补燃）或 700～780℃（有补燃），所以其换热主要依靠对流，辐射基本可以忽略。这就导致余热锅炉的受热面比常规锅炉多，体积也更大。与此同时，余热锅炉的烟气流量也很大，其烟气的质量流量与蒸汽的质量流量之比为 4～10，而常规锅炉这一比值一般仅为 1～1.2。

（3）炉内烟气的速度和温度分布很不均匀。燃气轮机的排气离开透平末级动叶流道时，流速和温度都很不均匀，加上燃气轮机与余热锅炉之间的相接通道又比较短，因此余热锅炉进口截面的烟气分布很不均匀，流速变化可达

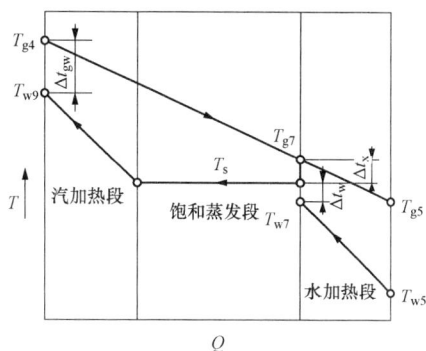

图 3 - 2　单压余热锅炉中的传热量 Q
与烟气和汽水温度 T 之间的关系
T_{g4}—燃气轮机排气温度；
T_{g7}—蒸发器起始点处烟气温度；
T_{g5}—余热锅炉排烟温度；T_s—饱和水温度；
T_{w5}—给水温度；T_{w7}—省煤器出口给水温度；
T_{w9}—过热蒸汽温度；Δt_w—接近点温差（欠温）；
Δt_x—节点温差（窄点温差）；Δt_{gw}—端差

±400%，温度差可达±55℃。不均匀的烟气掠过余热锅炉受热面虽对传热有利，却也会给受热面带来受热不均、膨胀不均、振动、磨损等不利影响，同时也会使烟气流动阻力增加，导致燃气轮机背压升高、效率降低。

（4）汽水系统形式多样。当组成联合循环的燃气轮机已经选定时，余热锅炉的蒸汽系统根据技术经济比较，有多种类型（单压、双压、双压再热、三压、三压再热等）可供选择，这与常规电站锅炉很不相同。

（5）变工况时烟气侧和蒸汽侧热力变化不协调。由于燃气轮机的功率一直都在随负荷和大气温度的变化而变化，其排气温度和流量也随时都在变化，所以余热锅炉的蒸汽流量、温度和压力等也随之发生变化。然而蒸汽侧的热力参数通常要保持相对稳定，即使滑压运行，变动量也不能很大，且还需要满足工程上和热力学上的约束条件，如省煤器不能出现汽化现象，排烟温度不能低于露点等。这样，余热锅炉在运行中其燃气和蒸汽两侧的热力变化会互相不协调。

（6）需要适应燃气轮机快速启动的要求。现代大型联合循环机组很多都采用一拖一、单轴布置的方案，并且基本上都不再设旁路烟道，这就对余热锅炉提出了快速启动的要求，否则联合循环的启动过程很难协调，原因为燃气轮机冷态启动一般仅需 20min 左右。余热锅炉要具备快速启动特性，汽包、螺旋翅片管束、烟道、护板等结构都要进行特殊设计。

三、余热锅炉的热力参数

1. 效率

余热锅炉效率通常被定义为输出的热量与输入的热量之比。对无补燃的余热锅炉，输出的热量是水和水蒸气在余热锅炉中吸收的热量，输入的热量是燃气轮机排气中可供

给余热锅炉使用的热量。设燃气轮机排气的比焓为 h_{g4}，环境温度下烟气的比焓为 h_{g1}，则无补燃余热锅炉的效率应为

$$\eta_h = \frac{Q_{st}}{h_{g4} - h_{g1}} \qquad (3-1)$$

式中　Q_{st}——单位质量燃气轮机排气所产生的水蒸气在余热锅炉中吸收的热量，kJ/kg。

在散热量可忽略不计的情况下，Q_{st} 就等于烟气在余热锅炉中实际放出的热量（$h_{g4} - h_{g5}$）。于是，无补燃余热锅炉的效率可近似表示为

$$\eta_h = \frac{h_{g4} - h_{g5}}{h_{g4} - h_{g1}} \qquad (3-2)$$

此外，输入的热量也有包含燃气轮机排气中所含水蒸气的潜热和不包含水蒸气潜热之分，按前者计算的效率称为高热值效率，按后者计算的效率称为低热值效率。在联合循环电厂中，采用低热值计算余热锅炉效率的情况居多，如果再忽略烟气比定压热容随温度的变化，则无补燃余热锅炉的效率可进一步简化为

$$\eta_h = \frac{c_{pg}(T_{g4} - T_{g5})}{c_{pg}(T_{g4} - T_1)} = \frac{T_{g4} - T_{g5}}{T_{g4} - T_1} \qquad (3-3)$$

式中　T_1——环境温度，℃；

　　　c_{pg}——烟气的比定压热容，kJ/（kg·K）。

其他参数的含义见图 3-2。

由式（3-3）可见，余热锅炉的效率不仅取决于排烟温度，而且还在很大程度上取决于燃气轮机排气温度，因此，余热锅炉效率的高低并不一定能代表锅炉设计制造水平的高低。目前一般在 0.70～0.90 之间。

对补燃式余热锅炉，输入的热量中还应包括补充燃料的热量。但因为在补燃余热锅炉型联合循环系统分析中，采用式（3-3）计算余热锅炉效率有很多方便之处，因此将它定义为补燃式余热锅炉的当量效率。

2. 端差、节点温差和接近点温差

进入余热锅炉的烟气的温度与流出余热锅炉的过热蒸汽的温度之差称为余热锅炉的端差，记为 Δt_{gw}，则

$$\Delta t_{gw} = T_{g4} - T_{w9} \qquad (3-4)$$

蒸发器起始点处燃气的温度与给水饱和温度之差称为余热锅炉的节点温差（也称为窄点温差），记为 Δt_x，则

$$\Delta t_x = T_{g7} - T_s \qquad (3-5)$$

锅炉汽包压力下饱和水的温度与省煤器出口处的给水温度之差称为余热锅炉的接近点温差（也称为欠温），记为 Δt_w，则

$$\Delta t_w = T_s - T_{w7} \qquad (3-6)$$

这 3 个温差均可直接表示在传热量与烟气和汽水温度之间的关系图上，如图 3-2 所示。

四、余热锅炉热力参数的选取

余热锅炉的一大特点是热力系统形式多样且每种形式的热力参数都有多种选择，而无论是形式还是热力参数的选择，都需要从经济和技术两个方面进行优化。优化的原则是使整个联合循环系统在技术可行、整体投资费用较低的前提下获得最大的热效率。这里先讨论热力参数的优化选取问题。

1. 排烟温度的选取

从式（3 - 3）中可以看出，在燃气轮机排烟温度和环境温度一定的条件下，排烟温度越低，余热锅炉的效率越高。但要达到较低的排烟温度，余热锅炉就要有更多的换热面积，这一方面会使制造费用上升（换热面积费用通常占余热锅炉总费用的 40%～50%），另一方面还会使烟气侧的流动阻力增大，从而导致燃气轮机功率和效率的下降。因此对余热锅炉排烟温度的选取，不仅要考虑余热锅炉的效率，更要考虑联合循环的总效率；不仅要考虑热经济性，更要考虑包括整体投资因素在内的技术经济性。从经济上来看，应该存在着最佳的排烟温度。

从技术上看，对排烟温度的选取还受到烟气酸露点温度的限制。因为当烟气中含有 SO_2 时，如果排烟温度过低，烟气中的 SO_2 会转化为 SO_3 并使锅炉尾部受热面受到硫酸腐蚀；当烟气中不含 SO_x 时，则存在着碳酸腐蚀的问题。目前，在燃烧含有硫分的气体燃料或液体燃料的联合循环中，T_{g5} 一般选取在 150～$200℃$ 之间；在燃烧天然气的联合循环中，余热锅炉的排烟温度 T_{g5} 一般取为 $100℃$ 左右。

2. 主蒸汽温度的选取

从经济性上看，主蒸汽温度 T_{w9} 选取得高，会使汽轮机的功率增大，从而使联合循环机组的功率和效率提高；但 T_{w9} 选取得高，会使余热锅炉的平均传热温差减小（见图 3 - 3），从而增加余热锅炉的换热面积，使设备制造费增加。因此，在经济上存在一个最佳主蒸汽温度。

从技术上看，T_{w9} 的选取还需要与蒸汽压力以及汽轮机的容量相匹配。在不补燃的联合循环中，余热锅炉高压蒸汽的温度受到燃气轮机排烟温度的限制。

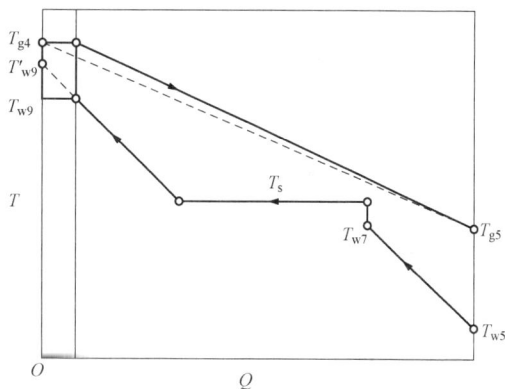

图 3 - 3 主蒸汽温度提高时 T - Q 曲线的变化情况

T_{g4}—燃气轮机排气温度；T_{g5}—余热锅炉排烟温度；

T_s—饱和水温度；T_{w5}—给水温度；

T_{w7}—省煤器出口给水温度；T_{w9}—过热蒸汽温度；

T'_{w9}—过热蒸汽温度选取值；T_{g4}—燃气轮机排气温度；

T_{g5}—余热锅炉排烟温度；

考虑变工况下汽轮机的安全性，还要求（T_{g4}－T_{w9}）不小于 $30℃$。因此，对主蒸汽温度 T_{w9}，一般要在 $\Delta t_{gw} \geqslant 30℃$ 的范围内，通过优化进行选取。

对于多压余热锅炉，中压蒸汽和低压蒸汽的温度则比它们各自所在的余热锅炉受热面上游的烟气温度低 $11℃$ 左右。在确定低压蒸汽温度时，还要考虑高、中压蒸汽膨胀做功后与补入的低压蒸汽混合时的温差不能太大，否则将引起汽轮机内的热应力过大。

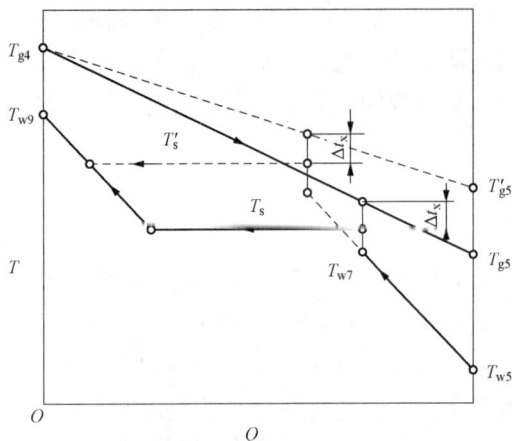

图 3 - 4　主蒸汽压力提高时 T - Q 曲线的变化情况

T_{g4}—燃气轮机排气温度；T_{g5}—余热锅炉排烟温度；

T'_{g5}—主蒸汽压力提高时余热锅炉排烟温度；

T_s—饱和水温度；T_{w5}—给水温度；

T_{w7}—省煤器出口给水温度；T_{w9}—过热蒸汽温度；

T'_s—主蒸汽压力提高时饱和水温度；

Δt_x—节点温差（窄点温差）

3. 主蒸汽压力的选取

选取主蒸汽压力 p_{w9} 时，同样也要考虑经济和技术两方面的因素。其他条件不变时，如果主蒸汽压力提高，余热锅炉的排烟温度就要升高（见图 3 - 4），效率下降，余热锅炉中产生的蒸汽就会因此而减少。但对蒸汽循环而言，由于工质在余热锅炉中的平均吸热温度升高，循环效率会因此而有所提高。研究表明，随着高压蒸汽压力的提高，联合循环效率有一定程度的提高，升至一个较高的最佳值后开始下降。从技术上看，主蒸汽压力的高低还要影响汽轮机的排汽湿度，因而影响汽轮机工作的安全性。所以，主蒸汽压力的高低还要与主蒸汽温度、汽轮机容量等相匹配。

对于多压锅炉，低压蒸汽过程的效率与其压力的关系是随着低压蒸汽压力的升高而下降的，因此低压蒸汽的压力应取一个较低值。但压力过低，汽轮机的焓降过小，使蒸汽容积流量增大，需增大通流面积，因此低压蒸汽压力也有一个最佳值。

4. 节点温差的选取

节点温差 Δt_x 的大小对余热锅炉的造价和热效率有较大影响。由图 3 - 2 可以看出，在其他条件不变时，增大节点温差 Δt_x，排烟温度 T_{g5} 就要升高，余热锅炉的效率就会因此而降低。但是，减小节点温差，余热锅炉各换热面的传热温差都减小，换热面积就要增大，从而使锅炉造价升高；同时，烟气侧阻力增加，燃气轮机效率下降。因此，从经济上看，存在着最佳的节点温差。研究表明，Δt_x 的最佳值一般在 8～20℃ 之间。

5. 接近点温差的选取

为余热锅炉设置一定的接近点温差 Δt_w，主要是为了防止低负荷工况下或机组启停期间给水在省煤器中汽化，因为低负荷下，燃气轮机的排气温度会降低，这会引起省煤器换热量的相对增大。而给水在省煤器中汽化则会导致省煤器管壁过热、振动等安全问题。从安全角度看，接近点温差 Δt_w 应选取得稍大一些。但是，Δt_w 过大时，锅炉的循环倍率就要提高，蒸发器的换热面积会因此而增大。所以，从安全性和设备造价两个因素综合考虑，Δt_w 也有一个最佳取值问题。研究表明，较为合适的 Δt_w 在 5～20℃ 之间。

上述关于节点温差和接近点温差的选取是针对单压余热锅炉而言的，对于多压余热锅炉则需要对多个节点温差和接近点温差进行优化。

6. 烟气侧流速的选取

在管束间的对流换热过程中，烟气侧流速的变化会对传热和流动都产生影响。烟气流速增大时，余热锅炉的传热系数会增大，但同时烟气侧的流动阻力也会增加。前者可使传热面积减小或增加传热量，有利于传热；后者则使燃气轮机的排气压力升高，从而导致燃气轮机功率和效率下降。计算表明，1kPa 的压降会使燃气轮机的功率和效率下降 0.8% 左右。因此，对余热锅炉烟气流速也要按照整体经济性最优的要求来取值。

五、余热锅炉的汽水系统

1. 汽水系统的压力分级

由效率表达式（3-3）可以看出，在燃气轮机的排气温度 T_{g4} 一定的情况下，为了提高余热锅炉的效率 η_h，应尽可能地降低余热锅炉的排烟温度 T_{g5}。但是，由图 3-2 可以看出，在蒸汽压力、温度和给水温度确定时，汽水的升温曲线是一定的。因此，在确定蒸汽的压力、温度、给水温度、节点温差 Δt_x 等参数后，T_{g5} 的值基本上就是确定的。而一般来说，按照最佳值选取蒸汽参数时，单压的余热锅炉的排烟温度 T_{g5} 只能降低到 200℃ 左右，甚至更高。那么，怎样进一步降低 T_{g5} 呢？现代大功率燃气 - 蒸汽联合循环机组一般都采用双压或三压蒸汽系统来解决这个问题，即在余热锅炉中除了产生高压过热蒸汽外，还产生中压或低压过热蒸汽，补入汽轮机的中、低压缸中做功。

图 3-5 给出了双压无再热余热锅炉的 T-Q 曲线，将其与图 3-2 作对比可以看出，双压余热锅炉之所以可以将排烟温度降得更低，是因为它相当于在第一台余热锅炉之后又串联了一台压力等级低一些的余热锅炉，后者以前者的排烟为热源，使烟气的温度降到更低后才排放。目前，多压系统可以把燃气轮机的排气温度降低到 110～130℃ 的水平，对于燃烧硫分很少的天然气机组，其排烟温度可降至 80～85℃。研究表明，三压联合循环的效率比双压联合循环的效率大约可提高 1%；双压和三压采用再热后，联合循环效率均能再提高 0.8%～0.9%。

在实际应用中，究竟选择哪一种系统，应结合效率、可靠性、投资等几方面因素综合考虑。一般根据燃气轮机排烟烟气流量和进入余热锅炉的烟气温度来确定

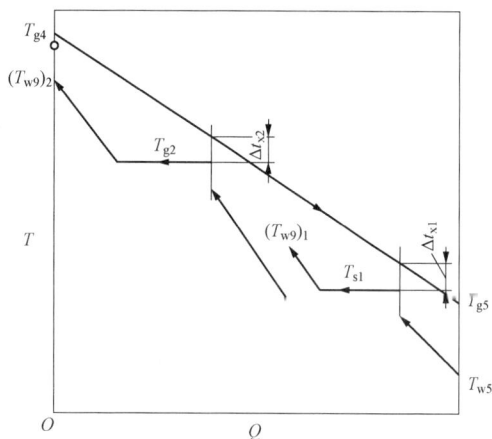

图 3-5　双压无再热余热锅炉的 T-Q 曲线

T_{g4}—燃气轮机排气温度；T_{g5}—余热锅炉排烟温度；

T_{w5}—给水温度；T_{s1}—低压饱和水温度；

$(T_{w9})_1$—低压过热蒸汽温度；

$(T_{w9})_2$—高压过热蒸汽温度；

Δt_{x1}—低压节点温差（窄点温差）；

Δt_{x2}—高压节点温差（窄点温差）

汽水系统是单压、多压以及是否有再热，其中烟气温度的影响更大一些。多数情况下进入余热锅炉的烟气温度高于 510℃ 时，可选择双压或三压汽水系统；当进入余热锅炉的

烟气温度高于560℃时,可考虑采用三压再热系统。近年来采用三压再热式余热锅炉已成为联合循环机组发展的主流。

2. 蒸汽循环的除氧系统

由于汽轮机没有回热抽汽,所以联合循环机组的汽水除氧就不能像常规机组一样采用回热抽汽。目前联合循环中常用的除氧方式有3种:一是在余热锅炉中进行除氧;二是在凝汽器中进行真空除氧;三是设置独立除氧器除氧。

余热锅炉除氧是目前应用较多的一种除氧方式。这种情况下,除氧水箱通常也作为余热锅炉的低压汽包使用,称为整体式除氧器。正常情况下除氧所用的蒸汽直接由余热锅炉低压汽包提供,启停和低负荷时所用的蒸汽则由辅助锅炉和中压或高压汽包提供。

将凝汽器兼用作真空除氧器除氧也是联合循环应用较多的一种除氧方式。这种情况下,系统提供给余热锅炉的是除过氧、温度较低的给水,不仅不再有除氧损失,而且还可以使余热锅炉的排烟温度降低到80～90℃。但为了确保启停和低负荷时的除氧效果,需要采取一定的辅助措施。

当然,也有一些机组仍然采用了独立于余热锅炉和凝汽器之外的除氧器。

3. 典型汽水系统简介

如前所述,余热锅炉可以设计成自然循环的,也可以设计成强制循环的。自然循环与强制循环的余热锅炉各有其优点和局限性。一般来说,自然循环的余热锅炉较简单,运行维护简便,无额外功率消耗,可用率高,但启动时间要长一些;强制循环的余热锅炉冷启动比较快,但是运行维护相对复杂,而且因为循环泵可能会发生故障致使余热锅炉的可用率低2个百分点左右。所以较多选用自然循环锅炉。

图3-6所示为一台三压、再热、自然循环、带整体式除氧器、卧式布置余热锅炉的汽水系统。其低压水循环系统由凝结水加热器(即低压省煤器)、整体除氧器(与低压汽包合为一体)、低压蒸发器和低压过热器构成;中压水循环系统由带有中间抽头的

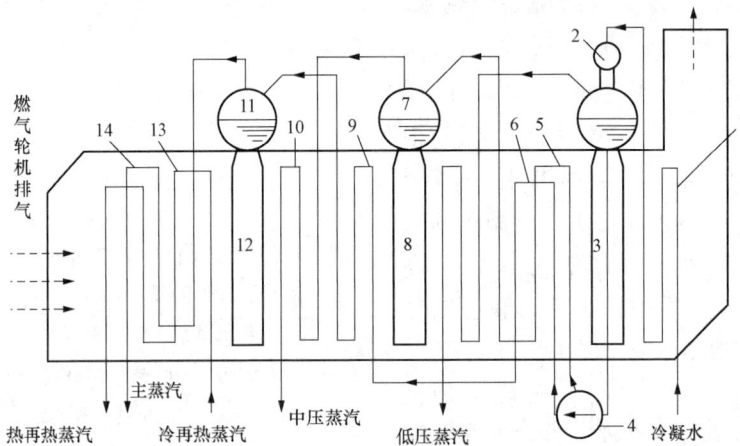

图3-6 三压、再热、自然循环、带整体式除氧器卧式布置余热锅炉的汽水系统
1—凝结水加热器;2—整体除氧器;3—低压蒸发器;4—水传送泵;5—中压省煤器;
6—高压省煤器(第1级);7—中压汽包;8—中压蒸发器;9—高压省煤器(第2级);
10—中压过热器;11—高压汽包;12—高压蒸发器;13—再热器;14—高压过热器

水传送泵、中压省煤器、中压汽包、中压蒸发器和中压过热器构成；高压水循环系统由第1级高压省煤器、第2级高压省煤器、高压汽包、高压蒸发器、高压过热器和再热器构成。烟气自左至右依次掠过再热器、高压过热器、高压蒸发器、中压过热器、第2级高压省煤器、中压蒸发器、第1级高压省煤器、中压省煤器、低压过热器、低压蒸发器、凝结水加热器后，从烟囱排向大气。高压过热蒸汽进入汽轮机高压缸做功后，与中压过热蒸汽汇合进入再热器；再热蒸汽进入汽轮机中压缸做功后，与低压过热蒸汽一起进入汽轮机低压缸。

图3-7所示为一台三压、无再热、强制循环、立式布置余热锅炉的汽水系统，除氧器独立设置，除氧器水循环系统由凝结水加热器、除氧器循环泵、除氧蒸发器和除氧器、除氧水箱构成，余热锅炉的低压水循环系统由低压（即LP）循环泵、低压省煤器、低压汽包、低压蒸发器和低压过热器构成；高压水循环系由高压（即HP）循环泵、三级高压省煤器、高压汽包、两级高压蒸发器、高压过热器构成。烟气自下而上依次掠过高压过热器、高压蒸发器、低压过热器、高压省煤器、低压蒸发器、低压省煤器、除氧蒸发器、凝结水加热器后，从烟囱排向大气。该锅炉虽然产生三个压力的蒸汽，但只有两个压力的蒸汽进入汽轮机做功，另外一个压力的蒸汽仅供给水除氧用。各级水循环的动力全部由循环泵提供，为确保水循环可靠，每级水循环都配有一开一备两套循环泵。

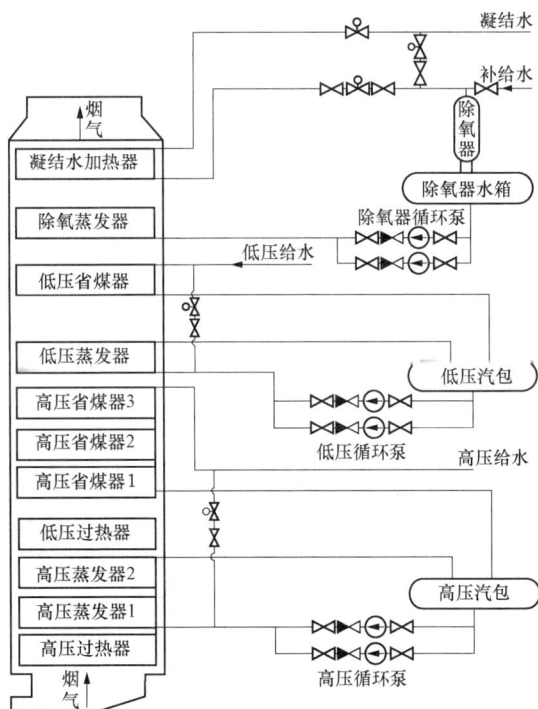

图3-7　三压、无再热、强制循环、立式布置余热锅炉的汽水系统

以上两台锅炉分别采用了自然循环与卧式布置匹配、强制循环与立式布置匹配的组合方式，这也是水循环方式和受热面布置中最常用的组合方式。但是，自然循环余热锅炉也

有设计成立式的。图3-8所示的一台三压、再热、自然循环锅炉就采用了立式布置，而且其除氧器也独立设置。除水循环方式之外，这台锅炉与图3-7所示的余热锅炉的不同点还有除氧蒸汽从汽轮机低压缸抽取，余热锅炉3个压力的蒸汽都通向汽轮机做功。

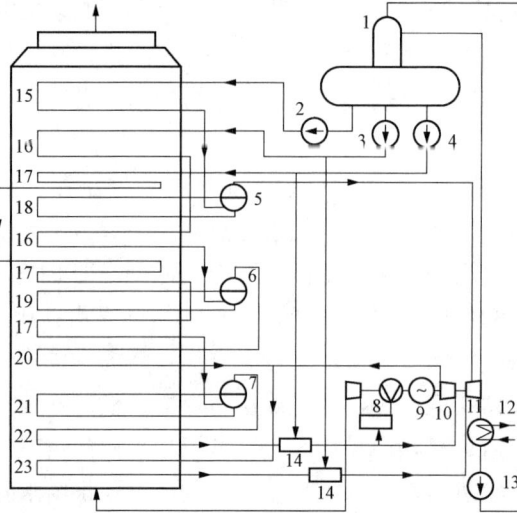

图3-8 三压、再热、立式、自然循环余热锅炉热力系统示意

1—真空除氧器；2—低压给水泵；3—中压给水泵；4—高压给水泵；5—低压汽包；6—中压汽包；7—高压汽包；
8—燃气轮机；9—发电机；10—汽轮机高压缸；11—汽轮机中低压缸；12—凝汽器；13—凝结水泵；14—减温器；
15—低压省煤器；16—中压省煤器；17—高压省煤器；18—低压蒸发器；19—中压蒸发器；
20—中压过热器；21—高压蒸发器；22—高压过热器；23—再热器

六、余热锅炉的总体结构

余热锅炉在总体上有卧式和立式两种类型，为便于快速安装，多采用模块式结构。为了降低燃气轮机排气中的氮氧化物，锅炉内往往还设有脱硝装置。图3-9所示为某单压卧式余热锅炉的模块结构图。在卧式锅炉中，管束以垂直方式布置，烟气水平地掠

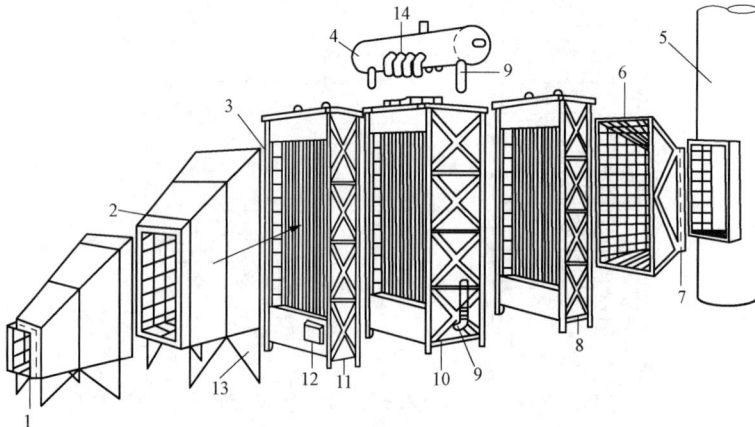

图3-9 单压卧式余热锅炉的模块结构图

1—膨胀节；2—进口烟道；3—内部保温材料；4—汽包；5—烟囱；6—出口烟道；7—膨胀节；
8—省煤器；9—下降管；10—蒸发器；11—过热器；12—人孔；13—钢结构；14—上升管

过管束，汽包布置在管束模块的上方，汽水循环多采用自然循环方式。卧式锅炉的优点是烟气流动损失小、管束容易布置、易于配置脱硝装置和补燃系统、钢结构少、易于满足高地震地区的要求；缺点是占地面积大，且因部件尺寸大而对制造、运输和安装有较高要求。

图3-10所示则给出了立式余热锅炉的模块结构图。在立式锅炉中，管束以水平方式布置，烟气垂直地掠过管束，汽包吊装在管束旁的钢结构上，汽水循环多采用强制循环方式，但也有设计为自然循环式的。立式锅炉的优点是占地面积小、部件尺寸小；缺点是钢结构件多、配置脱硝装置和补燃系统困难。

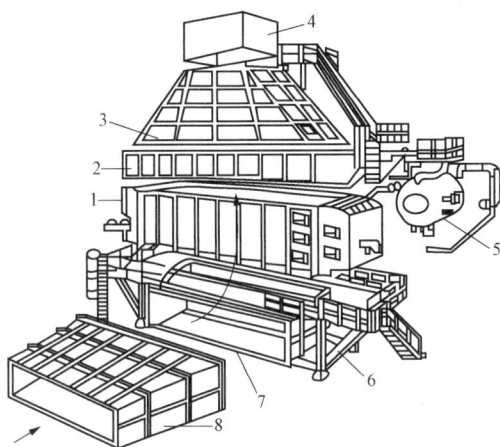

图3-10　立式余热锅炉的模块结构图

1—蒸发器和过热器；2—省煤器；3—过渡段；4—烟囱；
5—汽包；6—钢结构；7—弯烟道；8—进口段

七、余热锅炉的主要部件

1. 受热面

联合循环余热锅炉的受热面一般包括过热器、再热器、蒸发器、省煤器、给水加热器等。由于余热锅炉进口烟气温比常规锅炉低，所以在获取的热量相同的情况下，余热锅炉的受热面比常规锅炉要大许多。为了强化传热并减小热惯性，余热锅炉的受热面常使用小管径薄壁鳍片管，管束采用错列布置。鳍片管一般用连续高频焊接工艺将薄片状的鳍片材料以螺旋状焊接在钢管上制成，按照鳍片形状又分为环片状和锯齿状两种类型，如图3-11所示。鳍片的高度和密度则根据联合循环所用燃料的种类和管束在余热锅炉中所处的烟气温度区域来选择。为了适应联合循环快速启动的要求，余热锅炉一般应具备一定的耐干烧能力，因此其受热面需采用耐高温、抗氧化、抗蠕变的材料制造。

2. 汽包

余热锅炉的蒸汽压力相对较低，汽包一般为卧式。立式余热锅炉的汽包一般设置于前（或后）侧的钢架上，卧式余热锅炉的汽包则多放置在蒸发器上部。余热锅炉汽包的功能和结构与常规电站锅炉的汽包相同，内部设有汽水分离器、给水分配管、连续排污管、调整水质的加药管等，每只下降管座入口处均设有消旋十字架。

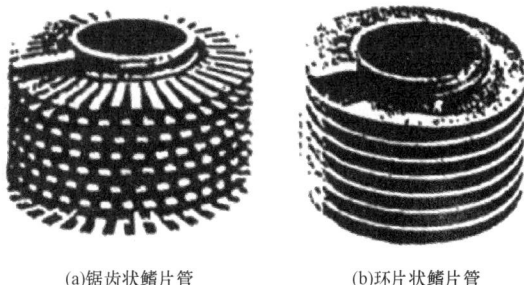

(a)锯齿状鳍片管　　　　(b)环片状鳍片管

图3-11　鳍片管的形状

但由于联合循环机组启动速度快，运行时负荷波动大且频繁，所以在满足安全要求的前提下，余热锅炉的汽包壁应尽可能地薄一些，以降低其热应力和热惯性。另外，由于压力不高时水和蒸汽的比体积差别比较大，所以余热锅炉在启动过程中其蒸发器内会有大量的水被排挤出来，汽包容量须能容纳这一过程所排挤出来的水量，否则将需要紧急排水，从而造成损失。通常，余热锅炉汽包的容积应是其蒸发器容积的1.5～2.5倍（具体需考虑启动时间的长短），与此相应，汽包水位计也应有较大的量程。

3. 联箱与鳍片管的连接

余热锅炉的联箱与管屏有单管排连接和多管排连接两种方式，如图3-12所示。传统的余热锅炉一般采用多管排连接方式，即把两排、三排或更多排的鳍片管与联箱直接相连，使受热面内的工质在联箱内混合后进入汽包。采用这种连接方式的鳍片管在与联箱相连接处有弯头，联箱直径也比较大，运行时连接处的热应力比较大且工质混合不均匀。现代新型余热锅炉多采用单管排连接方式，即先将一排排鳍片管与一个个小联箱相连接，再将小联箱与直径较大的联箱相连，使受热面内的工质经小联箱混合后，再进入下一组较大直径的联箱进行二次混合，最后进入汽包。采用这种连接方式的鳍片管在与小联箱相连接处无弯头，运行时热应力较小，工质混合也比较均匀。

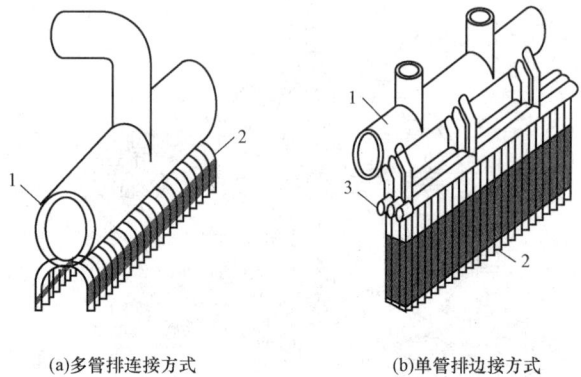

(a)多管排连接方式　　　　(b)单管排连接方式

图3-12　联箱与管屏的连接方式
1—汇集联箱；2—螺旋鳍片管；3—小联箱

4. 炉墙

余热锅炉大多采用轻型炉墙，墙板一般由内护板、保温层和外护板构成，如图3-13所示。外护板上按一定的纵、横节距焊有螺柱，内护板则通过螺柱上的螺母及特制

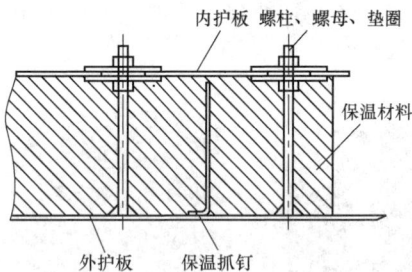

图3-13　余热锅炉墙板的构成

的垫圈固定在外护板上，保温材料填充在内、外护板之间。对于不设置膨胀中心的余热锅炉，每一个区间的膨胀都相对独立。因此，每一个区间内护板的膨胀都是自由多向的，这给内护板之间的连接带来了一定的困难。为此，设计时应对每一块内护板设置膨胀中心。

5. 膨胀节

联合循环系统中通常布置有两个非金属膨胀节，分别位于燃气轮机排气扩散段出口与余热锅炉进口烟道之间和余热锅炉出口与烟囱进口之间，其主要功能是吸收前后设备之间的膨胀位移。膨胀节是一个由法兰、蒙皮和保温层构成的柔性连接结构，能吸收较大的位移量。这种柔性的密封连接结构能有效地阻隔燃气轮机、余热锅炉和烟囱作用力的相互传递，当一些不可预见的破坏性因素出现时，可使这些设备（或部件）处于相互不受干扰的状态中，不至于产生连锁性的破坏。

除此之外，余热锅炉本体中还有为数众多的各类管道和仪表测量装置穿出墙板，对于这些穿墙管必须按其受热后的膨胀位移量而度身定制大小不等的金属膨胀节，以起到密封和不影响膨胀的功用。

6. 烟气脱硝装置

联合循环机组运行中产生的主要污染物质是 NO_x，为降低 NO_x 排放，燃气轮机大多已采用了低污染燃烧技术。在此基础上，还广泛使用了一种被称为选择性催化还原法（SCR）的烟气脱硝技术。选择性催化还原法的原理是使烟气中的 NO_x 在催化剂作用下与 NH_3 发生反应，生成无害的 N_2 和 H_2O，其主要化学反应方程式为

$$4NH_3 + 4NO + O_2 = 4N_2 + 6H_2O$$
$$4NH_3 + 6NO = 5N_2 + 6H_2O$$
$$2NH_3 + NO_2 + NO = 2N_2 + 3H_2O$$

具体的实施方法是预先在余热锅炉烟道中布置一套催化反应床，然后在余热锅炉运行过程中，从烟道一定截面处将雾化过的氨水均匀地喷入烟道，使烟气中的氮氧化物在催化反应床的作用下与氨气进行化学反应。需要指出的是催化反应床在余热锅炉烟道中的位置必须精心选择，以保证其处在 280~410℃ 的温度范围内。

任务 3.2　燃气 - 蒸汽联合循环的汽轮机认知

任务目标

1. 能说出燃气 - 蒸汽联合循环汽轮机的特点。
2. 能解释燃气 - 蒸汽联合循环汽轮机热力参数及系统上的特点。
3. 能陈述燃气 - 蒸汽联合循环汽轮机结构上的特点。
4. 能简述燃气 - 蒸汽联合循环汽轮机调节特点。

任务工单

学习任务	燃气 - 蒸汽联合循环的汽轮机认知				
姓名		学号		班级	成绩

通过学习，能独立完成下列问题。

1. 什么是汽轮机？燃气 - 蒸汽联合循环的汽轮机具有哪些特点？
2. 设计燃气 - 蒸汽联合循环机组时，都需要对哪些参数进行优化？
3. 与常规电站汽轮机相比，燃气 - 蒸汽联合循环汽轮机的热力参数有什么特点？为什么？
4. 燃气 - 蒸汽联合循环汽轮机为什么要采用滑压方式运行？
5. 与常规电站汽轮机相比，燃气 - 蒸汽联合循环汽轮机在结构上有哪些特点？
6. 燃气 - 蒸汽联合循环汽轮机的调节特点是什么？

任务实现

一、汽轮机简介

汽轮机全称为蒸汽涡轮发动机（steam turbine），是将蒸汽热能转化为机械功的外燃回转式机械。来自锅炉的高温高压蒸汽进入汽轮机后，依次经过一系列环形配置的喷嘴和动叶，将蒸汽的热能转化为汽轮机转子旋转的机械能。

汽轮机本体由转动部分（转子）和固定部分（静子）组成，转动部分包括动叶栅、叶轮、主轴、联轴器等；固定部分包括汽缸、蒸汽室、静叶栅、隔板、隔板套、汽封、轴承、轴承座、机座、滑销系统等。

静叶栅和与它相配合的动叶栅组成汽轮机的级。汽轮机的级是最基本的做功单元。来自锅炉的高温高压蒸汽通过汽轮机级时，首先在静叶栅中膨胀降压增速，将热能转变为动能，按一定的方向喷射出去，进入动叶栅，然后在动叶栅中将其动能转变为机械能，使叶轮和轴转动，从而完成汽轮机利用蒸汽热能做功的任务。一台汽轮机可以由单级组成，也可以由多级组成。现代大型汽轮机均由多级串联组成，例如 600MW 汽轮机的总级数可达 40 多级。汽轮机的总输出功率是各级输出功率之和。

根据做功原理，汽轮机可分为冲动式汽轮机和反动式汽轮机；根据热力过程特性，汽轮机可分为凝汽式汽轮机、背压式汽轮机、调整抽汽式汽轮机和中间再热式汽轮机；根据蒸汽参数水平的差异，汽轮机可以分为低压汽轮机、中压汽轮机、高压汽轮机、超高压汽轮机、亚临界压力汽轮机、超临界压力汽轮机和超超临界压力汽轮机。

1884 年，英国发明家帕森斯获得了可实用的反动式透平机专利，这是世界上第一个有关汽轮机的专利，它比瓦特发明的蒸汽机晚了近 120 年。但相对于单级往复式蒸汽机，汽轮机大幅提高了热效率，更接近热力学中理想的可逆过程，并能提供更大的功率，至今它几乎完全取代了往复式蒸汽机。此后，汽轮机向大容量、高蒸汽参数方向不断发展。1956 年出现超临界压力汽轮机。1965 年出现二次中间再热式汽轮机。到 20 世纪 80 年代中期，最大单机功率已达 1200MW（单轴）和 1300MW（双轴）。20 世纪 50 年代后期以来，用于核电站的大功率汽轮机迅速发展，最大单机功率达 1550MW。

1949 年以前，中国没有汽轮机制造业，发电厂中使用的汽轮机都是国外制造的。1949 年以后，我国汽轮机制造业飞速发展，国产第一台汽轮机是上海汽轮机厂制造的，容量为 6MW，于 1956 年 4 月在淮南发电厂投产。1958 年，12MW 及 25MW 的汽轮机，先后在重庆电厂及闸北电厂投产。此后，先后投产了单机容量为 50、100、125、200MW 的汽轮机，至 1974 年，300MW 的汽轮机也在望亭发电厂投产。现在我国已设计、制造了 1000MW 的汽轮机。

二、燃气 - 蒸汽联合循环的汽轮机特点

燃气 - 蒸汽联合循环机组所用的汽轮机与常规电站所用的汽轮机工作原理相同，结构形式也相似。因此，本书省去对汽轮机一般原理和构造的介绍，这里仅重点介绍燃气 -蒸汽联合循环汽轮机与常规电站汽轮机的不同之处。两者相比，燃气 - 蒸汽联合循

环中的汽轮机具有以下特点。

（1）排汽量大。在常规火电汽轮机中，由于设置给水回热加热系统，抽汽占汽轮机进汽的 20%～30%，排汽量只有主蒸汽流量的 70%～80%。在燃气 - 蒸汽联合循环汽轮机中，一般不在汽轮机侧设置给水回热加热器，而在余热锅炉低温段设置给水加热器，以充分利用烟气余热，降低排烟温度。就单压循环的汽轮机来说排汽量几乎与主蒸汽量相等；在双压联合循环汽轮机中，低压蒸汽约占主蒸汽的 20%，排到凝汽器的汽量比常规汽轮机多 45%左右，因而相同容量的机组在相同背压下，末级叶片的长度和凝汽器面积都比常规机组高一个等级。为充分利用燃气轮机排气的余热，现在大型燃气 - 蒸汽联合循环机组多设计为双压、三压联合循环方式。

（2）启动速度快。大多数燃气 - 蒸汽联合循环电站肩负调峰任务，两班制运行，启、停频繁。燃气轮机启动很快，从点火到满负荷最快只需要 25min。在汽轮机启动及带满负荷前，余热锅炉产生的蒸汽通过旁路排到凝汽器或燃气轮机的排气直接被旁通大气，影响电厂的经济性，因此要求汽轮机必须具备快速启动的特性，在结构设计方面必须采取相应措施，适应快速启停要求。

（3）配汽采用全周进汽。联合循环机组调峰和调频的任务是由燃气轮机来完成的，汽轮机负荷的变化取决于燃气轮机的排烟量和排烟温度，处于被动状态。汽轮机运行时，进汽阀门处于全开状态，不参与调节，余热锅炉产生的蒸汽全部进入汽轮机，主汽门前的压力随着蒸汽流量的增减而自然变化、动态平衡。

（4）厂房结构简单。由于余热锅炉已经承担了给水的加热与除氧的任务（除氧也可在凝汽器中完成），所以汽轮机不再设置（或少设置）抽汽口，也不需要在汽轮机下面布设给水加热器，可以采用轴向或侧向排汽，这样汽轮机就可以安装在比较低的基础上，从而避免采用高厂房结构。

三、燃气 - 蒸汽联合循环汽轮机热力参数及系统上的特点

如前所述，在设计燃气 - 蒸汽联合循环机组的热力系统时，要经过详细的技术经济性分析，以便使燃气 - 蒸汽联合循坏机组的技术经济性达到最优化，并且对一些参数的选取问题作了初步讨论。概括起来，优化设计主要为了解决如下问题：①是否采用多压汽水系统；②是否对主蒸汽进行再热；③蒸汽参数选取什么值；④是否采用独立的除氧器等。

这些问题的答案归根结底取决于对效率、投资、可行性、可靠性等几方面因素的综合考量。由于优化中需要考虑的因素很多，且在不同场合对效率、投资、可靠性等因素所侧重的程度不同，所以，结果并非独一无二。表 3 - 1 列出了 Siemens 公司建议的蒸汽参数规范，表 3 - 2 和表 3 - 3 列出了 GE 公司建议的单压、双压和三压汽水系统的蒸汽参数规范，这些数据可理解为是优化后的数据。分析表 3 - 1 中的数据可见，同一功率等级的汽轮机可采用单压汽水系统，也可采用多压汽水系统；可采用再热方案，也可采用非再热方案；主蒸汽、二次蒸汽、三次蒸汽的压力是一个宽广的范围而不是某一个确定的数值等。

表 3 - 1   Siemens 公司建议的蒸汽参数规范

循环型式	汽轮机功率/MW	主蒸汽		再热蒸汽		二次蒸汽	
		压力/MPa	温度/℃	压力/MPa	温度/℃	压力/MPa	温度/℃
单压循环	30～200	4.0～7.0	480～540				
双压循环	30～300	5.5～8.5	500～565			0.5～0.8	200～260
三压再热循环	50～300	11.0～14.0	520～565	2.0～3.5	520～565	0.4～0.6	200～230

表 3 - 2   GE 公司建议的单压、双压汽水系统的蒸汽参数规范

参数	单压无再热循环	双压无再热循环			双压再热循环
汽轮机功率/MW	全部	≤40	40～60	≥60	>60
主蒸汽压力/MPa	4.13	5.64	6.61	8.26	9.98
主蒸汽温度/℃	538*	538*	538*	538*	538
再热蒸汽压力/MPa					2.06～2.75
再热蒸汽温度/℃					538
二次蒸汽压力/MPa		0.55	0.55	0.55	0.55
二次蒸汽温度/℃			比过热器前的燃气温度低 11℃		

*   若燃气轮机的排气温度低于 568℃，主蒸汽温度应比排气温度低 30℃。

表 3 - 3   GE 公司建议的三压汽水系统的蒸汽参数规范

参数	三压无再热循环			三压再热循环
汽轮机功率/MW	≤40	40～60	≥60	>60
主蒸汽压/MPa	5.85	6.88	8.26	9.98
主蒸汽温度/℃	538*	538*	538*	538
再热蒸汽压力/MPa				2.06～2.75
再热蒸汽温度/℃				538
中压蒸汽压力/MPa	0.69	0.83	1.07	2.06～2.75
中压蒸汽温度/℃	270	280	300	305
低压蒸汽压力/MPa	0.17	0.17	0.17	0.28
低压蒸汽温度/℃	160	170	180	260

*   若燃气轮机的排气温度低于 568℃，主蒸汽温度应比排气温度低 30℃。

由表 3 - 1～表 3 - 3 中的数据可以看出燃气 - 蒸汽联合循环汽轮机不同于常规汽轮机的地方，即主蒸汽压力一般低于同功率常规汽轮机的主蒸汽压力。出现这一结果的主要原因在于余热锅炉侧烟气的平均温度远远低于常规锅炉侧的平均温度，其传热过程受到节点温差的严格限制。在一定的节点温差下，如果锅侧压力过高，锅炉的排烟温度就不可能被降到较低的值。

总的来看，燃气 - 蒸汽联合循环汽轮机与同功率等级的常规汽轮机在热力系统上的差别主要有：

（1）燃气 - 蒸汽联合循环汽轮机的系统类型众多，彼此之间的参数有很大差别。

（2）燃气 - 蒸汽联合循环汽轮机的主蒸汽压力一般低于同功率常规汽轮机的主蒸汽压力。

（3）燃气 - 蒸汽联合循环汽轮机一般无回热抽汽，而常规汽轮机一般有回热抽汽。

四、燃气 - 蒸汽联合循环汽轮机结构上的特点

1. 燃气 - 蒸汽联合循环汽轮机与常规汽轮机有区别原因

燃气 - 蒸汽联合循环所使用的汽轮机在结构上与常规汽轮机也有一定区别，其原因有以下几点。

（1）汽轮机不再有回热抽汽，相反，在双压及三压系统中，还有蒸汽从中途汇入。这样，汽轮机的排汽量与主蒸汽量相比要多出 30％ 左右，而不是像在常规汽轮机中那样，排汽量与主蒸汽量相比减少 30％～40％。

（2）燃气 - 蒸汽联合循环的汽轮机一般采用滑压运行方式。通常采用的方式是在汽轮机功率从 100％ 降至 45％ 的过程中，让蒸汽压力线性下降，此后维持不变。联合循环汽轮机之所以采用滑压运行方式，原因在于降低压力可以使余热锅炉的排烟温度降低，效率和产汽量提高，同时也可以使汽轮机的排汽湿度不至于过大。

（3）为了使燃气 - 蒸汽联合循环机组能快速启停，联合循环中的汽轮机也应该有一些结构措施。

2. 燃气 - 蒸汽联合循环汽轮机的设计特点

由于上述几点原因，燃气 - 蒸汽联合循环中使用的汽轮机一般有以下设计特点：

（1）低压部分的结构相对更庞大，单缸汽轮机的"锥度"较大。

（2）一般采用全周进汽，无调节级。

（3）因为无回热抽汽管道等，所以可采用轴向或侧向排汽，以便于单层布置。

（4）结构尽可能对称，蒸汽导管、控制阀、关断阀、外围管道等也都设计成偶数并对称布置，以降低启动过程中的热应力。

（5）在不过分影响汽轮机效率的前提下，加大动、静部件之间的间隙，以防止在快速启动过程中由于动、静部件膨胀不同步而发生碰摩。

这些结构特点在图 3 - 14 和图 3 - 15 所示的两台联合循环用汽轮机上表现得很明显。图 3 - 14 所示为一台用于双压联合循环系统的单缸汽轮机的总体结构图。图 3 - 15 所示为 Siemens 公司设计生产的一台用于三压再热联合循环系统的双缸、单排汽轮机的纵剖面图。

五、燃气 - 蒸汽联合循环汽轮机调节特点

燃气 - 蒸汽联合循环汽轮机的基本调节和运行方式同常规的汽轮机相比，有它的特殊之处。通常汽轮机的功率仅占整个电厂的 1/3 左右，如果电厂的功率由汽轮机单独承担调节，那么一方面，调节范围有限；另一方面，也是不经济的。

余热锅炉的产汽量随着燃气轮机排气的流量和温度而变化，由于汽轮机总是想方设法地利用这部分烟气能量尽量多发电，因此汽轮机的输出功率跟随燃气轮机工况而变化。最终整个电厂的输出功率就由燃气轮机单独调节，电厂输出功率的调节也就简单地成为了燃气轮机燃料量的调节，其中汽轮机本身是不参与功率调节的。

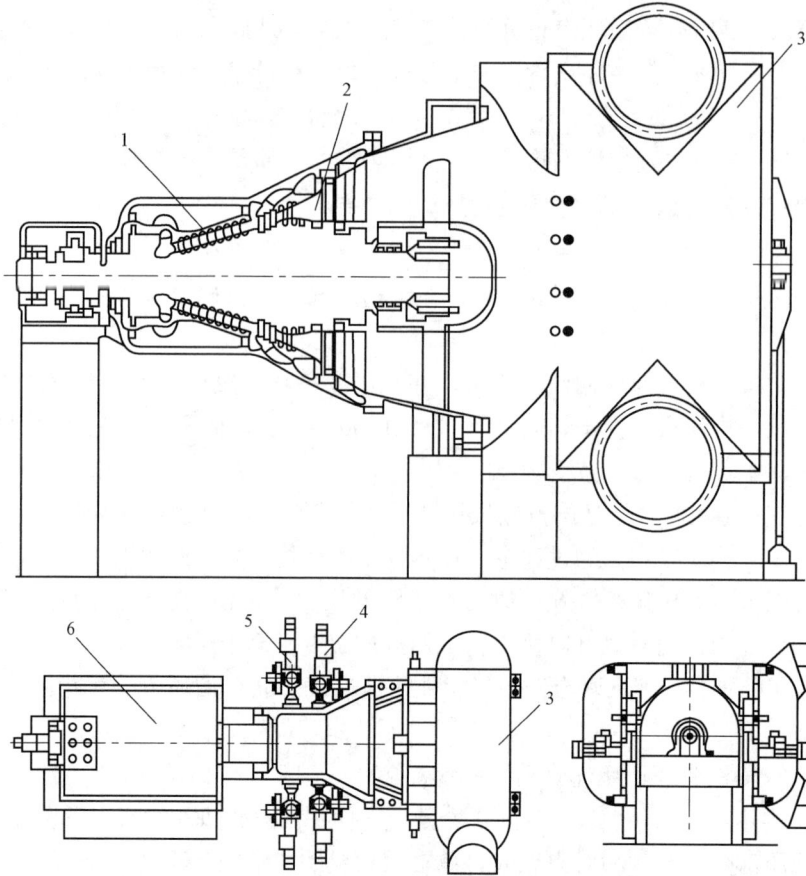

图 3-14　双压联合循环系统的单缸汽轮机的总体结构图

1—高压缸；2—低压缸；3—凝汽器；4—二次蒸汽进汽阀；5—主蒸汽进汽阀；6—发电机

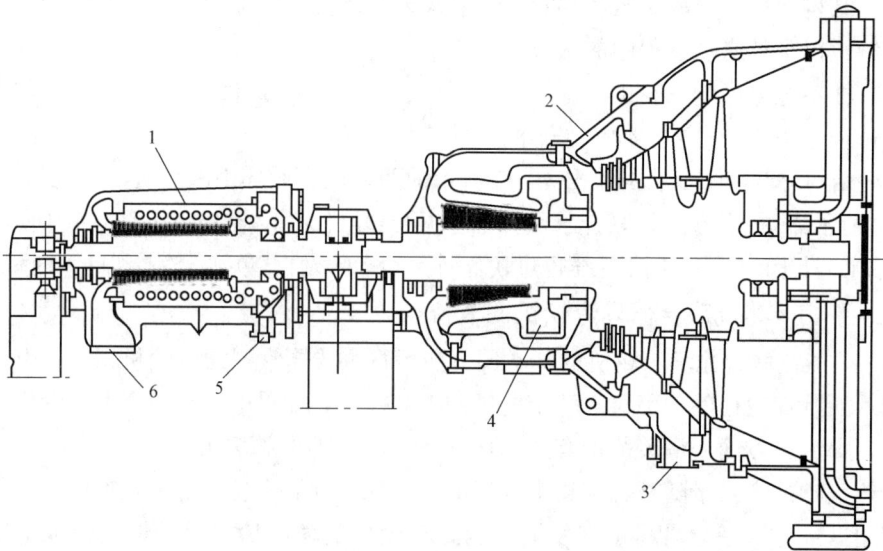

图 3-15　三压再热联合循环系统的双缸、单排汽汽轮机的纵剖面图

1—高压缸；2—中、低压缸；3—低压汽进口；4—中压和再热汽进口；5—主蒸汽进口；6—冷段再热蒸汽出口

　　根据以上特点，汽轮机可按照滑压运行的模式设计。在功率大于 50％额定功率以上时，汽轮机进行阀门全开的滑压运行，此时调节阀不再参与压力调节，也不需要精细的阀位控制，汽轮机输出功率的大小随燃气轮机的工况而变化。

　　所以，对汽轮机而言，本身不再参与电网的一次调频和二次调频，整个电厂一、二次调频由燃气轮机单独完成，这就是燃气 - 蒸汽联合循环汽轮机的基本调节特点。

　　汽轮机的运行方式和调节特点紧密相连，由于上述特点，燃气 - 蒸汽联合循环汽轮机普遍采用"机跟炉"（steam turbine following HRSG）的运行方式，这种方式体现在汽轮机设计上，即进汽部分采用全周进汽，不设调节级的结构。这不仅提高了通流效率，也使汽轮机有了更好的变工况性能。

任务 3.3　燃气 - 蒸汽联合循环的主要辅助设备和系统认知

任务目标

　　1. 能陈述启动装置的作用和类型。
　　2. 能说出进气系统的作用和各部件组成。
　　3. 能简述燃气轮机通流部分清洗装置作用和清洗方式。
　　4. 能描述 3S 离合器功能和工作过程。

任务工单

学习任务	燃气 - 蒸汽联合循环的主要辅助设备和系统认知				
姓名		学号		班级		成绩	

通过学习，能独立完成下列问题。

1. 启动装置的作用是什么？有哪几种形式？各有哪些特点？
2. 燃气轮机的进气系统有哪些功能？
3. 燃气轮机的进气系统主要由哪些部件组成？
4. 燃气轮机为什么要安装进气过滤室？
5. 何谓自清式进气过滤室？
6. 燃气轮机通流部分为什么要时常清洗？怎样清洗？
7. 何谓 3S 离合器？3S 离合器有哪些主要功能？

任务实现

一、概述

　　一台燃气轮发电机组，除了主机（压气机、燃烧室、透平、发电机）和调节控制及保护系统外，必须配备完善的辅助系统和设备才能正常运行。辅助系统的质量是影响机组安全、可靠、长期运行的一个十分重要的因素。余热锅炉型燃气 - 蒸汽联合循环需配备的辅助设备或系统一般有：①启动装置；②润滑油系统；③液压油系统；④燃料系统；⑤冷却水系统；⑥进气系统；⑦通流部分清洗设备；⑧离合器等。其中，第②③⑤与常规蒸汽动力电站的情况没有太大差别，④则取决于燃料的类型。这里仅简要介绍①⑥⑦和⑧。

二、启动装置

余热锅炉型燃气 - 蒸汽联合循环机组只有在燃气轮机启动后才能进入整套正常运行。然而，静止状态的燃气轮机如果没有外力的驱动是不可能启动的，因为燃气轮机在转子转动起来之前，外界空气不会自动流入，燃烧室中虽有空气但未经压缩，此时若持续地喷入燃料燃烧，只会烧毁燃气轮机，而不会使透平产生动力。不仅如此，燃气轮机即使已经转动起来，但在达到一定转速之前也不能启动，因为燃气轮机转速很低时，其压气机的压比、效率和透平的效率都很低，即使喷入燃料，透平产生的动力也不足以抵消压气机的消耗，燃气轮机空转尚不能维持，更谈不上加速。所以，燃气轮机启动时，必须先用外部动力装置将其带到可以自动维持运转的速度以上，才可以让其完全依靠自身的动力继续加速，带动其运转的外部动力装置被称为燃气轮机的启动装置。

燃气轮机的启动装置一般由启动机、变矩器（耦合器）、盘车机构和控制器等组成，其核心是启动机。启动机的功率须达到一定的要求，单轴燃气轮机启动机的功率一般应为主机额定功率的 $2\%\sim5\%$。现在，燃气 - 蒸汽联合循环燃气轮机所使用的启动机主要有柴油机、变频器加主发电机、汽轮机三种形式，这三种启动机各有其优点，也有其局限。

柴油启动机的优点是灵活，不需要大容量的外界电源，易于实现"黑启动"，缺点是需要增加一台柴油机，并且为了满足燃气轮机在启动过程中对排气系统的吹扫、点火、暖机等所需要的扭矩特性，还需要增加一台液力耦合器。目前，这种启动机主要用在中小功率的多轴联合循环机组、单循环和应急燃气轮机发电机组上。

变频器加主发电机的启动机就是将主发电机当做同步电动机，再加上一台晶闸管变频器构成的启动机。并网前，主发电机中通入交流电就可当做同步电动机使用。但是，交流同步电动机的转速不可调节，不能满足机组启动过程中的各种需要。因此，要增加一台变频器，以调整电源的频率，从而控制电动机的转速。这种启动机的优点是扭矩特性好，设备简单，没有启动容量的限制，在多台机组共存的情况下，还可以用一台变频器供多台机组共用；缺点是必须有大容量的交流电源。目前已有越来越多的大功率燃气轮机采用这种启动机。

汽轮机启动的优点是简单方便，无须增加新设备。缺点是必须有合适的蒸汽源，且只适用于单轴联合循环机组。在有稳定的蒸汽源的场合，如采用母管制运行的老电厂，采用这种启动机也是一个可以考虑的方案。

三、进气系统

1. 系统功能

以空气为工质的燃气轮机由于压比小、焓降小，所以其工质流量很大。据估算，9H 型燃气轮机的空气流量已达到 680kg/s 左右。伴随着大量空气的吸入，燃气轮机需克服两个问题：一是空气所含粉尘和盐分的危害；二是空气流动所引起的噪声。

空气的质量对燃气轮机的性能和可靠性有着巨大的影响，且空气质量本身也受机组周围环境的影响，即使在同一地点，空气的质量在一年内的不同时间，甚至在几个小时以内都可能有显著的变化。更不用说在工业区、矿区、海边、繁忙的公路边和沙尘暴频发等污染比较严重的地区，即使在环境比较好的地区，空气中也不可避免地含有粉尘或盐分。这些粉尘如果被大量地吸入燃气轮机，就会附着在压气机叶片上，减少压气机的通流面积，降低压气机的压比和效率，并使燃气轮机的运行线向喘振边界线靠近。这些盐分如果被大量地吸入燃气轮机，就会在压气机叶片上沉积下来，对叶片产生腐蚀。这些粉尘和盐分如果被带入透平，就可能会堵塞透平动、静叶内部的冷却通道，造成叶片过热甚至烧毁。

另外，大量空气的流动必然还会引起噪声问题。研究表明，燃气轮机的噪声主要由气流激振引起，其中进气口处的噪声频率很高、尖锐刺耳，若不设法消除，将会严重地危害运行人员的健康并影响周边环境。

为了使燃气轮机能正常有效地工作，也为了减轻其对运行人员和周边环境的噪声危害，需要对进入燃气轮机的空气进行处理，滤除杂质。因此，进气系统的功能如下。

（1）改善供给压气机进口的空气质量。经过专门设计的进气系统，改善在各种温度、湿度和污染状态下的空气质量，使之更适用于燃气轮机。

（2）消声器能消除压气机的低频率噪声，以及降低其他频率范围的噪声。

（3）将进气压降保持在允许范围内，保证燃气轮机的性能。

有些情况下，燃气轮机的进气系统内还设有进气冷却和进气加热装置。进气冷却装置的作用是在高温季节降低进入燃气轮机的空气的温度，以保证燃气轮机的功率和效率，原因为环境温度升高会严重地影响燃气轮机的功率和效率。进气加热装置的作用则是在寒冷潮湿的地区或风雪冰冻季节，防止燃气轮机进气道中结冰，这些冰脱落后随空气进入压气机，会打坏压气机的叶片。

2. 系统组成

燃气轮机进气系统示意如图 3 - 16 所示，主要由防雨罩和惯性过滤器、入口双级过滤器、防内爆门、膨胀节、消声器、拦异物筛网等组成。

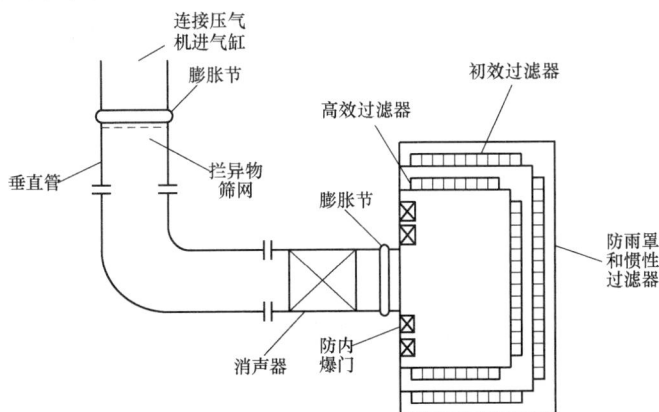

图 3 - 16 进气系统示意

（1）进气过滤室。进气过滤室一般由钢结构箱体与安装在其进口处的过滤元件组成。过滤元件有惯性分离器和介质过滤器两种类型。空气在进入过滤器之前要经过防雨罩和惯性过滤器。其中防雨罩安装在模块的空气进气面，防止雨水的直接进入；惯性过滤器通过使用脉动栅栏系统，可防止雨水被空气带入。另外，防雨罩和惯性过滤器还能防止小鸟、树枝、纸片之类的物体进入机组。

图 3-17 所示为目前燃气轮机最常用的两种惯性分离器，其中图 3-17（a）所示为百叶窗式，图 3-17（b）所示为旋风管式，均用金属制成。它们的原理都是让运动着的尘粒在气流突然转弯时依靠惯性被分离出来。惯性分离器的过滤效果通常还达不到燃气轮机的要求，因此一般只作为前置预过滤使用，其后面还需要串联 1～2 级介质过滤器。

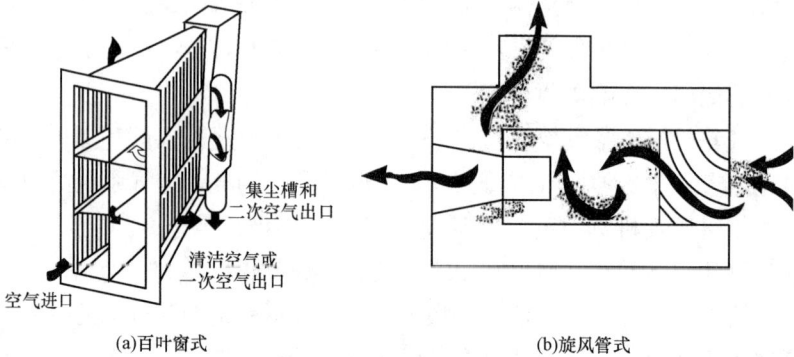

集尘槽和
二次空气出口

清洁空气或
一次空气出口

空气进口

(a)百叶窗式

(b)旋风管式

图 3-17　惯性分离器

介质过滤器一般用非织造纤维或特制纸张制成，图 3-18 所示为目前燃气轮机最常用的两种介质过滤器，其中 3-18（a）所示为方形，图 3-18（b）所示为圆柱圆锥组合形，均用纸张制成。它们的原理都是让尘粒撞到障碍物时依靠粒子与障碍物之间的引力将其粘在障碍物上。

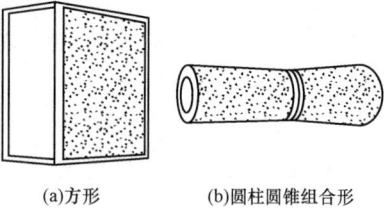

(a)方形　　(b)圆柱圆锥组合形

图 3-18　介质分离器

介质过滤器一般都可以用作自清式过滤器，即当粉尘在过滤器上集到一定程度后，可以用压缩空气从反面将粉尘冲洗掉。图 3-19 即为一种以图 3-18（b）所示的组合形自清式过滤器为元件的进气过滤室。该过滤室会在过滤元件的工作阻力达到设定值时，用特殊设计的喷嘴喷出脉冲空气，对过滤元件进行清洗。脉冲空气的压力一般为 0.6～0.8MPa。

衡量过滤元件优劣的主要指标是过滤效率（即过滤器捕获的粉尘量与未过滤空气的粉尘量之比）和压力损失。这是两个相互矛盾的指标，过滤效率高，其阻力必然大，因为没有障碍物，就无法对空气中的尘粒进行过滤。对于自清式过滤器，其全新状态下的压降应不大于 250Pa，使用后的压降为 450～500Pa，当压降达到 650～750Pa 时即须用脉冲空气吹洗，使其阻力全部或部分地恢复到原来的值。

根据电厂所处地域环境的不同，过滤器主要选用静态过滤和自清洁过滤两种形式。

在空气质量较好，但湿度相对较大的地区，如沿海地区，一般选用静态过滤器。在空气质量差，且比较干燥的地区，如沙漠地带，通常选用自清洁过滤器。

　　以某电厂为例：空气过滤器采用三面进气二阶静态排列方式，可对 $1123006ft^3/min$（$1ft = 0.3048m$）的空气进行过滤。入口双级过滤器包含 480 个初效过滤器和 480 个高效过滤器。初效过滤器由合成媒介构造，呈褶皱状，由金属网支撑，包裹在刚性框架内；高效过滤器由玻璃纤维纸媒介制造，压制成褶皱状，密封在塑料框架内，它们均可达到较高的灰尘捕捉率。初效过滤器和高效过滤器组装图如图 3-20 所示。

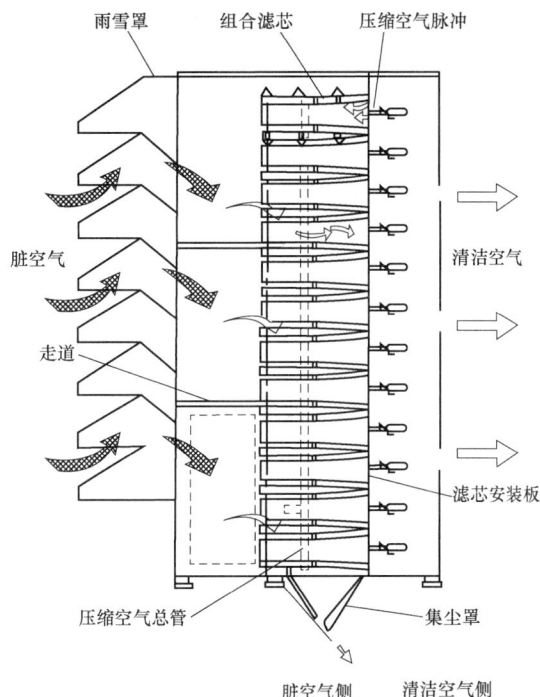

图 3-19　自清式进气过滤室

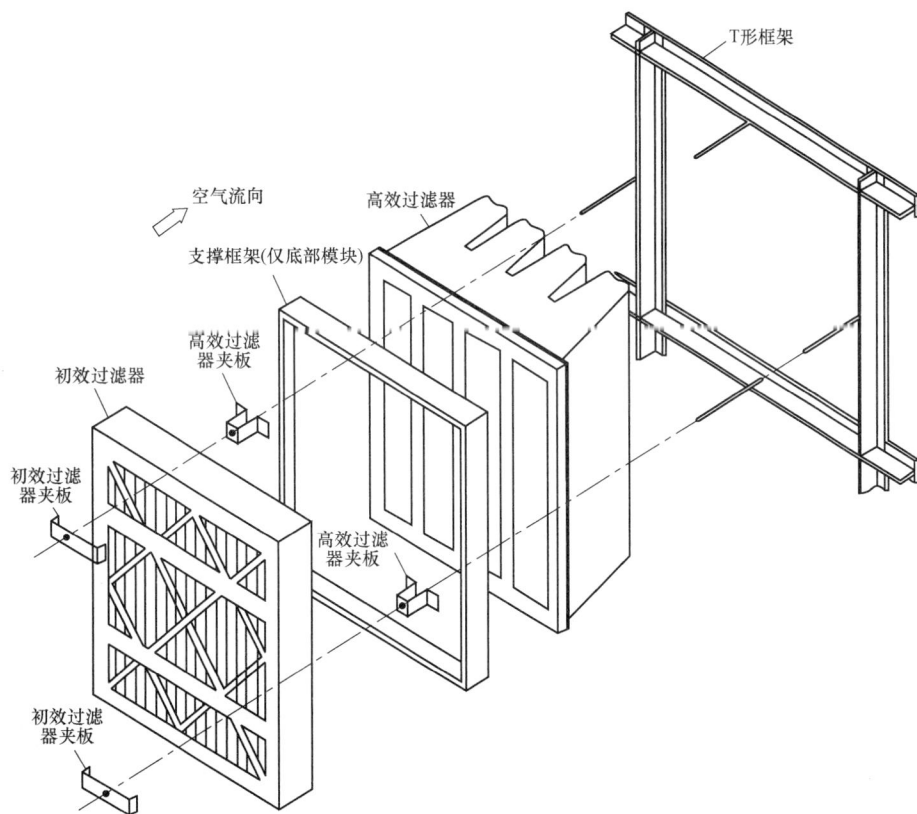

图 3-20　初效过滤器和高效过滤器组装图

空气先经过初效过滤器过滤掉大部分的杂质和粉尘微粒，然后进入第二级高效过滤器进行深度过滤。过滤器设置有压差变送器，可通过监测空气经过初效过滤器和高效过滤器的压力下降情况来判断滤芯的清洁度。

初效过滤器和高效过滤器通过两个单独的固定装置固定，可以单独完成初效过滤器的更换，而不会损伤高效过滤器的清洁空气密封。

另外，在进气过滤模块的斜坡和通风地板上还设有排水装置，可通过排水阀进行疏水，但在机组运行时应保证排水阀处于关闭状态。

防内爆门，属于配重式，靠内外压差自动打开，安装于过滤室洁净空气侧，共 4 扇，其主要作用是为了防止过滤器因堵塞等原因造成过滤室内外压差过高，进而使过滤室损坏。防内爆门在正常情况下处于关闭状态，当内外压差达到一定极限值时，在压力的作用下 4 扇防内爆门会自动打开以避免过滤器外壳内爆，布置在防内爆门上的限位开关将开信号传至控制系统，随后控制系统有报警显示，此时燃气轮机需手动停机。为避免防内爆门在开启后有大颗粒杂质随空气进入压气机，在防内爆门处安装有筛网。防内爆门全部开启时，可以保证机组 50%的空气流量，以防止压气机喘振。

（2）进气通道。进气通道安装在进气过滤模块和压气机之间，其作用是引导空气从高效过滤器出口到压气机进口。进气通道被设计成分段式自立单元，与压气机相连。它通过销式固定系统，用螺栓固定在基础和支撑框架上。进气通道外部通过矿棉作隔声处理。

进气通道包含膨胀节、消声器、拦异物筛网等设备。

1）膨胀节。进气系统膨胀节有两个，一个位于过滤室与进口消声器之间，另一个位于垂直管和进气缸之间。在机组正常运行时，吸收进气系统和钢制管路的热膨胀。

2）消声器。消声器由数个噪声衰减控制板构成，可以衰减压气机产生的高频噪声，对其他频率的噪声也有削弱作用；目前用于燃气轮机进气系统的消声器主要为阻性消声器，它由矩形或圆形管道与多只消声片组成。消声片及管道的内衬层的外表面为穿孔板，里面则是多孔性吸声材料。为防止吸声材料被吹走，吸声材料多用玻璃纤维布或钢丝网包裹。消声器下游的进气管道都采取隔声措施，即在管道内壁衬以隔热隔声材料，既可以阻止噪声对外传播，又减少管道与外部的热交换。

3）拦异物筛网。拦异物筛网主要为防止异物进入压气机，损坏机组。一般在机组初次投运时使用，正常运行后多已拆除。

四、通流部分清洗装置

尽管经过过滤，进入燃气轮机的空气中仍然含有一定的粉尘和盐分，所以压气机和透平叶片上的积垢仍然无法避免。经验表明，在以天然气和轻油为燃料的机组中，空气中的粉尘主要附着在压气机叶片上，短时间内，压气机叶片上的积垢就会使燃气轮机的功率和效率显著降低；在以重油为燃料的机组中，在压气机和透平的通流部分都会产生严重积垢。为解决这个问题，燃气轮机上往往都带有通流部分清洗装置。采用该清洗装置，可以定期或不定期地对压气机、透平的通流部分进行清洗。

清洗装置有干式和湿式两种类型。干式清洗装置主要由盛装清洗介质的容器和将清洗介质送入压气机进气管的设施组成。清洗介质一般采用某些硬果核或果壳的细粒，如磨碎的核桃壳、桃核、杏核等。这些核壳颗粒对积垢具有很好的剥离效果，且不会损伤叶片。当它们通过燃烧室时，可即刻燃烧掉，不产生焦油等有害物质，其灰分因熔点高，也不会在透平中形成积垢。但这种清洗方法不适用于采用空冷叶片的高温燃气轮机。

湿式清洗装置主要由盛装清洗液的容器、清洗液输送泵等组成。清洗液一般是由软化水和有机溶剂配制而成的乳浊液。需要对压气机的通流部分进行清洗时，可用专用的泵将清洗液送至布置在压气机进口的喷口（见图 3 - 21），然后将它们喷入压气机中。

清洗的方法有在线清洗和离线清洗两种形式。因为在线清洗可以在燃气轮机带负荷的情况下进行，所以在运行方面有一定的好处，但洗净效果较差，不能够完全恢复燃气轮机的性能。在线清洗只是作为离线清洗的补充，而不能替代离线清洗。离线清洗是在盘车的状态下进行的。由于需要等到燃气轮机完全冷下来才能进行，所以对运行有一定的影响，但是，洗净程度较好，燃气轮机的性能恢复得也比较好。

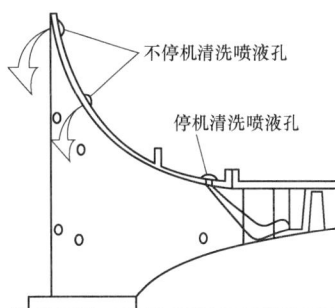

图 3 - 21　压气机清洗喷口的布置

实际工作中，往往将在线清洗和离线清洗组合起来使用，以达到最佳经济效果。在线清洗周期一般取 100～200h，离线清洗周期则视燃气轮机特性变化情况而定。

五、同步自动离合器

许多单轴联合循环发电机组和单循环燃气轮机发电机组上带有一种称为同步自动离合器（Synchro - Self - Shifting Clutch，简称 3S 离合器）的设备，它是一种依靠自身机构的作用，无须借助人工或其他辅助动力设备完全自动地实现啮合或脱离啮合，从而使动力输入设备与输出设备连接起来或分离开来的设备。

3S 离合器由英国人发明，最早应用于海军军舰上正常航行和战斗时航速的不同需要。平时一台发动机承担负荷，一旦情况紧急，就启动第二台发动机，3S 离合器啮合，两台发动机共同带动推动装置，可达到在很短的时间内突然增加航速的目的。在工业上，多用于燃气轮机发电装置，功率最高可达 300MW，在 600r/min 下传递 $4×10^6$N·m 的转矩。3S 离合器一般能够实现以下功能。

（1）静态啮合。当把这种离合器布置在燃气轮机和发电机之间时，它能够使正在旋转的燃气轮机主轴与静止的发电机主轴平滑地啮合。这种功能主要用在单循环燃气轮机发电机组的启动上。

（2）动态脱离。当把这种离合器布置在燃气轮机和发电机之间时，它能够使正在与发电机同步运转的燃气轮机单独停下来，而让发电机在电网中作调相机使用。

（3）动态啮合。当把这种离合器布置在燃气轮机和发电机之间时，它能够在发电机作调相运行的过程中，使处于静止状态的燃气轮机单独启动，并在燃气轮机转速有超越发电机转速的趋势时，将燃气轮机主轴与发电机主轴平滑地啮合在一起，使发电机恢复到发电状态。当把这种离合器布置在单轴联合循环机组的汽轮机和燃气轮机发电机组之间时，它能够在汽轮机处于静止的状态下，单独启动燃气轮机发电机组，随后，在余热锅炉产生了合乎要求的蒸汽，并且把汽轮机冲转到额定转速时，将汽轮机主轴与燃气轮机发电机组平滑地啮合在一起。

图 3-22 所示为 Siemens 公司 GUD1S.94.3A 型联合循环发电机组上的 3S 离合器的结构与工作情况示意，它被布置在汽轮机轴和由燃气轮机拖动的发电机轴之间。由图 3-22 可见，该离合器主要由输入件 1、主滑动组件 3、中继滑动件 6、输出件 4 等组成；主滑动组件与输入件和中继滑动件之间各有一组螺旋形花键和键槽；输出件与主滑动组件和中继滑动件之间各有一组齿轮和齿圈；中断滑动件与输出件之间有一组棘轮和棘爪；输入件与汽轮机轴相联，输出件与由燃气轮机拖动的发电机轴相联。须说明的是，棘爪 7 是垂挂在中继滑动件的外圆上的，当中继滑动件转速较低时，棘爪与棘轮并不接触，只有当中继滑动件的转速达到一定程度后，棘爪才会在离心力的作用下向外张开并与棘轮发生接触。

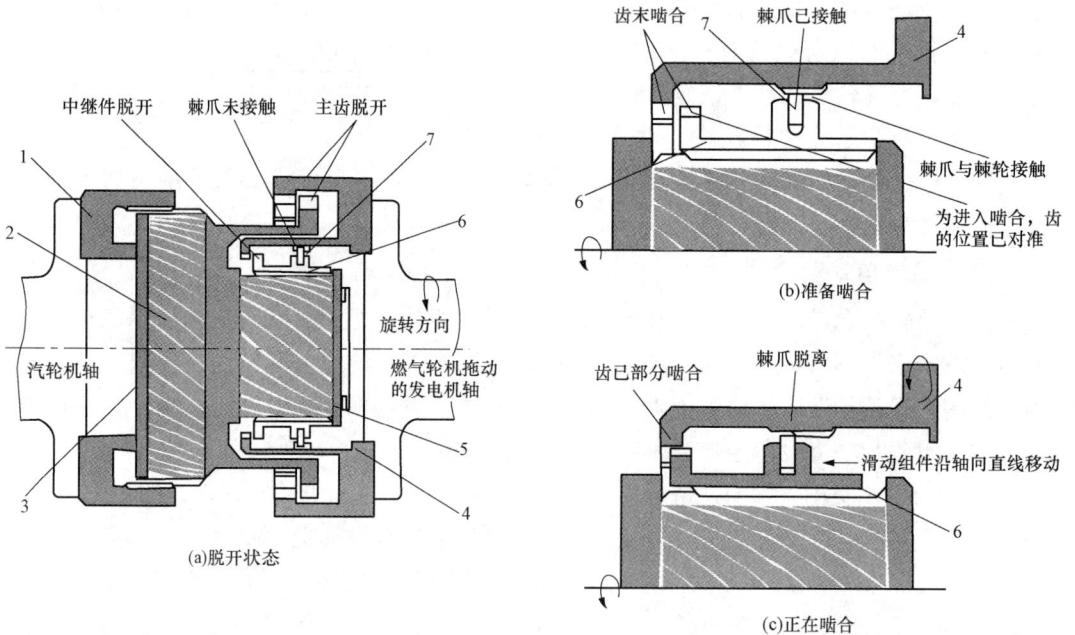

图 3-22　3S 离合器的结构与工作情况示意

1—输入件；2—主螺旋形花键；3—主滑动组件；4—输出件；5—螺旋形花键；6—中继滑动件；7—棘爪

现利用图 3-22 简要介绍汽轮机与已经并网的燃气轮机发电机组动态啮合时 3S 离合器的工作情况，籍此对该离合器的工作原理建立一定认识。在这种情况下，最初燃气轮机拖动发电机以额定转速运行，而汽轮机处在静止状态，此时 3S 离合器的输入件和与其通过花键相连的主滑动组件、中继滑动件等都处在静止状态，棘爪与棘轮不接触，如图 3-22（a）所示。当余热锅炉产生了合乎要求的蒸汽时，汽轮机将被冲转并被逐步升速，此时主滑动组件和中继滑动件都随汽轮机转动，但在转速提升到一定值之前棘爪与棘轮仍不接触。当汽轮机的转速达到一定值后，棘爪在离心力的作用下将向外张开并与棘轮接触，此时输出件与中继滑动件之间的齿轮和齿圈虽尚未啮合，但已彼此对准，做好了啮合的准备，如图 3 - 22（b）所示。当汽轮机的转速有超越发电机转速的趋势时，由于主滑动组件须随输入件以汽轮机的转速旋转，而中继滑动件在棘轮棘爪作用下须随输出件以发电机的转速旋转，这样中继滑动件将在螺旋形花键的作用下向左移动，使中继滑动件与输出件上的齿轮和齿圈进入啮合，如图 3 - 22（c）所示。与此同时，主滑动组件将在中继滑动件的带动下向左移动，使主滑动组件与输出件上的齿轮和齿圈进入啮合状态。随着汽轮机转速的进一步升高，主滑动件与输出件上的齿轮和齿圈将进入完全啮合状态。此后，汽轮机与燃气轮机和发电机将一起运转，汽轮机轴上的扭矩将通过主滑动件与输出件上的齿轮齿圈传递到发电机上。

模块四

燃气 - 蒸汽联合循环运行与控制

模块描述

　　认知燃气轮机的运行特性和运行调节方式，熟知燃气轮机和燃气 - 蒸汽联合循环的启动过程，熟知燃气轮机控制方式和联合循环发电机组功率的协调控制方案。

任务 4.1　燃气轮机的运行特性和运行调节方式认知

任务目标

1. 能解释燃气轮机的联合运行线。
2. 能分析燃气轮机的变工况运行特性。
3. 能描述燃气轮机的运行调节方式。

任务工单

学习任务	燃气轮机的运行特性和运行调节方式认知					
姓名		学号		班级		成绩

通过学习，能独立完成下列问题。

1. 在燃气轮机中，压气机的工作状态一定时，透平的工作状态是否确定，为什么？

2. 什么是燃气轮机的联合运行特性线图？试用该图对你所能想到的燃气轮机的某一种变工况运行进行分析？

3. 燃气轮机工作时，若在负荷降低时，不改变压气机进口导叶的安装角，燃气轮机的流量是增大还是减小？

4. 环境温度升高或降低时，如果初温不变，燃气轮机的功率和效率分别作何变化？

5. 环境温度升高或降低时，如果初温不变，燃气轮机的排气温度分别作何变化？

6. 环境压力升高或降低时，如果初温不变，燃气轮机的功率和效率分别作何变化？

7. 压气机叶片积垢时，如果初温不变，电站燃气轮机的特性线和运行状态点如何变化？

8. 透平叶片积垢时，如果初温不变，电站燃气轮机的喘振边界线是否有变化？运行状态点是否有变化？

9. 在压气机进口导叶可转的情况下，燃气轮机可以采用哪 3 种不同调节方式来满足负荷变化的要求？

10. 目前燃气轮机的初温很难直接测量，为什么？

11. 燃气轮机是如何在初温 T_3^* 不可测的情况下来控制 T_3^* 的？

👤 任务实现

一、燃气轮机的联合运行线

很显然，燃气轮机的运行是压气机、燃烧室、透平之间协调一致的运行。在稳定工况下，压气机、燃烧室和透平之间应满足以下条件。

（1）压气机和透平的转速保持一致。

（2）压气机的压比 π 和透平的膨胀比 π_t 之间的关系为

$$
\begin{aligned}
\pi_t &= \frac{p_3^*}{p_4^*} = \frac{p_1^*}{p_0^*} \frac{p_2^*}{p_1^*} \frac{p_3^*}{p_2^*} \frac{p_0^*}{p_4^*} \\
&= \left(\frac{p_0^* - \Delta p_c}{p_0^*} \right) \left(\frac{p_2^* - \Delta p_b}{p_2^*} \right) \left(\frac{p_4^* - \Delta p_t}{p_4^*} \right) \pi \\
&= (1 - \varepsilon_c)(1 - \varepsilon_b)(1 - \varepsilon_t) \pi \approx (1 - \sum \varepsilon) \pi
\end{aligned}
\tag{4-1}
$$

式中　Δp_c——压气机进气道压力损失，Pa 或 MPa；

　　　Δp_b——燃烧室压力损失，Pa 或 MPa；

　　　Δp_t——透平排气道压力损失，Pa 或 MPa；

　　　$\varepsilon_c = \dfrac{\Delta p_c}{p_0^*}$——进气道的压损率，0.01～0.015；

　　　$\varepsilon_b = \dfrac{\Delta p_b}{p_2^*}$——燃烧室的压损率，为 0.03～0.06；

　　　$\varepsilon_t = \dfrac{\Delta p_t}{p_4^*}$——排气道的压损率，为 0.025～0.07。

（3）压气机流量、燃烧室的流量与透平的流量之间的关系为

$$
q_{mgs} = q_m + q_{mf} - \Delta q_m
\tag{4-2}
$$

式中　q_{mgs}——透平进口的燃气流量；

　　　q_m——压气机吸入的空气流量；

　　　q_{mf}——燃料流量；

　　　Δq_m——从压气机抽引的空气流量之和。

这三个条件决定了压气机的工作状况必然与燃烧室、透平的工作状况一一对应，整台燃气轮机的工作状况必然与透平或压气机的工作状况一一对应。例如，在一定的环境条件下，某一时刻压气机的转速为 n，流量为 q_m，压比为 π，那么在同一时刻，透平的转速也必然为 n，流量必然为 q_m 加上燃料流量减去冷却抽气量，膨胀比 π_t 必然为 π 减去压气机进气道、燃烧室和透平排气道的流动损失。膨胀比 π_t 一定时，透平的初压 p_3^* 也一定。此时，透平初温 T_3^* 与膨胀比 π_t、流量 q_m、初压 p_3^*、转速 n 之间存在着图

2 - 59 所示的关系，既然 π_t、q_m、p_3^*、n 都是一定的，那么 T_3^* 也必然是一定的，这样透平所有参数都是一定的。与此同时，燃烧室的各项参数，包括喷入的燃料量、工质进出燃烧室的温度和压力也一定。这样整台燃气轮机的功率、效率以及其他所有参数都是一定的。

根据压气机、燃烧室和透平工作状况——对应的特点，人们可以在压气机的特性图上绘出透平的特性线，也可以在透平的特性图上绘出压气机的特性线，还可以在压气机或透平的特性图上绘出燃气轮机的工作特性线，所得的结果即燃气轮机的联合运行线。

研究表明，在压气机的特性图上绘制燃气轮机的工作特性线，可以更加清楚地表现各种参数之间的关系。图 4 - 1 所示即为燃气轮机联合运行线图，与普通的压气机特性线图相比，图上增加了一组等温比线。该图上的每一个点就是燃气轮机的一个稳定工况点，而在每一个稳定工况点上，燃气轮机的各种工作参数都有确定的数值，假若必要，可以在图上绘出等比功线、等排气温比线等反映燃气轮机工作状况的任何参数曲线。

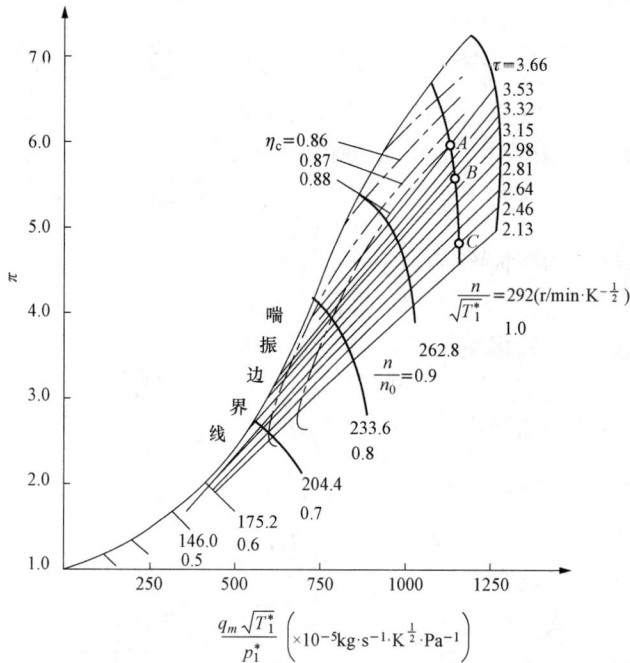

图 4 - 1　某燃气轮机通用联合运行线图

由图 4 - 1 可以看出，在环境压力和温度一定时，透平的状态只取决于两个参数，例如转速 n 和温比 τ。对电站定转速燃气轮机而言，由于正常运行时转速是恒定的，所以只需调整温比就可以调整整台燃气轮机的工作状况。

二、燃气轮机的变工况运行特性

燃气轮机是针对一定的环境条件和功率要求设计的，但是投入运行后，由于其功率要随负荷变化而变化，环境条件也在不断地变化之中，所以多数情况下并不在设计条件下运行。一般，人们把燃气轮机在偏离设计条件下的运行称为燃气轮机的变工况运行。除了环境和负荷变化，还有一些情况，如压气机叶片积垢、透平叶片积垢、燃料热值变化等也会引起燃气轮机的工作状况变化，广义而言，这也属于燃气轮机变工况的范畴。

下面利用图 4 - 1 对电站定转速燃气轮机在负荷变化、环境温度变化、环境压力变化、压气机和透平叶片积垢等典型变工况条件下的工作情况进行分析。

(1) 负荷降低。当燃气轮机的负荷从额定状况（图 4 - 1 上的 A 点）降低时，在燃料量还未来得及调整的情况下，燃气轮机的转速会出现升高趋势。此时，为了保持转速不变，燃气轮机的调节系统会自动作出反应，降低喷入燃气轮机的燃料量，从而使温比 τ 降低，并使燃气轮机的工作点从 A 点沿等转速线依次向 B、C 点移动，该调节过程结束后：①燃气轮机的流量 q_m 将略微增大；②燃气轮机的压比 π 将有所降低；③假若燃气轮机的额定工况效率是最高的，那么降负荷时，其效率必将降低；④排气温度将因温比降低的影响大于压比降低的影响而降低（图 4 - 1 上未显示）；⑤燃气轮机的工作点将向远离喘振边界的方向移动，对安全是有利的。

(2) 环境温度 T_1^* 升高。此时，为了获得最大功率和最高效率，燃气轮机的调节系统会作出反应以维持初温 T_3^* 为额定值。该调节过程结束后，虽然转速 n 未变，但折合转速 $n/\sqrt{T_1^*}$ 已降低，温比 τ 也降低。这样燃气轮机的工作点会由图 4 - 1 上的 A 点移向左下方。在此情况下：①燃气轮机的压比 π 将有所降低；②燃气轮机的流量 q_m 将因折合流量 $q_m\sqrt{T_1^*}/p_1^*$ 降低和温度 T_1^* 升高的双重作用而有较大幅度的降低；③假若燃气轮机的效率在 A 点时是最高的，那么此时效率将有所降低；④受流量降低、效率降低的双重影响，燃气轮机的功率有较大幅度的降低；⑤排气温度将因温比降低的影响小于压比降低的影响而升高（图 4 - 1 上未显示）。

(3) 环境压力 p_1^* 降低。此时，燃气轮机的调节系统同样会发生动作以保持初温 T_3^* 为额定值不变。由图 4 - 1 可见，该调节过程结束后，由于温比 τ 不变，转速 n 和折合转速 $n/\sqrt{T_1^*}$ 也不变，所以燃气轮机的工作点保持不变。在此情况下：①燃气轮机的压比 π 不变；②虽然折合流量 $q_m\sqrt{T_1^*}/p_1^*$ 不变，但因 p_1^* 降低，所以流量 q_m 要减小；③由于压比 π 和温比 τ 都不变，所以燃气轮机的效率也不变；④虽然效率不变，但由于流量 q_m 减小，所以燃气轮机的功率要降低；⑤在压比、温比都不变的情况下，燃气轮机的排气温度保持不变。

(4) 压气机叶片积垢。电站燃气轮机工作时需要从大气中大量地吸取空气，而空气中不可避免地含有尘埃和各种盐分，虽然这些尘埃和盐分大部分都会被燃气轮机进口处安装的过滤装置滤去，但仍会有一部分进入燃气轮机。所以，燃气轮机在运行一段时间后，其压气机叶片上都会形成积垢。叶片积垢的直接作用是改变叶片形状和减小叶栅通流面积，由此引起压气机流量减小、效率降低、压比降低、气动性能变差。显然，当叶片积垢时，由于在同样的压比和折合转速下，空气流量会减小，所以在压气机的性能图上，等折合转速线会向左下方移动，如图 4-2 所示。与此同时，由于在同样的转速下，气动性能更容易恶化，所以压气机的喘振边界线会向下移动。这样，如果初温 T_3^* 保持不变，燃气轮机的工作点就会从图 4-2 上的 a 点移向 b 点。在此情况下：①燃气轮机的压比 π 将降低；②燃气轮机的流量 q_m 将因折合流量 $q_m\sqrt{T_1^*}/p_1^*$ 减小而减小；③虽然温比 τ 不变，但因压比 π 降低，且压气机效率降低，所以燃气轮机的效率降低；④效率降低和流量减小，使得燃气轮机的功率降低；⑤温比 τ 不变，压比 π 降低，使得燃气轮机的排气温度升高；⑥燃气轮机的工作点更靠近喘振边界，对安全不利。

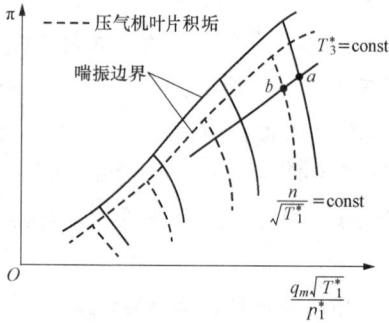

图 4-2 压气机叶片积垢对燃气轮机
性能和运行点的影响

（5）透平叶片积垢。燃气轮机在燃用气体燃料时，透平叶片上一般不会积垢。但在燃用液体燃料，特别是重油、原油时，运行一段时间后，透平叶片上也会积垢。透平叶片积垢与压气机叶片积垢的作用类似，也是改变叶片形状，减小叶栅通流面积，由此引起透平流动阻力增大、效率降低、气动性能变差。由于透平叶片积垢后，在同样的初温和折合转速下，流过透平的燃气流量会减小，如图 4-3 所示，燃气轮机的工作点会从 a 点移向 b 点。在此情况下：①燃气轮机的压比 π 将升高；②燃气轮机的流量 q_m 将因折合流量 $q_m\sqrt{T_1^*}/p_1^*$ 减小而减小；③虽然压比 π 升高使循环效率有所提高，但抵消不了压气机和透平效率降低所造成的影响，因此燃气轮机效率降低；④效率降低和流量减小，使得燃气轮机的功率降低；⑤透平效率降低使得燃气轮机的排气温度升高；⑥燃气轮机的工作点向喘振边界方向移动，对安全不利。

三、燃气轮机的运行调节方式

燃气轮机的运行调节方式与其压气机 IGV 是否可转有很大关系。现代大功率燃气轮机的进口导叶一般都可转。可转导叶或静叶除可用于防止压气机喘振之外，还可用于调节压气机流量，以改善燃气轮机和联合循环的部分负荷特性。在压气机进口导叶可转的情况下，燃气轮机尤其是联合循环中所用的燃气轮机可用 3 种不同的调节方式满足负荷变化的要求：①保持 IGV 不动，改变 T_3^* 以调整功率；②保持 T_3^* 恒定，改变 IGV 安装角 γ_p 以调整空气流

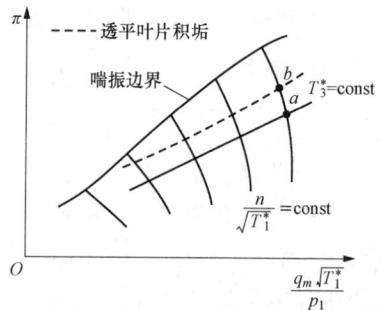

图 4-3 透平叶片积垢对燃气轮机
性能和运行点的影响

量，从而调整功率；③保持 T_4^* 恒定，改变 IGV 安装角 γ_p 以调整空气流量，从而调整功率。这三种调节方式在燃气轮机，尤其是联合循环中都有应用。

若采用调节方式①，正如前面所分析的那样，负荷降低时，需同步降低初温 T_3^*，

此时排气温度 T_4^* 也会降低，这会使燃气轮机的效率下降，同时也会使联合循环后续的余热锅炉和汽轮机的效率下降。若采用调节方式②，即负荷降低时，同步关小 IGV 角，则不仅可以保持 T_3^* 不变，使燃气轮机的性能少受一些影响，而且可以使 T_4^* 升高，从而使联合循环的性能得到改善。但是，T_4^* 升得过高对燃气轮机和余热锅炉的安全都不利，因此采用这种调节方式时须对 IGV 角加一定限制，当 IGV 角小到使 $T_4^* = T_{4max}^*$ 时，就不能再关小了，此后只能采取调节方式①或③。在调节方式③下，负荷降低时，T_4^* 保持不变，同步关小 IGV 角时，T_3^* 有一定降低，但比调节方式①下降得少一些，这就可以在余热锅炉和汽轮机的性能少受影响的情况下，使燃气轮机的性能也少受一些影响。

　　实际的联合循环中往往将上述三种调节方式结合起来使用。图 4 - 4 所示为一台无补燃余热锅炉型联合循环机组的部分负荷性能曲线。该机组额定工况下的净功率为 51MW，净效率为 43.2%，T_4^* 为 821.2K（548℃），压气机进口导叶 IGV 的安装角 γ_p 为 84°。从额定工况降低负荷时，机组开始先按照调节方式①调节，即保持 T_3^* 恒定，关小 IGV 角，此时 T_4^* 逐渐升高；待 T_4^* 升高到所规定的最大值 $T_{4max}^* = 821.2K$（548℃）后，改按调节方式③调节，即保持 $T_4^* = T_{4max}^*$ 恒定，关小 IGV 安装角，此时 T_3^* 逐渐降低；待 IGV 安装角 γ_p 减小到最小值 $\gamma_{min} = 57°$ 后，调节方式②、③都已不能再用，机组改按调节方式①调节。此后，T_3^* 和 T_4^* 都只能随着联合循环机组相对负荷增加 $\overline{P}_{cc}$ 的而降低了。由图 4 - 4 可见，上述调节过程中，T_3^* 和 T_4^* 始终比 IGV 不调时高出一定值，联合循环效率也始终比 IGV 不调时高出一定数值。在相对负荷 $\overline{P}_{cc}$ 为 0.66~0.88 的范围内，η_{cc} 约比 IGV 不调高 2 个百分点。但正如图 4 - 4（b）所示，对简单循环的燃气轮机，IGV 调节时的效率比不调节时的效率提高得不多，这是由于在部分负荷下，关小 IGV 角时，排气温度 T_4^* 升高，简单循环的排气损失增大，抵消了 T_3^* 升高所带来的好处。

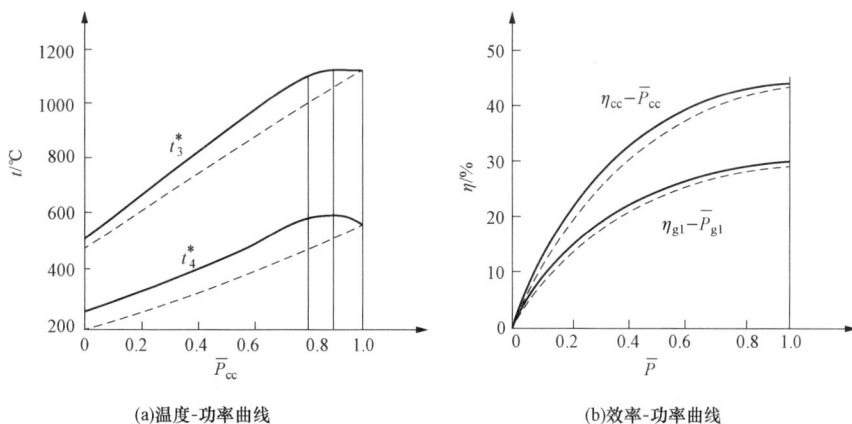

(a)温度-功率曲线　　　　　　　　(b)效率-功率曲线

图 4 - 4　压气机可转进口导叶对燃气轮机与联合循环性能的影响

实线—进口导叶可转；虚线—进口导叶不可转

必须指出，燃气轮机的初温 T_3^* 在实际中很难直接测量，这是因为一方面 T_3^* 很高，测量 T_3^* 的热电偶容易被烧毁；另一方面，燃气轮机的结构非常紧凑，燃烧室出口处的燃气温度场、速度场都很不均匀，不同点处的 T_3^* 值可以相差 100K 以上，热电偶数目少时所测得的温度误差太大。因此，在实际工程中，人们总是设法用各种办法来间接地测量并估算 T_3^*。

最常用的间接测量 T_3^* 的办法是测量相对低得多的排气温度 T_4^*，然后用 T_3^* 与 T_4^* 的关系估算 T_3^*。T_3^* 与 T_4^* 应同时满足透平的等熵过程关系式 $T_3^*/T_4^* = \pi_t^{\frac{\kappa_g-1}{\kappa_g}}$ 和透平效率的定义式 $\eta_t = \dfrac{T_3^* - T_4^*}{T_3^* - T_{4s}^*}$，联立这两个式子并经过简单演化，即可得

$$T_3^* = T_4^* \frac{1}{1 - \eta_t + \eta_t \dfrac{1}{\pi_t^{\frac{\kappa_g-1}{\kappa_g}}}} \tag{4-3}$$

将 $\pi_t = (1-\varepsilon_c)(1-\varepsilon_b)(1-\varepsilon_t)\pi$ 代入式（4-1），可将其改写为

$$T_3^* = T_4^* \frac{1}{1 - \eta_t + \eta_t \dfrac{1}{[(1-\varepsilon_c)(1-\varepsilon_b)(1-\varepsilon_t)\pi]^{\frac{\kappa_g-1}{\kappa_g}}}} \tag{4-4}$$

由式（4-4）可以看出，要用测得的 T_4^* 值推算出 T_3^* 来，必须同时知道 η_t、κ_g、ε_c、ε_b、ε_t 和 π。在这一点上，工程应用要引入一定的简化。目前所用的简化办法是，用额定工况下固定的 η_t、κ_g、ε_c、ε_b、ε_t 值代替变化着的有关值，忽略由此所带来的误差，这样，只需再引入 π 的测量值就可以了。而 π 是可以通过测量 p_2^* 获得的，于是问题就解决了。实践中，燃气轮机是通过控制经 p_2^* 修正的 T_4^* 来控制 T_3^* 的。

另外，需要说明，环境温度 T_1^* 变化时，即使 T_3^* 保持不变，T_4^* 也会发生一定的变化。不过，这一因素已经被考虑在式（4-4）中了，因为 T_1^* 变化最终是通过式（4-4）中 π 的变化来影响 T_3^* 与 T_4^* 的关系的。

任务4.2 燃气轮机启动

任务目标

1. 能陈述燃气轮机的启动过程。
2. 能描述燃气轮机的启动方式。
3. 能解释热悬挂现象。

📚 **任务工单**

学习任务	燃气轮机启动				
姓名		学号		班级	成绩

通过学习，能独立完成下列问题。

1. 何谓燃气轮机的启动过程？燃气轮机的启动过程一般可分为哪几个阶段？

2. 燃气轮机启动时为什么要吹扫，吹扫时间的长短一般怎么确定？

3. 在燃气轮机点火、暖机阶段，点火转速的设定必须满足什么条件？清吹转速的设定要满足什么条件？

4. 燃气轮机启动过程中，为什么要进行暖机？

5. 按照启动时间的长短，燃气轮机的启动方式有哪几种？

6. 热悬挂的表现形式如何？其实质是什么？

👤 **任务实现**

一、概述

燃气轮机与燃气 - 蒸汽联合循环的运行涉及启动、加载、减载、停机等操作，每一种操作又因机组的设备组成、运行方式、所处状态不同而不同。因此，要在有限的篇幅内详细介绍每一种机组在每一种运行方式和状态下的各种操作非常困难。但任何机组任何状态下的各种操作所基于的原则都基本相同，即在不超温、不超速、不超振、安全可靠的前提下尽可能使机组快速、高效地过渡到所要求的运行状态，不同之处仅在于操作的具体内容和程序。这些原则在机组的启动上体现得很明显，因此，这里仅对燃气轮机和联合循环的启动加以介绍，藉此展示这些原则如何具体体现。

二、启动过程

燃气轮机的启动过程是指其从静止状态到全速运转状态的过渡过程。燃气轮机由于在静止状态下无空气流动，无法加入燃料燃烧，也不能产生有效功，所以只有在启动机的带动下才能完成启动，这一过程可被分为以下几个阶段。

1. 冷拖、清吹

在这个阶段，燃气轮机完全依赖启动机的带动加速，达到一定转速（一般为额定转速的 20%～25%）时稳定一段时间，利用压气机产生的压缩空气对机组进行吹扫，清除掉机内因燃料阀泄漏等各种原因而可能积存在机组热通道中的可燃气体或燃油，以避免点火时发生爆燃。清吹时间的长短须视机组排气道容积大小而定，一般要求能够将排气道内的空气更换 3 次。

机组清吹前，燃气轮应连续盘车运行 6h 以上，或燃气轮处于间隔盘车运行，并检查机组动静部分无摩擦和异声。燃气轮机采用静态变频装置（SFC）作为启动装置，该装置由启动隔离变压器供电，经交 - 直 - 交变频后向发电机定子输入可变电压和频率的交流电，由发电机静态励磁装置向发电机转子回路输入可变的直流电，在两者的共同作用下驱动转子旋转和加速，此时发电机成为电动机带动燃气轮机转子旋转。

2. 点火、暖机

清吹结束后，燃气轮机将在控制系统的作用下立即把转速调整到点火转速 n_i 并进行点火。点火转速 n_i 一般比清吹转速设得低一些，原因为点火转速的设定必须满足点火时有足够的空气量，同时确保火焰不被吹熄；而清吹转速的设定要求满足该转速下在规定的时间内有相应体积的空气流过燃气轮机的热通道部分。点火转速 n_i 为额定转速 n_0 的 15%～20%，其目的是降低燃烧室内空气的流速，以降低点火难度。在点火装置连续点火 30～60s 之后，如果火焰探测器已探测到燃烧室中的火焰，控制系统便发出暖机信号，燃气轮机即适当降低燃料量，进入 1min 左右的暖机阶段。暖机的目的是使机组的高温燃气通道中的受热部件、气缸与转子有一个均匀加热和膨胀的时间，减少它们的热应力以及保证机组在启动过程中有良好的热对中，并且防止转子与静子之间出现过大的相对膨胀而发生动静碰擦，从而安全启动机组。降低燃料量则是因为前一阶段点火时，燃料量有意设得大了一些。

有时，在燃气轮机检修后，为了检查机组或燃料系统的密封性和工作情况，采用假启动的方式。假启动也是由启动机带动的，当达到点火转速时只让燃料系统投入而不点火（切除点火电源开关）。假启动并不是每次正常启动所必须经过的步骤。

3. 升速、脱扣

点火成功以后，透平已可以输出一定功，但还不足以克服压气机的耗功（包括机组携带的辅助设备和轴承的耗功在内）。所以暖机结束后，燃气轮机将按照一定的速率逐渐增大燃料量，与此同时其转速将快速上升，当转速达到其自持转速时，透平的输出功将正好等于压气机的耗功。此后，燃气轮机将在启动机功率和自身净功率的联合带动下继续增速，直至单独依靠净功率已足以使燃气轮机持续升速时，启动机将脱扣（即脱开燃气轮机并停止工作）。单轴燃气轮机的脱扣转速一般为额定转速的 40%～60%。

4. 自升速

从启动机脱扣起到转速达到额定值，燃气轮机都完全依靠自身的净功率使转子继续升速。因为在本阶段和上一阶段，燃气轮机的热通道、转子、气缸等都一直处在加热升温之中，所以升速率和升温率都要控制在一定范围之内，以免产生过大的热应力。

在机组升速过程中应严密监视机组的振动情况，转子通过临界转速时的最大振动值的变化是分析燃气轮机通流部分结垢或异常的最有效手段之一。

除上述几个阶段之外，不少制造商还把燃气轮机的启动过程扩大到加载阶段。在这种情况下，如果用户在启动前没有选择负荷点，机组在并网后将按设定的程序，或全速空转，或自动加载到一个起点负荷（其数值约为额定负荷的 10%）。如果用户在启动前已选择了某一负荷点（如基本负荷），并选择了自动加载方式，机组将按设定的加载率自动加载到该负荷点。因为加载过程中，机组仍处在加热升温之中，所以加载率须被控制在一定范围内。

通常，燃气轮机投运时的标准启动曲线是比较和评价机组以后运行过程中参数变化的一个极好的参考标准。因为燃气轮机启动过程从启动信号发出开始，转子开始转动、点火、机组暖机、启动机脱扣、加速到达空载转速等各个环节的时间和转速以及燃料量信号、排气温度等均可自动记录下来。一旦系统和装置发生故障，通过启动过程中所记录的曲线，经过对比，能很快地找出故障所在部位或整定值的变化以及有关零件损坏情况。

三、启动方式

燃气轮机启停快的优点决定了它们在电网中可能会被要求承担基本、中间、尖峰、应急等各种负荷，也决定了燃气轮机在不同的负荷要求下需采用不同的启动方式。按照启动时间的长短，燃气轮机的启动可分为正常启动、快速启动和紧急启动 3 种方式。

正常启动是燃气轮机在承担基本负荷或中间负荷时所采取的一种方式，启动过程中需要暖机并需要严格控制升速率和加载率，保证机体内的热应力在一个安全的水平之内。因此，这种启动方式所需要的时间相对较长，重型燃气轮机一般需要 10～22min。

快速启动是燃气轮机在承担尖峰和应急负荷时所可能采取的一种方式，启动过程中只要保证机体内的热应力处在一个可接受的水平之内，就可以减少暖机时间甚至取消暖机，并可提高升速率和加载率。因此，这种启动方式所需要的时间相对较短，一般仅为正常启动时的 50%～60%。

除上述两种方式外，燃气轮机还有一种时间更短的启动，称为紧急启动。这是一种强制性的启动，即超越正常程序、在很短时间内强行使机组从静止状态过渡到满负荷状态。

应该指出，燃气轮机的热部件在每一次启停循环中都要经历一次热应力循环，即启动时出现瞬时拉应力的部位停机时又会出现瞬时压应力（反之亦然），当循环的次数达到一定限度时，这些部件就会因疲劳而损伤（称为低周疲劳损伤）。因此，燃气轮机在每次启动中都要受到一定的损害。正常启动对燃气轮机的损害相对较小，快速启动对燃气轮机的损害相对较大，紧急启动的损害则非常严重。一般来说，如果把正常启动造成的损害看作 1，那么快速启动造成的损害就是 2，紧急启动造成的损害就是 20。因此，一般情况下燃气轮机都尽可能采用正常启动方式，迫不得已时才采用快速启动方式，非万不得已不采用紧急启动方式。

四、实例分析

图 4 - 5 所示为 GE 公司生产的 MS7001E 型燃气轮机的启动和加载过程曲线图。该机组的 ISO 基本功率 P_{gt0} 为 85.4MW，额定转速 n_0 为 3600r/min，额定排气温度 t_4^* 为 975℉（524℃）。图 4 - 5 中给出了机组的相对转速 $\bar{n}$、排气温度 t_4^*、燃料阀行程 FSR 与功率 P_{gt} 随时间变化的曲线。燃料阀行程 FSR 虽不能直接表示燃料量，但可以大致反映燃料量的大小。燃料量与 FSR 和机组转速 n 的实际关系很复杂，不过总体上呈正变规律。也就是说，FSR 与 n 中的一个或两个提高时，燃料量都增加。下面利用图 4 - 5，对单循环燃气轮机的启动和加载过程作分析。

（1）从图 4 - 5 中的转速曲线 $\bar{n}$ 可以看出：该机组在启动过程中，首先由启动机将其转速提升到额定值的 28% 并维持 6min，使燃烧室和排气道得到充分吹扫；然后在 4min 时间内将转速降低到额定值的 10% 左右，为点火创造有利条件；从第 10min 点火开始，机组转速稳定上升，到第 20min 时达到了额定值。期间，机组相对转速 $\bar{n}$ 从 10% 升到 100% 历时 10min，平均升速率达到了 330r/min。

（2）从图 4 - 5 中的燃料阀行程 FSR 曲线可以看出：机组在启动过程的第 10.5min

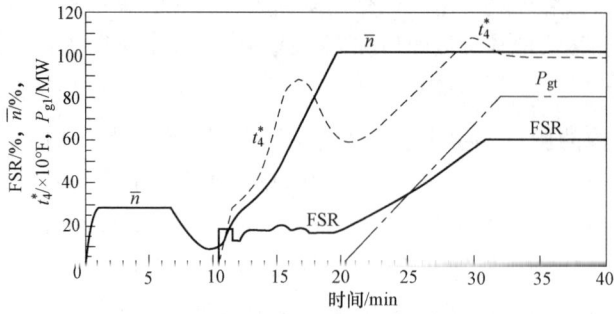

图 4 - 5　MS7001E 型燃气轮机的启动和加载过程曲线图

左右开始点火，点火过程大约持续 1min，其间，FSR 维持在 18％ 左右；点火成功后，FSR 立即减小到 13％ 左右并维持 1min，使机组进行暖机，其间，因转速有所提高，实际燃料量也有所提高；暖机结束后，FSR 回增到 18％ 左右，并在第 20min 机组并网之前基本维持不变；从第 20min 开始，FSR 逐渐增大使机组功率增大，到第 32min 时与机组功率一起达到额定值。

（3）从图 4 - 5 中的排气温度 t_4^* 曲线可以看出：从第 10.5min 机组点火开始，排气温度 t_4^* 即迅速上升，到第 17min 时达到第一个峰值 900℉（482℃）左右；第 17min 以后，t_4^* 逐渐降低直至机组转速达到额定值以后；在机组加载过程中，t_4^* 再次开始上升，并在机组功率达到额定值之前达到第二个峰值；随后 t_4^* 逐渐回落到额定值 975℉（524℃）。t_4^* 两度出现峰值与压气机 IGV 角的调整有很大关系。机组点火之初，为了避免喘振并降低启动功率，压气机的 IGV 角处在最小位置，此时压气机的空气流量很小，因此，机组点火后 t_4^* 迅速上升；当转速升高到一定值后，IGV 角将开始开大，压气机的空气流量迅速增加，于是 t_4^* 在达到其第一个峰值后逐渐回落。在机组转速升高到接近额定值时，压气机的 IGV 角已开大到最小全速角并保持不变，于是 t_4^* 再次上升；当机组加载到一定程度以后，IGV 角将再一次开大，于是 t_4^* 又达到其第二个峰值；当机组的功率达到额定值时，IGV 角已达到最大，此后，t_4^* 便维持在额定值不变。

（4）从图 4 - 5 上的功率 P_{gt} 曲线可以看出：机组在第 20min 并网以后，P_{gt} 基本上是以一个恒定的加载率逐步增加到额定值的，加载过程大约持续了 12min，到第 32min 时，机组的启动和加载过程全部结束，加载率为 8.33％P_{gt0}/min。

（5）总的来看，该机组的启动过程用了 20min，含加载用了 32min，偏长一些。许多简单循环燃气轮机的启动时间，不含加载时为 5～10min，含加载时为 10～22min。

五、热悬挂现象及其原因

燃气轮机的启动一般在程序控制下自动实现，只要机组的燃料系统和点火装置正常、进排气道通畅、压气机和透平的通流部分没有严重积垢，便很少会出现启动不成功的情况。然而，有时也需要用人工操作完成启动。在人工操作的情况下，对点火燃料量和随后燃料量增升率的控制对启动是否成功将有决定性的影响。实践表明，如果点火燃料量过大或随后的燃料增升率过高，燃气轮机就可能会发生热悬挂现象，导致启动失败。

热悬挂又称为热挂，一般发生在启动机脱扣之后，其表现形式是启动机脱扣之后，机组转速停止上升，运行声音异常，若继续增大燃料量，初温 t_3^* 会随之升高，但转速不仅不上升，反而呈下降趋势，最终导致启动失败。

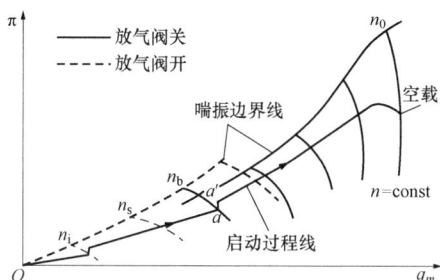

分析表明，热悬挂现象产生的根本原因在于启动过程线离压气机喘振边界线太近。如图 4-6 所示，若启动机脱扣之前操作不当，燃料量增加太快，温度 t_3^* 升高过快，那么脱扣瞬间由于机组净功率显著减小，转速 n 升高的速度就会与温度 t_3^* 升高的速度不匹配，使机组的运行点靠向喘振边界线（由图 4-6 中的 a 点突跳至 a' 点）。此时，压气机可能会发生失速，效率 η_c 降低，流量减小，耗功增大，从而使转子停止升速，机组就像被"挂"住似的，这就是所谓的热悬挂。

图 4-6 电站单轴燃气轮机启动曲线

显然，发生热悬挂现象时，如果增加燃料量，不仅于事无补，而且适得其反，最终导致启动失败。但如果此时能暂时适当减少一些燃料量，使 t_3^* 略微降低一些，机组的运行点就可能会下移并离开喘振边界线，此后再以适当的速率增加燃料量，机组就可能脱离热悬挂继续升速下去。如果处理得好，启动失败就可以避免。另外，从图 4-6 还可以看出，打开放气阀对热悬挂现象有重要的防范作用。

任务 4.3 燃气-蒸汽联合循环启动

任务目标

1. 能描述影响联合循环机组启动过程的因素。
2. 能分析不同启动状态下多轴联合循环的启动过程。
3. 能分析不同连接方式的单轴联合循环机组启动过程。

任务工单

学习任务	燃气-蒸汽联合循环启动					
姓名		学号		班级		成绩

通过学习，能独立完成下列问题。

1. 影响联合循环机组启动和加载过程的因素有哪些？
2. 联合循环机组的启动状态分为哪几种？通常以什么标准来区分这些状态？
3. 多轴联合循环机组有没有旁通烟道？对其启动过程有哪些影响？
4. 采用刚性联轴器连接的单轴联合循环机组启动时一般要采取哪些措施？
5. 采用 3S 离合器连接的单轴联合循环机组为什么不需要启动锅炉？

任务实现

一、概述

与简单循环相比，燃气 - 蒸汽联合循环机组由于有余热锅炉和汽轮机，所以启动过程要复杂一些。而且，燃气 - 蒸汽联合循中的余热锅炉有没有旁通烟道、是否补燃、汽轮机与燃气轮机是否同轴、同轴时采用刚性联轴器连接还是 3S 离合器连接、有没有启动锅炉等，对启动操作都有很大影响。

同时，联合循环机组的启动和加载过程与启动前燃气轮机、余热锅炉、汽轮机热部件的温度状态也有很大关系。如果启动前这些热部件的温度很低，例如与环境温度相同，启动过程中就需要暖机并需要把升速率和加载率控制在较低的水平，以保证它们不会受到过大的热冲击。如果启动前这些热部件的温度非常高，启动过程中就可能会取消暖机并提高升速率和加载率，以避免这些热部件受到强制冷却。

按照启动前余热锅炉汽包、汽轮机转子等热部件温度的高低，联合循环机组的启动一般分为冷态启动、温态启动和热态启动 3 种状态，有时热态启动中还会再分出一种极热态启动。但是，由于各制造厂生产的不同型号的机组结构差异很大，很难用某一个部件的温度来统一、严格地定义这几种状态，所以大多数制造厂都按照机组停机后所经过的时间的长短来粗略地区分其所处的状态。即便如此，由于机组热惯性与散热条件的差异，区分标准也不一致。目前，很多厂家都笼统地将停机在 72h 以上的启动划归为冷态启动，10～72h 之间划归为温态启动，1～10h 之间划归为热态启动，1h 之内划归为极热态启动。不同状态下的启动和加载时间可以有很大差别。一般冷态启动所用的时间最长，温态启动所用的时间大约为冷态启动的一半或不到一半，热态启动所用的时间为冷态的 1/3 或略多一些，但这也都是很笼统的数值。

下面结合实例介绍几种典型联合循环在不同状态下的启动特点，对联合循环机组的运行有一个初步了解。

二、多轴联合循环的启动

多轴联合循环中的汽轮机与燃气轮机不同轴，各自带有自己的发电机。如果余热锅炉有旁通烟道，则燃气轮机、余热锅炉和汽轮机基本上相互独立。启动时，首先将余热锅炉进口挡板关闭并将旁通烟道挡板开启，使燃气轮机像简单循环那样单独启动和加载；然后，利用烟气挡板调节进入余热锅炉的烟气，并利用蒸汽旁路调节蒸汽的压力和温度，使余热锅炉按照自身规律启动；最后，使汽轮机按照自身规律启动和加载；待汽轮机已全部接受余热锅炉所产生的蒸汽以后，整台机组启动即告完成。

如果余热锅炉没有旁通烟道，那么燃气轮机启动和加载的过程就要延长一些，以保证余热锅炉对燃气轮机排气温度的承受能力。至于是同时延长启动和加载过程还是只延长加载过程、延长多少，则视机组具体情况而定。除此之外，整个启动过程与有旁通烟道的情况没有太大区别。

下面用两个实例分别介绍多轴联合循环在有旁通烟道和无旁通烟道时的启动和加载

情况。

1. 联合循环机组的冷态启动

图 4 - 7 所示为某 100MW "二拖一"、多轴联合循环机组的冷态启动曲线。该机组采用了 "二拖一"、多轴布置方案，配用单压、有旁通烟道的余热锅炉，其燃气轮机的额定排气温度为 532℃。图 4 - 7 中给出了燃气轮机排气温度 t_4^*、排气流量 q_{mgt}、蒸汽压力 p_{st}、蒸汽温度 t_{st}、余热锅炉产汽率 q_{mh}、汽轮机主蒸汽流量 q_{mst}、汽轮机转速 n_{st}、汽轮机功率 P_{st}、凝汽器压力 p_c 随时间变化的情况。

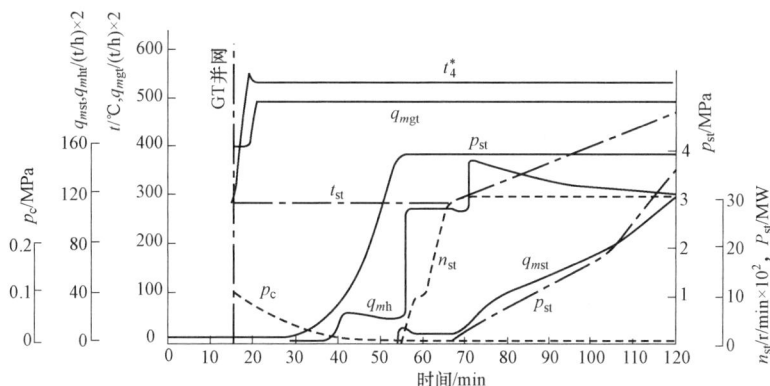

图 4 - 7　某 100MW "二拖一"、多轴联合循环机组的冷态启动曲线

（1）由图 4 - 7 中的排气温度 t_4^* 和流量 q_{mgt} 曲线可以看出：该机组由于有旁通烟道，所以其燃气轮机完全像简单循环那样单独启动和加载，启动后第 15min 并网，第 20min 即加载到满负荷，加载率达到了 $20\%P_{gt0}$/min；加载过程中，温度 t_4^* 和流量 q_{mgt} 迅速升高到额定值并保持不变。

（2）由图 4 - 7 中的蒸汽参数 p_{st}、t_{st} 和余热锅炉产汽率 q_{mh} 曲线可以看出：在燃气轮机并网前，余热锅炉已开始加热；从燃气轮机到达满负荷后第 15min，即在启动开始后第 30min，余热锅炉已开始引出蒸汽，蒸汽压力也迅速上升；第 55min 时，蒸汽压力升高到额定值；在第 70min 左右，产汽率 q_{mh} 达到峰值；此后，由于温度逐渐上升，q_{mh} 产汽率相应有所回落。

（3）由图 4 - 7 中的汽轮机流量 q_{mst}、转速 n_{st} 和功率 P_{st} 曲线可以看出：汽轮机从第 55min 开始通蒸汽启动，3min 后转速升到 1000r/min；在此转速下，汽轮机中速暖机 2min，然后在 4min 内快速地将转速提升到额定值 3000r/min，并在第 66min 并网成功；并网以后，汽轮机逐渐加载，到第 120min 时，汽轮机已接受余热锅炉所产生的全部蒸汽（$q_{mst}=q_{mh}$），启动和加载过程全部完成。汽轮机的加载率为 $1.85\%P_{st0}$/min。

（4）由图 4 - 7 中的蒸汽压力 p_{st} 和汽轮机功率 P_{st} 曲线可以看出：在汽轮机的整个负荷范围内，p_{st} 都比较稳定，这说明该机组采用的是定压运行方式，并未采用滑压运行方式。

（5）由图 4 - 7 中的锅炉产汽率 q_{mh}、汽轮机流量 q_{mst} 和凝汽器压力 p_c 曲线可以看出：在汽轮机启动前后的很长一段时间内，余热锅炉的产汽量 q_{mh} 都大于汽轮机的蒸汽

通流量 $q_{m\text{st}}$；为了接收这部分剩余的蒸汽，更为了配合余热锅炉和汽轮机的启动，凝汽器真空泵从第 15min 燃气轮机并网时即已启动，到第 55min 汽轮机冲转时，凝汽器压力（真空）已达到正常工作值。

（6）该机组的启动和加载一共用了 120min，对联合循环机组的冷态启动而言，这算比较快的一例。许多联合循环机组的冷态启动都需要 180min 左右。

2. 联合循环机组的热态启动

图 4-8 所示为某 120MW "一拖一"、双轴联合循环机组的热态启动曲线。该机组采用了 "一拖一"、双轴布置方案，配用了双压、无旁通烟道的余热锅炉；其燃气轮机的额定功率为 80MW，汽轮机的额定功率为 42MW；燃气轮机和汽轮机的额定转速均为 3600r/min。图 4-8 中给出了燃气轮机排气温度 t_4^*、转速 n_{gt} 和功率 P_{gt}、高压蒸汽压参数 $p_{\text{HP}}/t_{\text{HP}}$ 和流量 $q_{m\text{HP}}$、低压蒸汽参数 $p_{\text{LP}}/t_{\text{LP}}$ 和流量 $q_{m\text{LP}}$、汽轮机转速 n_{st} 和功率 P_{st}、凝汽器压力 p_c 12 个参数随时间变化的曲线。下面对该机组的热态启动和加载过程进行分析。

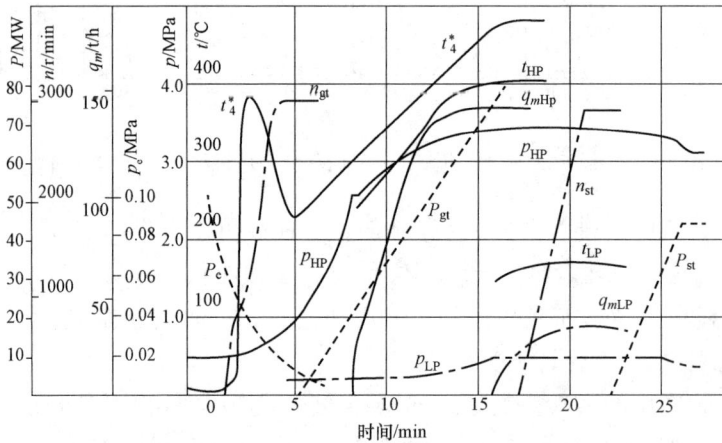

图 4-8　某 120MW "一拖一"、双轴联合循环机组的热态启动曲线

（1）由图 4-8 中的燃气轮机转速 n_{gt}、排气温度 t_4^* 和功率 P_{gt} 曲线可以看出：燃气轮机的升速没有因不设旁通烟道而受到影响，启动后第 5min 即已并网。但其加载率受到了一定影响，从第 5min 开始加载，到第 17min 达到满负荷，加载过程持续了 12min，加载率只有 $8.33\%P_{\text{gt0}}/\text{min}$。

（2）由图 4-8 中的高压蒸汽参数（p_{HP}、t_{HP}、$q_{m\text{HP}}$）和低压蒸汽参数（p_{LP}、t_{LP}、$q_{m\text{LP}}$）曲线可以看出：由于没有旁通烟道，所以燃气轮机点火后，p_{HP} 立即出现了增升趋势；在燃气轮机加载过程中，p_{HP}、t_{HP} 迅速升高，p_{LP}、t_{LP} 也升高，但趋势缓和一些；第 8min 高压蒸汽开始输出，第 16min 低压蒸汽也开始输出。

（3）由图 4-8 的汽轮机转速 n_{st} 和功率 P_{st} 曲线可以看出：汽轮机从第 17min 开始通蒸汽启动，4min 内转速升到额定值，随即并网；并网以后，从第 22min 开始加载，到第 27min 时已带上满负荷，加载率为 $20\%P_{\text{g0}}/\text{min}$。至此整台机组的启动和加载过程已全部完成。

（4）由图 4 - 8 中的高压蒸汽参数（p_{HP}、t_{HP}）和汽轮机功率 P_{st} 曲线可以看出：在汽轮机的整个负荷范围内，p_{HP}、t_{HP} 都基本保持稳定，这说明该机组采用了定压运行方式，未采用滑压运行方式。

（5）由图 4 - 8 中的高低压蒸汽流量 q_{mHP}、q_{mLP}、汽轮机转速 n_{st} 和凝汽器压力 p_c 曲线可以看出：汽轮机在第 17min 才开始冲转，第 27min 才带上满负荷，而余热锅炉在第 8min 和第 16min 已分别有高压蒸汽和低压蒸汽输出，这个过程中有大量剩余蒸汽需通过蒸汽旁路引到凝汽器中；为了接收这部分剩余蒸汽，并为了配合余热锅炉和汽轮机的启动，凝汽器真空泵从燃气轮机点火时即已启动，到第 6min 时，凝汽器压力已达到正常工作值。

（6）总的来看，该机组的启动和加载仅用了 26min，远远短于冷态启动用时。另外值得注意的是：上述启动过程中，汽轮机升速只用了 4min，加载只用了 5min，而燃气轮机升速却用了 5min，加载更是用了 12min，汽轮机的升速率和加载率都高于燃气轮机，这与经验相悖。出现这种现象主要因为机组处在温度很高的热态，其次也因为燃气轮机在启动和加载过程要考虑余热锅炉的承受能力。

三、单轴联合循环的启动

单轴联合循环中的汽轮机与燃气轮机同轴，而且余热锅炉没有旁通烟道。如果汽轮机转子与燃气轮机转子采用刚性联轴器连接，启动时需要充分考虑锅炉和汽轮机的暖机需要，所采取的措施主要有：

（1）在燃气轮机点火时，向汽轮机中通入一定量的冷却蒸汽。否则，因汽轮机转子必须与燃气轮机转子一起增速，汽轮机通流部分的摩擦鼓风会使机组的启动功率显著增大，并使汽轮机通流部分的温度急剧升高。为此，这类联合循环机组一般都配有启动锅炉。

（2）燃气轮机并网后不立即加载至满负荷，而是先在 20％ 以下的某个负荷运行一段时间。其目的是先把排气温度控制在较低范围内，使余热锅炉得到暖机，并使其产生的蒸汽压力和温度逐步升高，直至稳定。

（3）在燃气轮机低负荷运行一段时间，并且蒸汽的压力和温度也达到一定水平之后，开始向汽轮机送汽，随后同步增加燃气轮机和汽轮机的负荷，直至其功率达到 100％。

如果汽轮机转子与燃气轮机转子采用 3S 离合器连接，机组的启动就可以采用与没有旁通烟道的多轴联合循环机组相类似的方式。下面用几个实例分别介绍这两种单轴联合循环的启动和加载情况。

（一）采用刚性联轴器连接的单轴联合循环机组冷态启动

图 4 - 9 所示为 GE 公司生产的 S109FA 型单轴联合循环机组的冷态启动曲线。该机组采用了 "一拖一"、刚性联轴器单轴布置方案，配用三压、无旁通烟道的余热锅炉；其燃气轮机为 PG9311FA 型，额定功率为 226.5MW，额定排气温度为 585℃；机组的额定转速为 3000r/min；余热锅炉所产生的低压蒸汽仅供整体式除氧器使用，并不通向汽轮机；启动机采用的是静态变频器加机组本身的同步发电机（启动时自动转变为同步

电动机）。图 4-9 中给出了机组转速、燃气轮机排气温度、高压（HP）蒸汽参数、中压（IP）蒸汽参数、燃气轮机功率 P_{gt}、汽轮机功率 P_{st}、总功率（负荷）等随时间变化的曲线，还标出了一些关键的时间节点。下面对该机组的启动过程进行分析。

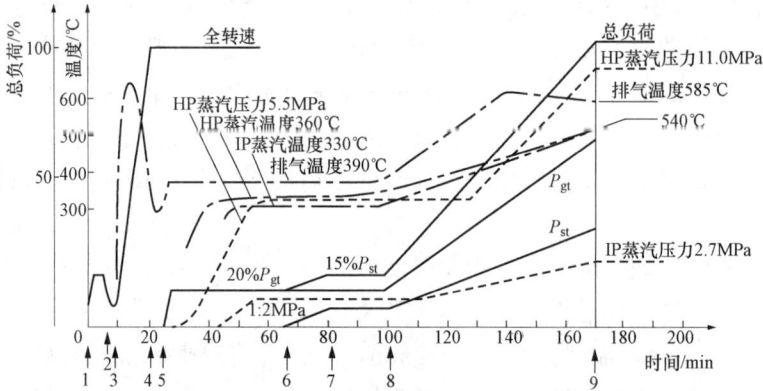

图 4-9 S109FA 型单轴联合循环机组的冷态启动曲线

1—启动开始；2—燃气轮机点火；3—向汽轮机通冷却蒸汽；4—燃气轮机达到额定转速；
5—机组并网，燃气轮机加 20%载荷；6—汽轮机开始加载；7—汽轮机加到 15%载荷；
8—燃气轮机和汽轮机同步加载；9—机组加载至满负荷

（1）由图 4-9 中的关键时间点和转速曲线可以看出：该机组在启动过程中，首先被启动机在 1min 左右的时间内将其转速提升到额定值的 20%，维持 5min，使燃烧室和余热锅炉得到充分吹扫；然后又在 1min 左右的时间内将转速降低到额定值的 10%，为点火创造条件；第 8min 时燃气轮机开始点火，几乎与此同时，汽轮机开始通入冷却蒸汽；第 20min 时机组并网。其间，机组转速从额定转速的 10% 上升到 100%，历时 12min，平均升速率达到了 225r/min。

（2）由图 4-9 中的关键时间点和燃气轮机功率 P_{gt}、排气温度、高中压蒸汽参数曲线可以看出：为了避免余热锅炉受到过大的热冲击，燃气轮机并网后并没有立即加上很高的负荷，而是在第 25min 时，才用 2.5min 左右的时间加上了 20% 的负荷，并在此负荷下运行了很长一段时间；其间，燃气轮机排气温度维持在 390℃，余热锅炉的高压蒸汽参数逐步升高到 5.5MPa/360℃，中压蒸汽参数升高到 1.2MPa/330℃。

（3）由图 4-9 中的关键时间点和燃气轮机功率 P_{gt}、汽轮机功率 P_{st}、高中压蒸汽参数曲线可以看出：在余热锅炉的蒸汽参数稳定以后，燃气轮机仍没有立即加大负荷，而是在第 65min 时，先让汽轮机用 15min 左右的时间加上了 15% 的负荷，又运行了 20min，以让其充分暖机并为下一步加载做好准备；直到第 100min 时，燃气轮机才与汽轮机一起用 70min 的时间逐步加载到满负荷。

（4）由图 4-9 中的燃气轮机功率、汽轮机功率、燃气轮机排气温度、蒸汽参数曲线可以看出：在燃气轮机和汽轮机同步加载期间，燃气轮机的排气温度逐步升高，蒸汽的温度相应升高，但高压和中压蒸汽的压力最初都维持不变；直到第 112min 和 125min 之后，中压蒸汽和高压蒸汽的压力才分别随机组负荷的升高而升高。这说明机组采用了滑压运行方式。

(5) 总的来看,该机组从冷态启动到加载至满负荷一共用了 170min,相对于常规燃煤机组而言已快了很多。

(二) 采用 3S 离合器连接的单轴联合循环机组冷态启动

图 4-10 所示为 Siemens 公司生产的 GUD1S. 94.3A 型单轴联合循环机组的冷态启动曲线。该机组采用了"一拖一"、3S 离合器连接的单轴布置方案,配用三压、无旁通烟道的余热锅炉;其燃气轮机为 V94.3A 型,额定功率为 390MW,额定排气温度为 585℃,额定转速为 3000r/min;启动机采用的是静态变频器加机组本身的同步发电机。图 4-10 中给出了燃气轮机转速、高压 (HP) 蒸汽参数、燃气轮机功率 P_{gt}、汽轮机功率 P_{st}、蒸汽旁通流量等随时间变化的曲线,还标出了一些关键的时间节点。

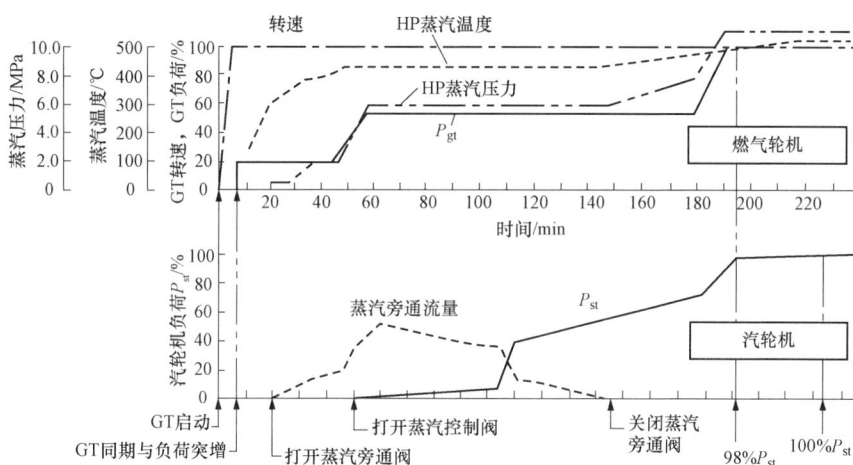

图 4-10 GUD1S. 94.3A 型单轴联合循环机组的冷态启动曲线

1. 冷态启动过程分析

(1) 由图 4-10 中的关键时间点、燃气轮机转速、功率 P_{gt} 和蒸汽参数曲线可以看出:该机组由于转子采用 3S 离合器连接,所以与没有旁通烟道的多轴联合循环机组相似,其燃气轮机升速受到的限制很小,启动后第 8min 即已并网,负荷也在很短时间内加到额定值的 20%;但是,为了避免余热锅炉受到过大热冲击,燃气轮机在 20% 的负荷运行了 40min;其间,余热锅炉的高压蒸汽压力逐步升高到了 2.0MPa,温度升到了 430℃并趋向稳定。

(2) 由图 4-10 中的关键时间点、燃气轮机功率 P_{gt}、汽轮机功率 P_{st} 和蒸汽参数曲线可以看出:在余热锅炉的蒸汽温度稳定以后,燃气轮机并没有一次性地将负荷加到额定值,而是先用 15min 的时间加到了额定值的 50% 左右,在此负荷下又运行了 120min;期间,汽轮机按照自身启动要求先用了 30min 左右的时间暖机、冲转、与燃气轮机转子同期,然后又用了 130min 的时间缓慢地加上了 70% 的负荷;过程中,蒸汽压力逐步升高到额定值,蒸汽温度逐步升高到接近额定值。

(3) 由图 4-10 中的关键时间点和燃气轮机功率 P_{gt}、汽轮机功率 P_{st}、蒸汽参数曲线可以看出：直到第 180min 时，燃气轮机才又用了 15min 左右的时间加载到了满负荷；与此同时，汽轮机的功率从 70% 提高到了 98%；之后，随着蒸汽温度的进一步升高并趋向稳定，汽轮机的功率从 98% 提高到了额定值。

（4）由图 4 - 10 中的蒸汽参数、汽轮机功率、蒸汽旁通流量曲线可以看出：在汽轮机加载期间，蒸汽温度升高很少，而蒸汽压力却经历了几次大的改变，说明汽轮机采用了滑压运行方式，特别是在蒸汽旁通阀完全关闭以后。

2. 冷态启动和热态启动的差别

图 4 - 11 所示为同一台 GUD1S. 94.3A 型单轴联合循环机组的热态启动曲线。将其与图 4 - 10 作比较不难看出，在燃气轮机的升速和带初负荷阶段，冷态启动和热态启动没有明显差别。但是，在接下来的过程中，两者却有非常明显的差别。

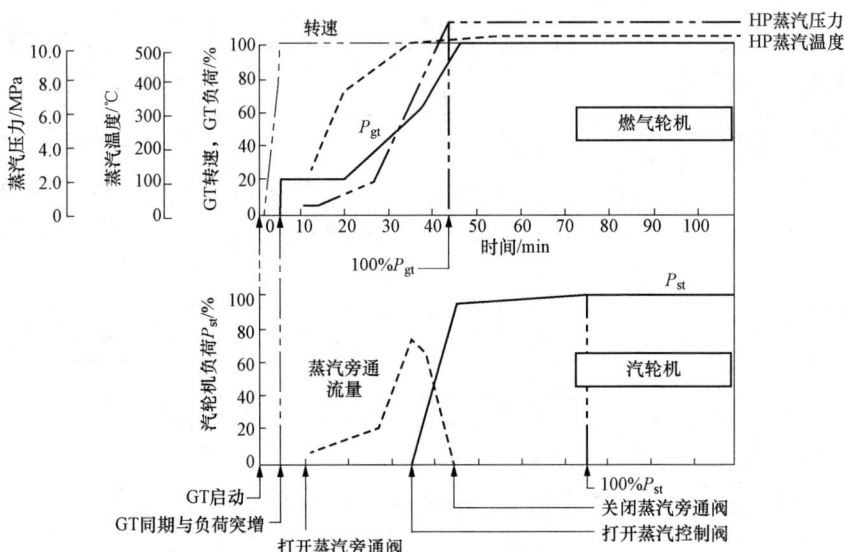

图 4 - 11　GUD1S. 94.3A 型单轴联合循环机组的热态启动曲线

（1）热态启动时，该机组的燃气轮机在 20% 的负荷下仅停留了 15min，就开始用 25min 时间加载到 100% 负荷；而冷态启动时，燃气轮机不仅在 20% 的负荷下停留了 40min，而且在 50% 的负荷下运行了 120min，之后才用 15min 时间加载到 100% 负荷。

（2）热态启动时，余热锅炉所产蒸汽的压力和温度在 35min 内基本都达到了额定值；而冷态启动时，高压蒸汽的温度在 430℃ 下保持了 130min 左右，之后又经过了 70min 才升高到了额定值，高压蒸汽的压力也在 180min 左右的时间内几经调整，才升高到了额定值。

（3）热态启动时，汽轮机从冲转到基本达到额定功率仅用了 35min 的时间；而冷态启动时，汽轮机差不多用了 180min 的时间才达到 98% 的功率。

（4）总体来看，机组在冷态下从启动到加载至满负荷，全部过程用了 220min，而在热态下全部过程只用了 70min 左右的时间，还不到前者的 1/3。

任务 4.4　燃 气 轮 机 控 制

任务目标

1. 能分析燃气轮机的功率控制过程。
2. 能分析燃气轮机的温度控制过程。
3. 能解释启动控制与加速度控制原理。
4. 能说出压气机进口导叶安装角的控制原理。
5. 能说明燃气轮机的 DLN 燃烧控制原理。
6. 能简述燃气轮机的安全保护系统。

任务工单

学习任务	燃气轮机控制						
姓名		学号		班级		成绩	

通过学习，能独立完成下列问题。

1. 燃气轮机控制系统的静态特性图中，转速给定值与功率给定值的数值对应关系如何表示？

2. 燃气轮机功率主控系统中，功率给定值、电网频率分别单独扰动下的调节过程有何不同？调节结果有何区别？

3. 燃气轮机功率主控系统中为什么不设置静态一次调频功能？

4. 燃气轮机的温度主控系统与功率主控系统相比结构有何不同？功能有何区别？如何通过最小值选择器实现两者的自动切换？

5. 燃气轮机启动控制系统的原理是什么？燃气轮机加速度控制系统的原理是什么？

6. 燃气轮机排气温度的主控给定值与辅控给定值相比，哪一个大？

7. 怎样控制 IGV 角才能在低负荷下将燃气轮机或联合循环热效率维持在较高的水平上？

8. 燃气轮机的超温保护二道防线是如何形成的？

9. 燃气轮机速比阀的主要功能是什么？

10. 燃气轮机的安全保护主要由哪几个部分构成？

任务实现

一、概述

与任何热机一样，燃气轮机与燃气 - 蒸汽联合循环机组也必须在控制系统的作用下才能安全可靠地运行。燃气轮机的主控项目包括了功率控制、温度控制、启动控制、加速度控制、停机控制、手动控制等内容，这些控制均通过燃料量的调节来实现。实际运行中，控制系统会利用最小值选择器自动地选择出燃料量要求最低的项目并执行其指令，所以每一时刻只会有一个控制项目真正在起作用。在这些项目中，启动控制、加速度控制、停机控制仅在机组并网前或解列后才用到，手动控制仅在控制器发生故障或机组调试时才用到，因此对于并网的燃气轮机而言，涉及比较多的主要是功率控制和温度

143

控制两个项目。除主控项目外，燃气轮机还设置了压气机防喘等一些重要辅控项目，这些辅控通过空气量的调节来实现。

燃气 - 蒸汽联合循环控制所涉及的内容很宽泛，首先包括燃气轮机、余热锅炉和汽轮机的控制，其次包括电站各种辅机的控制，最后还包括整套机组的协调控制。但是，由于余热锅炉和汽轮机的控制相对于常规汽轮发电机组而言要简单得多，所以这里只简单地讨论一下整套机组的协调控制问题，然后介绍几个典型的燃气 - 蒸汽联合循环发电机组控制系统，从而对联合循环的控制系统有一个概念性的了解。

二、燃气轮机的功率控制

电站燃气轮机并网运行时，其控制系统最重要的任务之一是功率控制。这可以通过图 4 - 12 所示的主控系统来实现。该系统由一个功率控制主回路与若干个（图 4 - 12 中只绘出了一个）燃料阀位控制子回路构成。其功率调节器为比例 - 积分（PI）型，用于功率无差调节；转速调节器为比例（P）型，用于转速有差调节；最小值选择器用于对多种燃料阀位需求信号的低值选择。

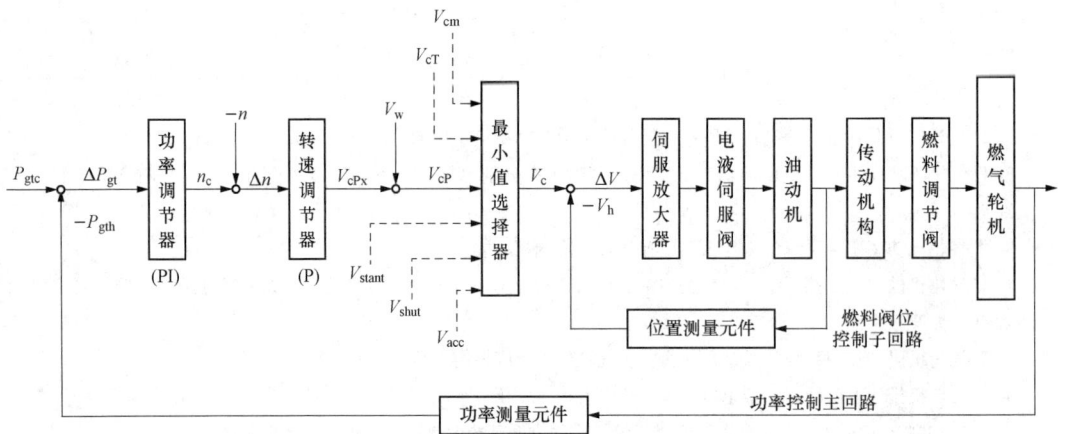

图 4 - 12　电站燃气轮机功率主控系统方块图

P_{gtc}—功率给定值；P_{gth}—功率实测值；ΔP_{gt}—功率偏差值；n_c—转速给定值；n—转速实测值；

Δn—转速偏差值；V_w—阀位空载给定值；V_{cPx}—阀位功控计算值；V_{cP}—阀位功控给定值；

V_{cT}—阀位温控给定值；V_{cm}—阀位手控给定值；V_c—阀位有效给定值；V_h—阀位实测值；

ΔV—阀位偏差值；V_{start}—阀位启动给定值；V_{shut}—阀位停机给定值；V_{acc}—阀位加速度限制给定值

并网运行燃气轮机的功率与转速之间存在着如图 4 - 13 所示的关系（近似为线性关系），此即主控系统的静态特性线。图 4 - 13 中静态特性线与纵坐标交点上的坐标值即转速给定值 n_c；静态特性线与额定转速 n_0 等值线交点 c 上的横坐标即功率给定值 P_{gtc}。根据图 4 - 13，可导出静态下转速给定值 n_c 与功率给定值 P_{gtc} 之间的关系为

$$n_c = \left[\frac{\delta n_0}{P_{gt0}}\right] P_{gtc} + n_0 \qquad (4 - 5)$$

式中　n_c——燃气轮机转速给定值，r/min；

　　　P_{gtc}——燃气轮机功率给定值，MW；

P_{gt0}——燃气轮机的额定功率，MW；

　　δ——转速变动率，工作范围为 3% ～ 6%。

由式（4 - 5）和图 4 - 13 可知：对功率给定值 P_{gtc} 的调整可以转化为对转速给定值 n_c 的调整；相应地，燃气轮机控制系统的静态特性线要发生平移。例如，$P_{gtc} \rightarrow P_{gt'c}$ 可转化为 $n_c \rightarrow n'_c$；相应地，特性线由 c_0 - c 平移到 c'_0 - c'。正因如此，实践中人们也常常把功率控制称为功率 - 转速控制或转速控制。

下面利用图 4 - 12 和图 4 - 13 对功率主控系统在几种主要扰动作用下的自动调节过程加以描述。方便起见，假定扰动前机组并网运行且处在稳定状态（见图 4 - 13 上的 c 点），对应的机组转速实测值 n 等于额定值 n_0，功率实测值等于功率给定值 P_{gtc}。

图 4 - 13　燃气轮机功率主控系统的静态特性
P_{gt0}—功率给定值；P'_{gt0}—调节后的功率给定值；
n_0—转速额定值；n_c—转速给定值；
n'_c—调节后的转速给定值

1. 功率给定值扰动下的自动调节

（1）前向通道的调节过程。如图 4 - 12 所示，当燃气轮机的功率给定值 P_{gtc} 发生变化，例如增大时，在控制系统的执行机构动作之前，P_{gtc} 与功率实测值 P_{gth} 之间的平衡会被打破，导致功率偏差值 $\Delta P_{gt} > 0$。此时，功率调节器经过运算会将转速给定值 n_c 增大，转速偏差值 Δn 随之增大。接着，转速调节器经过运算使燃料阀位功控计算值 V_{cPx} 增大，V_{cPx} 与燃料阀位空载给定值 V_w 叠加后将使燃料阀位功控给定值 V_{cP} 随之增大。如果此时燃料阀位温控给定值 V_{cT}、燃料阀位手控给定值 V_{cm}、燃料阀位启动给定值 V_{start}、燃料阀位停机给定值 V_{shut}、燃料阀位加速度限制给定值 V_{acc} 都处在高位，最小值选择器将会选中 V_{cP}，使燃料阀位有效给定值 V_c 随之增大，进而打破 V_c 与燃料阀位实测值 V_h 之间的平衡，引起燃料阀位偏差值 $\Delta V > 0$。接下来，伺服放大器就会把 $\Delta V > 0$ 的信号放大，驱动电液伺服阀动作，逐渐增大油动机活塞行程，开大燃料调节阀，增大燃料量，使燃气轮机功率随之增加。

（2）反馈通道的调节过程。随着油动机活塞行程的增大和燃气轮机功率的逐渐增加，与其相对应的反馈信号 V_h、P_{gth} 将逐渐增强，偏差信号 ΔV、ΔP_{gt} 将逐渐减小并趋近于零。当下列两式同时得到满足时，ΔV、ΔP_{gt} 将都等于零，系统也就达到了一个新的稳定状态。

$$V'_c - V'_h = 0 \tag{4 - 6}$$

$$(P_{gt})'_c - (P_{gt})'_h = 0 \tag{4 - 7}$$

式中：上角标"'"表示新状态下的值。由图 4 - 13 可见，在新的稳定状态，系统的工况点已由 c 点移到了 c' 点。

2. 电网频率扰动下的自动调节

（1）电网频率扰动下的功率暂态漂移过程。在电网频率发生变化，例如由额定值增

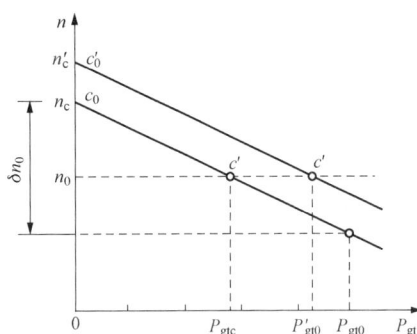

大时，机组转速实测值 n 将由 n_0 增大到 n'，此时，由于转速给定值 n_c 暂时没有改变，所以转速偏差值 Δn 将相应减小，转速调节器经过运算，会使燃料阀位功控计算值 V_{cPx} 减小，燃料阀位功控给定值 V_{cP} 随之减小，最小值选择器会选中 V_{cP}，使燃料阀位有效给定值 V_c 减小，打破 V_c 与 V_h 之间的平衡，引起阀位偏差值 $\Delta V < 0$，进而伺服放大器、电液伺服阀、油动机、燃料调节阀将会依次动作，使燃气轮机的实测功率暂时向下漂移。在这个过程中，系统工况点将会暂时地由图 4 - 14 上的 c 点漂移到 c_f 点。

（2）电网频率扰动下的功率自动校正过程。由于电网频率变化时功率给定值 P_{gtc} 保持不变，所以 P_{gth} 向下漂移后，P_{gtc} 与 P_{gth} 之间的平衡会被打破，引起 $\Delta P_{gt} > 0$，功率调节器经过运算会将转速给定值 n_c 增大，引起 Δn 增大，从而引发后续各环节动作，使燃气轮机实测功率自动向上校正。

设功率向下漂移量为 ΔP_{gth-ex}，自动向上校正量为 ΔP_{gth-em}，显然，ΔP_{gth-ex} 与 ΔP_{gth-em} 符号相反并共存于功率反馈通道，当 ΔP_{gth-em} 与 ΔP_{gth-ex} 的绝对值相等时，系统将会达到一个新的稳定状态。此时，虽然系统的工况点已从图 4 - 14 上的 c_f 移到了 c'，但是燃气轮机的实测功率 P_{gth} 在经历了暂态漂移和动态校正后回到了原来的值。

从以上论述中可以看出，在图 4 - 12 所示的功率主控系统作用下，燃气轮机虽具备一定的暂态一次调频能力，但不具备静态一次调频能力。一般来说，燃气轮机由于受超温等因素的制约，一次调频能力比较弱。若一定要利用其有限的一次调频能力，可在上位控制系统中增设间接的一次调频功能。

3. 功率给定值与电网频率联合扰动下的自动调节

功率给定值扰动与电网频率扰动联合作用下的燃气轮机自动调节过程可看成上述两个单独调节过程的叠加，其结果也是叠加的。例如，当功率给定值由 P_{gtc} 调整到 P'_{gtc}、实测转速由 n_0 增大到 n' 时，调节后的稳定工况点将从图 4 - 15 上的 c 点移到 c'' 点。

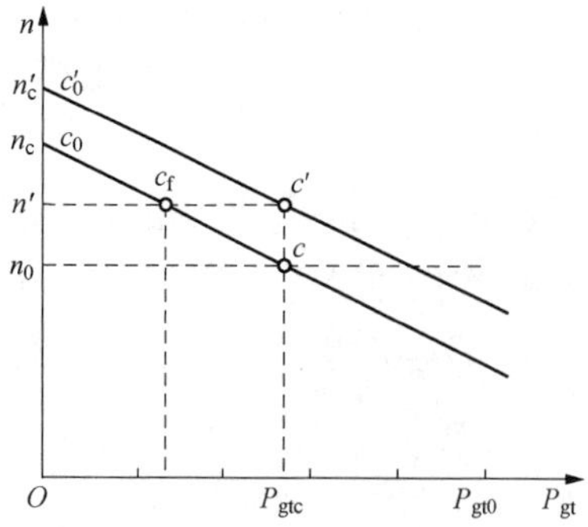

图 4 - 14　电网频率扰动下的功率
调节静态特性

n'—电网频率扰动后的转速实测值

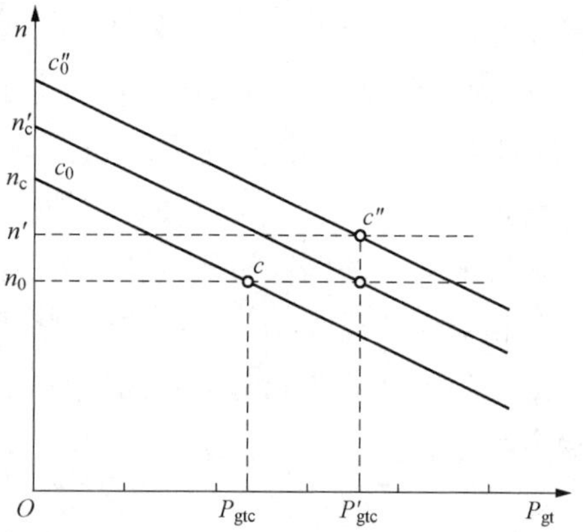

图 4 - 15　功率给定值与电网频率联合
扰动下的功率调节静态特性

4. 内扰作用下的功率自动调节

燃气轮机运行中随时可能会受到机组内部因素，如燃料压力、温度、热值变化的扰动，这就是所谓的内扰。图 4 - 12 所示的功率主控系统对此也可以自动进行校正。例如，当燃料压力上升时，燃料流量将随之增大，这将引起功率实测值 P_{gth} 向上漂移。此时，由于功率给定值 P_{gtc} 保持不变，所以 $\Delta P_{gt} < 0$。在此情况下，功率调节器将通过运算使转速给定值 n_c 减小，引起 Δn 减小。Δn 的减小将引起后续一系列环节动作，最终引起燃气轮机功率回降，使实测反馈信号 P_{gth} 逐渐减小，直至等于给定值 P_{gtc}，系统达到新的平衡。

三、燃气轮机的温度控制

燃气轮机控制系统的另一个重要任务是通过调节燃料量将燃气轮机初温 T_3^* 保持在一定的范围内，这样既可保证燃气轮机在高效率下工作，也可防止初温过高引起事故或寿命损耗。前面已指出，由于燃气轮机的初温 T_3^* 很难直接测量，所以工程上广泛地以温度水平相对较低、温度场相对均匀的排气温度 T_4^* 作为测控对象，来间接地达到测控初温 T_3^* 的目标（对于燃气轮机而言，滞止温度 T_3^* 与静温 T_3 之间、滞止温度 T_4^* 与静温 T_4 之间的差别很小，方便起见，这里不再对它们做详细区分）。

燃气轮机的温度主控系统方块图如图 4 - 16 所示，它由一个温度控制主回路与若干个（图 4 - 16 中只绘出了一个）燃料阀位控制子回路构成，其中温度调节器为比例积分（PI）型。

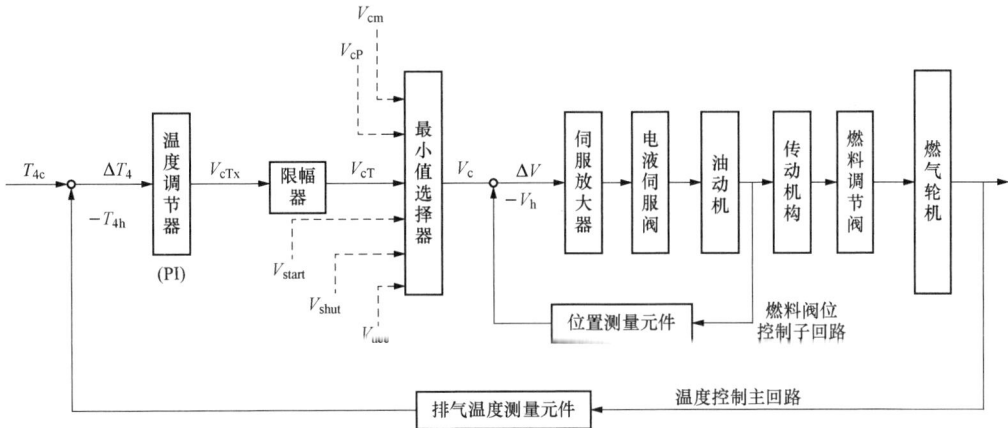

图 4 - 16　燃气轮机的温度主控系统方块图

T_{4c}—排气温度主控给定值；T_{4h}—排气温度实测值；ΔT_4—排气温度偏差值；

V_{cTx}—阀位温控计算值；V_{cT}—阀位温控给定值；V_{cP}—阀位功控给定值；V_{cm}—阀位手控给定值；

V_c—阀位有效给定值；V_h—阀位实测值；ΔV—阀位偏差值；V_{start}—阀位启动给定值；

V_{shut}—阀位停机给定值；V_{acc}—阀位加速度限制给定值

燃气轮机温度主控系统温控曲线如图 4 - 17 所示，图中 3 条曲线分别是等值温控线 TX1、用燃气轮机功率修正的温控线 TX2 和用压气机出口压力 p_2 修正的温控线 TX3。以下从燃气轮机的变工况原理分析这 3 条曲线的含义。

由燃气轮机的变工况特性可知，在大气温度不变的情况下，燃气轮机的压比 π 随着功率的降低而降低。由于 T_3^*、T_4^* 和 π 之间存在着式（4 - 4）所示的关系，所以在燃气轮机功率降低时，要保持 T_3^* 不变，就要使 T_4^* 随着功率的降低而升高。燃气轮机运行控制的首选目标正是保持 T_3^* 不变，所以在通过控制 T_4^* 来实现这一目标时，就要使 T_{4c} 随着功率的降低而升高。曲线 TX2 所要描述的就是这一关系，不过它把 T_4^* 与 P_{gt} 之间并非线性的关系线性化了。工程实践表明，该简化所带来的误差是可以接受的。

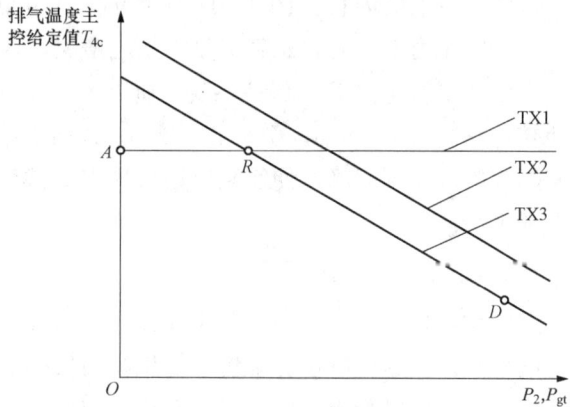

由于式（4-4）已在 T_4^* 和 π 之间建立了联系，所以还可以用 π 或 p_2 来直接规定 T_4^*。根据式（4-

图 4-17　燃气轮机温度主控系统温控曲线

TX1—可变的等值温控线；TX2—功率；P_{gt}—修正温控线；

TX3—压力；p_2—修正温控线

4），要保持 T_3^* 不变，T_4^* 必须随着 p_2 的降低而升高，这就是图 4-17 上曲线 TX3 所描述的关系。用 p_2 来规定 T_4^* 的优点是可以使环境温度变化、压气机特性变化、透平特性变化等所产生的影响都得到修正，因为这些因素最终都集中反映在 π 或 p_2 的变化上。

曲线 TX1 很简单，它仅仅是规定了燃气轮机的排气通道以及下游其他设备所能承受的最高排气温度 T_{4max}^*。一般情况下，燃气轮机所用的排气温度主控给定值 T_{4c} 由下式确定：

$$T_{4c} = \min\{TX1, TX2, TX3\} \tag{4-8}$$

因此，温度主控系统最终使用的是图 4-17 上的曲线 ARD。

下面利用图 4-16 对燃气轮机温度主控系统在排气温度实测值 T_{4h} 与给定值 T_{4c} 之间的平衡被打破时的自动调节过程进行描述。

根据图 4-16，当排气温度偏差值 $\Delta T_4 < 0$ 时，燃气轮机已超温。此时，温度调节器通过运算，将会不断减小燃料阀位温控计算值 V_{cTx}，限幅器对 V_{cTx} 处理后将会生成一个不断减小的燃料阀位温控给定值 V_{cT}。当累积到一定程度后，最小值选择器就会选中它并将其作为燃料阀位有效给定值 V_c 输出。此后，燃气轮机转入温度控制，系统在燃料阀位控制子回路的作用下，逐渐关小燃料调节阀、减小燃料量，使燃气轮机的初温和排气温度降低，最终使燃气轮机排气温度实测值 T_{4h} 降低到小于给定值 T_{4c}。

当排气温度偏差值 $\Delta T_4 > 0$ 时，燃气轮机不超温。此时，温度控制器经过运算，将会不断增大燃料阀位温控计算值 V_{cTx}，限幅器对 V_{cTx} 处理后将会生成一个不断增大的燃料阀位温控给定值 V_{cT}。当累增到一定程度后，最小值选择器将不会再选中它，温度控制由此退出。

四、启动控制与加速度控制

燃气轮机的启动有两个阶段：第一阶段是在启动装置的拖动下逐步升速到点火转速；第二阶段是在自身启动控制系统的作用下逐步升到全速。第二阶段的启动控制系统是一个功率开环的程序控制系统。参见图 4 - 12 中的燃料阀位控制子回路，当燃气轮机的转速达到点火转速并清吹一段时间（一般为 60s 左右）后，启动控制系统将会发出点火指令并将预先设定的一个点火阀位值作为燃料阀位启动给定值 V_{start} 发送到最小值选择器。V_{start} 被最小值选择器选中后将会被作为燃料阀位有效给定值 V_c 输出，打破 V_c 与 V_h 之间的平衡，引起阀位偏差值 $\Delta V < 0$，进而引起后续环节依次动作，直至 $V_c = V_h$。点火过程持续一段时间（一般为 2s 左右）后，若火焰监测结果表明点火已成功，启动控制系统将会按照预定的程序依次将暖机阀位值、升速阀位值作为燃料阀位启动给定值 V_{start} 发送到最小值选择器，使燃气轮机在燃料阀位控制子回路的闭环控制下逐步暖机、升速。

在燃气轮机启动的后期，启动控制系统将会自动退出并把控制权移交给功率主控系统。为了保证控制权的平稳移交，启动控制系统把最后阶段的 V_{start} 设计得很大，当 V_{start} 增大到一定程度后，最小值选择器将不再选中它，这样启动控制系统就能顺利地退出。顺便指出，在点火 - 暖机成功后的升速阶段，加速度控制系统会自动投入监控并随时有可能参与控制。

加速度控制系统一般在燃气轮机启动升速和甩负荷后转速飞升这两个阶段才有可能参与控制，其作用是把燃气轮机转子的加速度限制在一定值以下，以减小高温部件所受到的热冲击。它的作用原理（见图 4 - 12 中的燃料阀位控制子回路）：将转子加速度（即转速的微分）信号与给定值进行比较，如果发现转子加速度大于给定值，则使燃料阀位加速度给定值 V_{acc} 从当前值开始不断降低，直至 V_{acc} 被最小值选择器选中并将转子加速度减小到给定值；如果发现转子加速度小于给定值，则将燃料阀位加速度给定值 V_{acc} 从当前值开始不断增大，直至 V_{acc} 不再被选中并退出控制。

五、压气机进口导叶安装角的控制

压气机的 IGV 安装角是燃气轮机的一个重要辅助控制项目。图 4 - 18 所示为某机组压气机 IGV 控制系统方块图。该系统采用了一个 IGV 辅助温控主回路、一个 IGV 防喘振控制主回路和一个 IGV 角度控制子回路，其辅助温控调节器为比例 - 积分型（PI型），防喘振调节器为比例型（P 型）。下面利用该图对 IGV 控制系统的工作原理进行介绍。

1. 启动和停机过程中的 IGV 防喘控制原理

根据燃气轮机的工作原理，在启动或停机过程中适当关小压气机的 IGV 角以减小压气机的空气流量，不仅可以配合压气机放气阀起到防喘振作用，而且还可以起到降低启动力矩，从而降低启动功耗的作用。

图 4 - 18 所示的系统以机组的转速 n 为依据来控制 IGV。具体策略：在一定的转速范围内，用实测的转速 n 乘以一个修正系数 K_n 得到修正转速值 n_{cor}，再根据得到的 n_{cor} 的变化情况来调节 IGV 角。之所以引入修正系数 K_n 是为了把环境温度等因素对喘振转速的影响也考虑进去，因为 K_n 中可以含有各种影响因子。另外，为了规定一个 IGV 角的启动时机，该系统还引入了一个固定偏置值 a_0，在 n_{cor} 大于 a_0 时才调整 IGV 角。

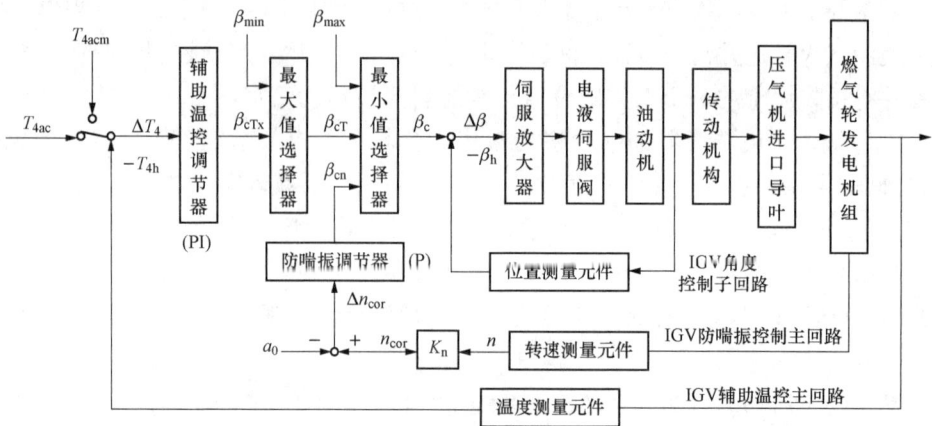

图 4 - 18　压气机 IGV 角控制系统方块图

T_{4ac}—排气温度辅控给定值；T_{4acm}—排气温度辅控手动给定值；T_{4h}—排气温度实测值；

ΔT_4—排气温度偏差值；β_{cTx}—IGV 角度辅助温控计算值；β_{cT}—IGV 角度辅助温控给定值；

β_{cn}—IGV 角度防喘给定值；β_c—IGV 角度有效给定值；β_h—IGV 角度实测值；

$\Delta\beta$—IGV 角度偏差值；β_{min}—IGV 最小全速角；β_{max}—IGV 最大全速角；n—转速实测值；

K_n—转速修正系数；n_{cor}—修正转速值；a_0　固定偏置值；Δn_{cor}—修正转速偏差值

如图 4 - 18 所示，在燃气轮机启动前，IGV 角具有最小值 β_0（β_0 的值随机组情况而定，例如 GE 公司一般取 $\beta_0 = 34°$）。在机组启动升速的最初阶段，转速实测值 n 不高，修正转速值 $n_{cor} < a_0$，这个过程中，由于修正转速偏差值 $\Delta n_{cor} < 0$，所以防喘振调节器经运算后所给出的 IGV 角防喘给定值 β_{cn} 是很小的，能被最小值选择器选中。在 β_{cn} 被最小值选择器选中的情况下，IGV 角度有效给定值 $\beta_c = \beta_{cn}$ 也很小，最初会小于 IGV 的最小角度 β_0。此时，虽然 IGV 角度偏差值 $\Delta\beta < 0$，但由于 IGV 角已处于最小值，无向下调节余量，所以 IGV 角将保持在最小值 β_0。

当机组转速 n 升高到一定值以后，修正转速值 n_{cor} 会变得大于 a_0，引起修正转速偏差值 $\Delta n_{cor} > 0$。防喘振调节器经运算后，所给出的 β_{cn} 将开始增大，在 β_{cn} 小于最大值选择器输出的 IGV 最小全速角 β_{min}（β_{min} 的值随机组情况而定，GE 公司一般取 $\beta_{min} = 57°$）时，最小值选择器将选中 β_{cn}，并将其作为 IGV 角度有效给定值 β_c 输出。在这个阶段，β_c 随 β_{cn} 增大，再通过 IGV 角度控制子回路的闭环调节作用，使 IGV 角随转速逐渐增大。

当 β_{cn} 增大到超过最大值选择器输出的最小全速角 β_{min} 时，最小值选择器必然抛弃 β_{cn} 而另选 β_{min} 作为 β_c 输出。其后在转速升至全速的过程中，β_{cn} 随 n_{cor} 的增大而继续增大，但最小值选择器将持续选中 β_{min} 并通过 IGV 角度控制子回路使 IGV 角一直保持为 β_{min}。

由上分析可知：在图 4 - 18 所示控制系统作用下，燃气轮机在启动升速的最初阶段，IGV 角将一直保持在最小值 β_0 上；当转速 n 升高到一定值后，IGV 角将投入调节，其有效调节范围为 $\beta_0 \sim \beta_{min}$；当 IGV 角开大到最小全速角 β_{min} 以后就不再随转速的升高而变化了。

机组正常停机过程中的 IGV 角调节情况与启动过程正好相反。但机组跳闸时，IGV 角将会迅速关小并保持在最小值 β_0 上。

2. 低负荷时的 IGV 辅助温控原理

任务 4.1 中曾指出，在压气机 IGV 角不可调的情况下，燃气轮机唯一可采取的调节手段是改变初温 T_3（也同时改变了排气温度 T_4，两者是相联系的），从而改变功率。这样，初温 T_3 和排气温度 T_4 必然要随着负荷的降低而降低，根本无法维持在较高的水平上，从而也无法把燃气轮机或联合循环的热效率维持在较高水平上。然而，在 IGV 角可调的情况下，如果在燃气轮机负荷下降时适当地关小 IGV 角度以减小压气机的空气流量，这一切都是可以实现的。下面讨论怎样控制 IGV 角才能在低负荷下将燃气轮机或联合循环热效率维持在较高的水平上。

图 4 - 18 所示的控制系统是以机组的排气温度 T_4^* 为依据来控制 IGV 的。具体策略：拟定出可以将燃气轮机或联合循环热效率维持在较高水平上的 T_4^* 温控基准线。在机组运行过程中，当排气温度实测值 T_{4h} 低于 T_4^* 的温控基准值时就关小 IGV 角；反之，则开大 IGV 角。

图 4 - 19 所示为 IGV 辅助温控曲线。图 4 - 19 中的曲线 1 是燃气轮机以简单循环方式运行时的 T_4^* 温控基准线，这里称其为简单循环 IGV 辅助温控线；曲线 2 是燃气轮机以燃气 - 蒸汽联合循环方式运行时的 T_4^* 温控基准线，这里称其为联合循环 IGV 辅助温控线；曲线 3 即前面已经讨论过的燃气轮机温度主控系统温控线。

由于在简单循环方式下，燃气轮机排气温度 T_4^* 升高会在很大程度上抵消 T_3^* 升高所带来的好处，所以其 IGV 辅助温控线上的温度明显低一些。其余两条线一般都比较接近（例如，GE 公司某机组这两条线大约只差 5.6℃）。在某种程度上可以认为，联合循环 IGV 辅助温控线是由燃气轮机温度主控系统温控线向更安全的方向移动了几度形成的。当联合循环以联合循环 IGV 辅助温控线为基准来控制燃气轮机的排气温度时，不仅燃气循环可以在部分负荷下有较高的热效率，余热锅炉、联合循环也可以在部分负荷下有较高的热效率。与此同时，由于初温和排气温度都相对稳定，所以燃气轮机、余热锅炉所受到的安全威胁和寿命损耗都小得多。

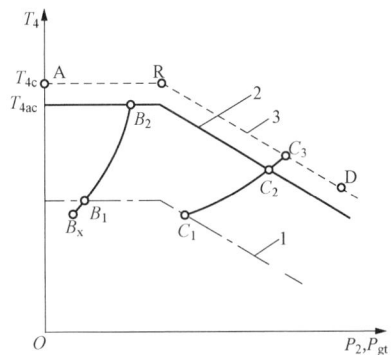

图 4 - 19　IGV 辅助温控曲线

1—简单循环 IGV 辅助温控线；
2—联合循环 IGV 辅助温控线；
3—温度主控系统温控线；
p_2—压气机出口压力；
P_{gt}—功率；T_{4c}—排气温度主控给定值；
T_{4ac}—排气温度辅控给定值

下面利用图 4 - 18 和图 4 - 19 对燃气轮机以联合循环方式运行、从全速空载到满负荷这一过程中 IGV 辅助温控系统的工作情况进行分析。

如上所述，当燃气轮机到达全速空载状态时，IGV 角将开大到一个最小全速角

$\beta_{\min}$。在图 4 - 19 上，此时燃气轮机的工作点将处在 B_x 点，B_x 位于联合循环 IGV 辅助温控线下方。当燃气轮机的功率从零开始逐渐增大时，其工作点将从 B_x 开始逐渐向右上方移动。如图 4 - 18 和图 4 - 19 所示，由于此时 $T_{4h} \leqslant T_{4ac}$，所以 $\Delta T_4 \geqslant 0$，辅助温控调节器通过 PI 运算，输出的 IGV 角辅助温控计算值 β_{cTx} 将从当前值开始逐渐减小，使 $\beta_{cTx} < \beta_{\min}$。在此过程中，最大值选择器必然选中 $\beta_{\min}$ 作为 β_{cT} 的输出。接下来，最小值选择器也必然会选中 $\beta_c = \beta_{cT} = \beta_{\min}$。于是，这一阶段 IGV 将一直保持为最小全速角 $\beta_{\min}$。

当燃气轮机的功率从工作点 B_2 开始增大时，只要一出现 $T_{4h} > T_{4ac}$，就有 $\Delta T_4 < 0$，辅助温控调节器通过运算就会使 β_{cTx} 从当前值开始增大到 $\beta_{cTx} > \beta_{\min}$。在此过程中，最大值选择器必然放弃 $\beta_{\min}$ 而选中 $\beta_{cT} = \beta_{cTx}$ 输出。接下来，最小值选择器也将选中 $\beta_c = \beta_{cT} = \beta_{cTx}$。于是，在 IGV 角度控制子回路的闭环调节作用下，IGV 角度将逐渐增大。与此同时，燃气轮机的空气流量将增大，而排气温度将会被压制在辅助温控给定值 T_{4ac} 附近，如图 4 - 19 所示。在燃气轮机的功率从工作点 B_2 沿联合循环 IGV 辅助温控线增大到工作点 C_2 的过程中，IGV 角将随着功率的增大由最小全速角 $\beta_{\min}$ 逐渐增大到上限值，即最大全速角 $\beta_{\max}$（$\beta_{\max}$ 的值随机组情况而定，GE 公司一般取 $\beta_{\max} = 84°$）。

当燃气轮机的功率从工作点 C_2 开始再进一步增大时，如图 4 - 19 所示，由于 IGV 角已没有调节余量，所以 IGV 辅助温控主回路将不再具有温控能力，燃气轮机的排气温度将随着功率的增大而升高，直至触及燃气轮机温度主控系统温控线。在此过程中，燃气轮机的工作点将从 C_2 移动到 C_3。此后，燃气轮机的排气温度将进入温度主控系统的控制之中。

六、燃气轮机的 DLN 燃烧控制

燃气轮机燃烧控制系统的主要任务是通过对多个燃料调节阀的组合来合理地分配进入各个燃烧器的燃料量，以保证燃烧效率和燃烧稳定性，并抑制 NO_x 的生成。

目前，大多数燃气轮机已普遍应用了 DLN 燃烧技术。在这种情况下，不管哪种类型的燃烧室都采用了多个并联或串联的燃烧器，其中有些燃烧器以扩散燃烧方式工作，有些燃烧器则以预混燃烧方式工作。例如，GE 公司某型号的燃气轮机就配置了 18 个分管形燃烧室，每个分管形燃烧室设有 5 个燃烧区，每个燃烧区设有一个扩散燃烧喷嘴（D5）和一组预混燃烧喷嘴（PM1 或 PM4），如图 4 - 20 所示。

下面就以图 4 - 20 的燃气轮机为例简要介绍 DLN 燃烧室燃烧控制系统的工作原理，仅介绍燃用天然气时的情况。

1. 燃烧模式控制

如图 4 - 20 (a) 所示，该燃烧室的配气系统由燃气辅助截止阀 ASV、燃气速比阀 SRV 和 3 个燃气调节阀（GCV1、GCV2、GCV3）组成。其中，燃气速比阀的主要作用是按照一定的要求控制阀后燃气压力 p_f，3 个调节阀的作用是按照燃气轮机主控系统的燃料阀位有效给定值 V_c 指令信号将燃料分配到 18 个燃烧室、90 个燃烧区（18×5）的 D5、PM1 和 PM4 中去。

按照要求，该燃气轮机从点火到满负荷的整个燃烧过程将划分为 4 个阶段，每个阶

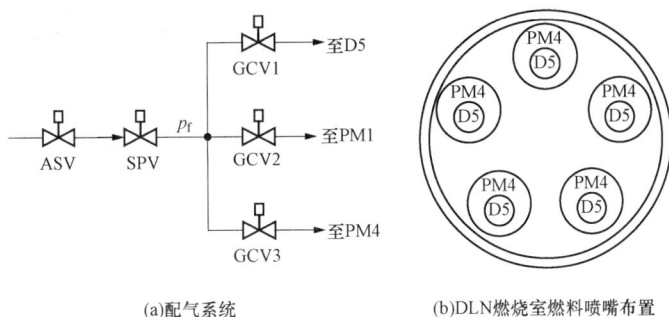

(a)配气系统　　　　　　　　(b)DLN燃烧室燃料喷嘴布置

图4-20　某燃气轮机燃烧室的燃料喷嘴布置与配气系统

ASV—辅助截止阀；SRV—燃气速比阀；GCV1、GCV2、GCV3—燃气调节阀；

p_f—速比阀阀后压力；D5—扩散喷嘴；PM1—预混喷嘴1；PM4—预混喷嘴4

段采用不同的燃烧控制模式，由燃烧参考温度控制指令来决定在何种情况下采用何种燃烧控制模式以及如何进行燃气量分配。具体见表4-1和图4-21。

表4-1　　　　　　　　　　　　某燃气轮机的燃烧模式

序号	燃烧控制模式	对应工况或燃烧参考温度	燃料调节阀	燃料喷嘴
1	扩散燃烧	点火至95%额定转速	GCV1	D5
2	扩散+预混燃烧	426.7~871.1℃	GCV1、GCV2	D5、PM1
3	扩散+预混燃烧	871.1~1232.2℃	GCV1、GCV2、GCV3	D5、PM1、PM4
4	预混燃烧	超过1232.2℃	GCV2、GCV3	PM1、PM4

由表4-1和图4-21可以看出：该燃气轮机在启动阶段采用的是扩散燃烧模式，其目的是保证不熄火、燃烧稳定；在加负荷阶段采用的是部分扩散、部分预混的燃烧模式，其目的是在保持燃烧稳定的前提下适当地降低一些 NO_x 排放；在高负荷阶段切换到全预混燃烧模式，在这个阶段由于初温已比较高，所以采用全预混燃烧已足以保持燃烧稳定，并可以大幅度地降低 NO_x 排放。

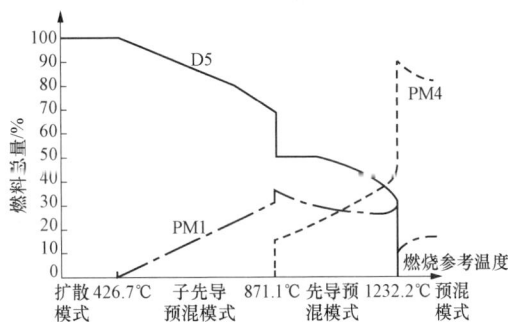

图4-21　某燃烧室的燃料分配

2. 速比阀控制系统

速比阀的主要功能是控制阀后燃气压力，使其与燃气轮机转速保持正比关系，为燃气调节阀提供最合适的工作条件。如图4-22所示，其控制系统由一个阀后压力控制主回路与一个阀位控制子回路构成。阀后压力给定值 p_{fc} 与机组转速实测值 n 之间的正比关系为

$$p_{fc} = K_f \cdot n + c_0 \tag{4-9}$$

式中　K_f、c_0——给定的常数。

由图 4-22 可见，在速比阀阀后压力给定值 p_{fc} 发生扰动，例如在机组启动过程中 p_{fc} 随转速 n 升高而增大的情况下，p_{fc} 与 p_{fh} 间的平衡会被打破，这会引起压力偏差值 $\Delta p_f > 0$，压力调节器经过 PI 运算，会使阀位给定值 V_{fc} 增大。此时，阀位控制子回路的油动机将会增大活塞行程、开大速比阀，速比阀阀后压力就随之升高。

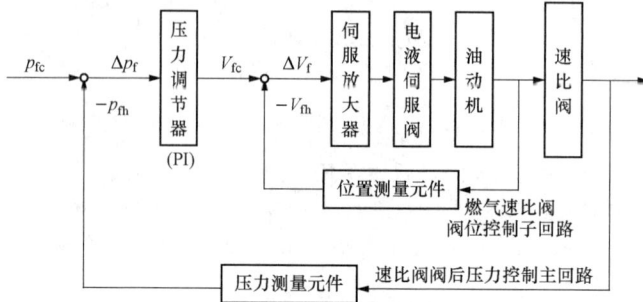

图 4-22　速比阀阀后压力控制系统

p_{fc}—阀后压力给定值；p_{fh}—阀后压力实测值；Δp_f—阀后压力偏差值；
V_{fc}—阀位给定值；V_{fh}—阀位实测值；ΔV_f—阀位偏差值

随着油动机活塞行程的增大和速比阀阀后压力的升高，反馈信号 V_{fh}、p_{fh} 都逐渐增强，使偏差信号 ΔV_f、Δp_f 都逐渐减小并趋于零。当 ΔV_f 和 Δp_f 均减小到零时，系统便达到了新的稳定状态，速比阀阀后压力实测值相应达到了新的给定值。

在并网运行阶段，机组的转速受电网频率限制基本不变，因此，速比阀阀后压力也基本不变。

七、燃气轮机的保护

燃气轮机在启动、停机和带负荷运行过程中有时会遇到严重威胁设备安全的情况，若不及时处理可能会造成严重损失，因此，配置一个安全保护系统十分必要。燃气轮机的安全保护主要由下述几个部分构成。

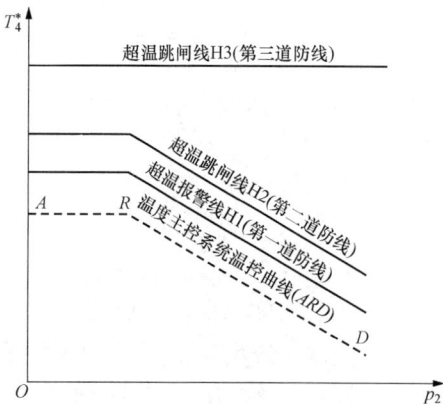

图 4-23　超温保护三道防线

p_2—压气机出口压力；T_4^*—燃气轮机排气温度

（1）超速跳闸保护系统。燃气轮机一般设有主、副两套电气超速保护系统，超速跳闸信号值通常设为 $110\% n_0$。除此之外，多数燃气轮机还设有飞锤式机械超速保护系统。

（2）超温跳闸保护系统。超温保护是燃气轮机最重要的保护系统之一。该系统一般设有 3 道防线，如图 4-23 所示。第一道防线是以温度主控系统温控线为基础向上平移一个常数形成的，当系统测得的燃气轮机排气温度等于或高于这条线时，会在报警的同时通过功率主控系统减功率。第二道防线是以温度主控系统温控线为基础向上平移另一个更大的常数形成的，当系统测得的燃气轮机排气温度等于或高于这条线时，将立即跳闸。第三道防线是一条可调等值线，也是超温保护系统的最后一道防线，无论在什么情况下，系统只要发现燃气轮机的排气温度等于或高于这条等值线就立即跳闸。

（3）熄火跳闸保护系统。燃气轮机如果在启动期间点火不成功或在运行期间因故熄火而又没有及时关断燃料，这些燃料就会集聚在燃烧室或燃气轮机内并可能引发爆燃等重大事故。燃气轮机的熄火跳闸保护系统即为避免此类事故发生而设。

（4）燃烧设备安全监察保护系统。为了监察燃烧设备是否出现不正常，燃气轮机一般设有燃烧安全监察系统，该系统主要根据燃气轮机排气温度热电偶和压气机出口温度热电偶的测量数据，对燃烧设备进行间接监察。当热电偶读数发生异常变化（分散度较大）时说明燃烧设备有故障或热电偶有故障，该系统将发出报警信号和保护信号，从而引发燃气轮机报警或跳闸。在燃气轮机启动、正常停机、加减负荷等不稳定工况期间，燃烧安全监察系统将自动退出，以免引起误报警或误跳闸。

（5）振动跳闸保护系统。

（6）喘振跳闸保护系统。燃气轮机的喘振跳闸保护系统采用了快速反应的跳闸模式，它用压差测量元件测量压气机入口高流速处和低流速处的差压，当测得的差压异常小而燃气轮机转速已达到一定值时，就把压气机判为有可能发生喘振，保护系统将立即动作，跳闸停机。

任务 4.5　联合循环发电机组控制

任务目标

1. 能描述联合循环发电机组的无补偿式功率控制方案。
2. 能描述联合循环发电机组的单向补偿式功率控制方案。
3. 能描述联合循环发电机组的双向补偿式功率控制方案。
4. 能简述典型单轴联合循环发电机组控制系统。

任务工单

学习任务	联合循环发电机组的控制						
姓名		学号		班级		成绩	

通过学习，能独立完成下列问题。

1. 联合循环机组功率的协调控制方案有哪 3 种？

2. 什么是联合循环发电机组的无补偿式功率控制方案？

3. 什么是联合循环发电机组的单向补偿式功率控制方案？

4. 什么是联合循环发电机组的双向补偿式功率控制方案？

5. 与燃气轮机的无补偿式功率控制方案相比，单向补偿式功率控制方案与双向补偿式功率控制方案的区别在哪里？

🧑 **任务实现**

一、联合循环机组功率的协调控制方案

从承担负荷的角度看，燃气 - 蒸汽联合循环机组是由燃气轮机和余热锅炉 - 汽轮机两个单元构成的。在稳态情况下，两个单元的功率存在着一定的比例，燃气轮机的功率一般占 2/3 左右，余热锅炉 - 汽轮机的功率一般占 1/3 左右。但是在动态情况下，这一比例关系很难得到保证，因为两个单元的负荷响应能力有很大的差别。燃气轮机由于结构紧凑、内部容积小、热惯性小、循环过程简单，所以对负荷变化的响应很迅速。余热锅炉 - 汽轮机由于结构分散、内部容积大、热惯性大、换热过程缓慢，所以对负荷变化的响应非常迟缓。但是，外界又把它们两个单元当成一个整体对待（事实上两者的联系也非常密切）。这样，当外界负荷发生变化时，如何从机组内部根据两者动态特性上的差别进行协调，以便较好地满足外界的需要，是联合循环控制系统首先要解决的一个问题。以功率分配为基本要求的协调控制方案有以下 3 种。

1. 无补偿式功率控制方案

无补偿式功率控制方案把总的功率要求按照燃气轮机、汽轮机的容量比简单地分配到两者中，如图 4 - 24（a）所示。功率分配系数 K_{gt}、K_{st} 分别为燃气轮机、汽轮机的容量与联合循环机组总容量的比值，即燃气轮机功率分配系数、汽轮机功率分配系数。这样的控制方案虽然简单，但由于没有采取任何措施来克服余热锅炉 - 汽轮机动态响应慢的缺点，也没有采取任何措施来充分地利用燃气轮机动态响应快的优点，所以总体上看，其动态特性差、负荷响应慢。

2. 单向补偿式功率控制方案

单向补偿式功率控制方案先按照功率分配系数 K_{st} 计算出汽轮机功率需求值，并作为功率给定值 P_{stc} 发送给汽轮机的功率控制系统；然后把汽轮机功率需求值与功率输出值 P_{sto} 之差乘以一个功率补偿系数 a_{gt}，加到按功率分配系数 K_{gt} 计算出来的燃气轮机功率需求值上，作为燃气轮机功率给定值 P_{gtc} 发送给燃气轮机的功率主控系统，如图 4 - 24（b）所示。

单向补偿式功率控制方案在加载之初有意使燃气轮机额外承担了一些负荷。其后，随着汽轮机功率慢慢增加，燃气轮机相应地逐渐减去额外承担的负荷。显然，它充分利用燃气轮机动态响应快的优点，补偿了汽轮机动态响应慢的缺点。当然，其补偿程度取决于补偿系数 a_{gt} 的大小，a_{gt} 的值需要结合机组情况进行优化。

3. 双向补偿式功率控制方案

双向补偿功率控制方案与单向补偿式功率控制方案的原理完全相同，只是在前述单向补偿的基础上增加了另一个补偿，即将按功率分配系数 K_{gt} 计算出燃气轮机功率需求值，再把此需求值与燃气轮机功率输出值 P_{gto} 之差乘以另一个补偿系数 a_{st}，加到按功率分配系数 K_{st} 计算出来的汽轮机功率需求值上，作为汽轮机功率给定值 P_{stc} 发送给汽轮机的功率主控系统，如图 4 - 24（c）所示。

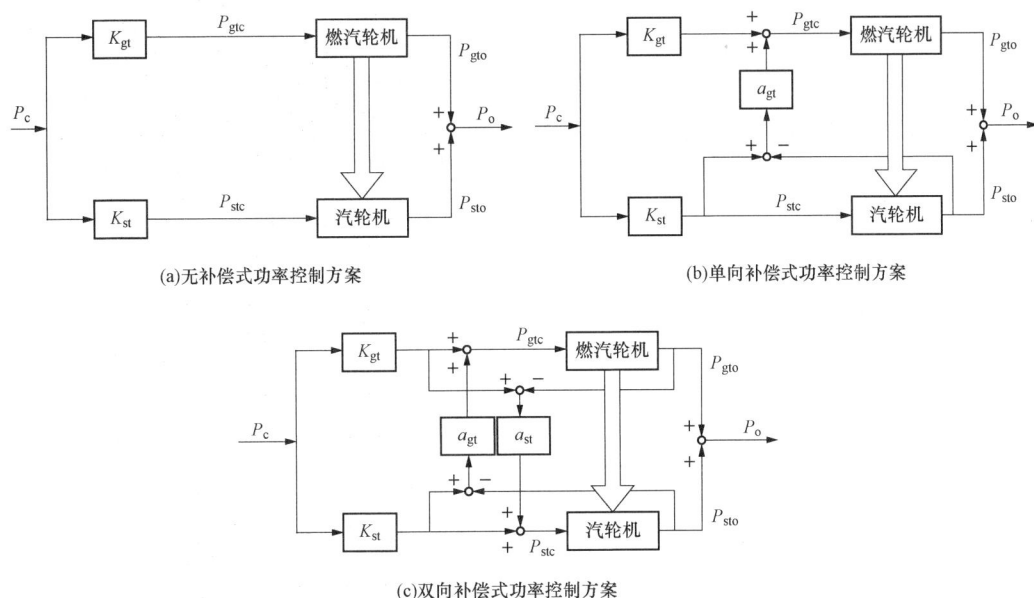

(a)无补偿式功率控制方案　　　　　(b)单向补偿式功率控制方案

(c)双向补偿式功率控制方案

图 4 - 24　联合循环发电机组功率控制方案示意

P_c—联合循环总功率给定值；P_{gtc}—燃气轮机功率给定值；P_{stc}—汽轮机功率给定值；

P_{gto}—燃气轮机功率输出值；P_{sto}—汽轮机功率输出值；P_o—联合循环总功率输出值；

K_{gt}—燃气轮机功率分配系数；K_{st}—汽轮机功率分配系数；

a_{gt}—燃气轮机功率补偿系数；a_{st}—汽轮机功率补偿系数

　　研究表明，双向补偿功率控制方案不仅利用燃气轮机动态响应快的优点补偿汽轮机动态响应慢的缺点，而且还挖掘了汽轮机自身的潜力，并且还能够减轻汽轮机在响应外界负荷变化时所造成的蒸汽侧参数波动。这种控制方案的补偿程度同时取决于 a_{gt} 和 a_{st} 的大小，a_{gt} 和 a_{st} 的值都需要结合机组情况进行优化。

二、典型单轴联合循环发电机组控制系统简介

　　燃气 - 蒸汽联合循环机组可以由一套分散控制系统（DCS）来进行一体化控制，也可以由一套 DCS 与燃气轮机、汽轮机制造商分别提供的专用控制系统组合来控制，还可以全部由燃气轮机制造商提供的专用控制系统来实现控制。目前比较典型的燃气 - 蒸汽联合循环发电机组控制系统有以下几种。

　　1. GE 公司的 SPEEDTRONIC Mark Ⅵ 控制系统

　　SPEEDTRONIC Mark Ⅵ 控制系统是 GE 公司于 1999 年推出的一套在原 Mark Ⅴ 基础上升级的先进控制系统。它沿用了 GE 公司透平调节、保护和顺序控制的设计思想，特别是其控制模件（R，S，T）和保护模件（R8，S8，T8）的三冗余结构、软件容错功能（SIFT）等，具有高度的可靠性和鲜明的特点。Mark Ⅵ 控制系统的组态如图 4 - 25 所示。

　　Mark VI 控制系统包含自动启/停程序控制、跳闸保护和数据存储的全部功能，自启动程序中可以设置控制断点；由于三冗余系统可以在线维护，因此系统可用率很

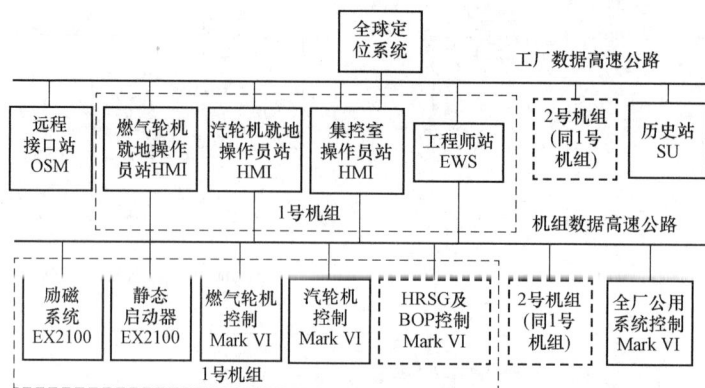

图 4 - 25　Mark Ⅵ控制系统的组态

高；燃气轮机、汽轮机安全监测仪表（TSI）选用本特利（Bently）公司产品，配用该公司的 System 1TDM 系统；汽轮机具有热应力检测计算和寿命损耗管理功能，燃气轮机具有热应力检测计算功能；燃气轮机控制要求设置就地操作员站，用作启动或紧急操作。

若由 GE 公司配套提供全厂 DCS，其配置方式有两种。一种是采用在 Mark VI 基础上扩展集成的智能控制系统（ICS），其中余热锅炉（HRSG）、电站辅助设施（BOP）的控制另增设 Mark VI 机柜，如图 4 - 25 中的虚线框所示；另一种是 Mark VI 与其他厂商生产的通用型 DCS 相连，两者间采用以太网通信连接，与工厂数据高速公路（PDH）的通信都是冗余的，通信协议为 TCP/IP，应用层按 GE 公司的 GEI - 100516 规定进行 GSM 信息传输；除通信连接外，两者间还通过硬接线进行信息交换，硬接线信号 50 余点，均是重要操作、保护及状态信息。

2. Siemens 公司的 Teleperm XP 控制系统

Siemens 公司提供的通用型 DCS，即 Teleperm XP 系统，不但包括了燃气轮机、汽轮机的控制，同时还包括了余热锅炉（HRSG）及电站辅助设施（BOP）的控制。该控制系统的组态如图 4 - 26 所示。一般控制采用 AS620B 基本型控制系统。针对透平快速控制的特点，在燃气轮机和汽轮机上都采用了 AS620T 透平控制系统，它由冗余的透平自动处理器 APT 和专用模件 SIM - T 组成，采用双通道结构，实现 2 个相同的闭环控制器以主从方式同时运行，既保证快速响应又保证透平控制的高度可靠性。透平跳闸保护系统设计采用 AG-F 故障安全型控制装置，它有 2 对 AG-F 装置，各对应 2 块 SIM-F 安全信号模件，组成二取二比较回路，以保证保护回路的安全。

Siemens 公司设计的联合循环机组控制系统不需要设置就地控制室或就地操作员站，启/停完全自动，甚至可以不设置控制断点；汽轮机具有热应力检测计算和寿命损耗管理；机岛振动监测系统选用瑞士 VM600 型产品，配用 WIN - TS 瞬态数据处理装置（TDM）。

3. 三菱公司的 DIASYS 控制系统

三菱公司的机岛采用集成的 DIASYS 控制系统，系统的组态如图 4 - 27 所示。该系

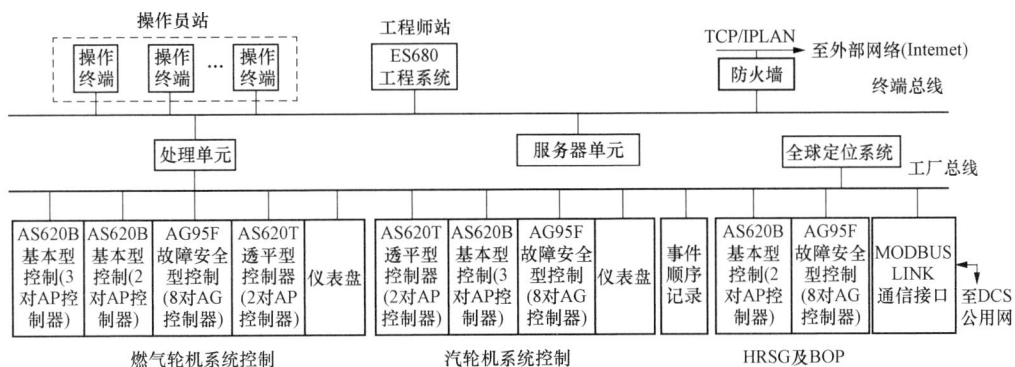

图 4 - 26　Teleperm XP 控制系统的组态

统有用于透平控制的专用模件，能适合透平控制的需要。在 TCS 组态中，燃气轮机和汽轮机集中在统一的一组过程控制器 TCS 中控制，使其具有完整的自动启/停控制功能，自启动中只在同期并网时设有需人工确认的控制断点，系统可用率承诺可达99.9％。燃气轮机和汽轮机跳闸保护根据厂家的一贯规范采用继电器硬接线装置；燃气轮机需要就地操作员站并提供就地集装式控制小室；汽轮机具有热应力检测计算和寿命损耗管理，燃气轮机没有热应力检测计算，但可以通过对运行数据累计等效计算出寿命损耗；TSI 和 TDM 都采用本特利公司产品。三菱公司对全厂 DCS 的配置方案同样采用DIASYS 系统，并且在机组级 DCS 上还配置了厂级公共 DCS。

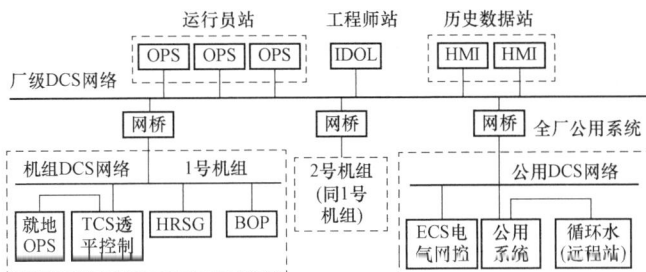

图 4 - 27　DLASYS 控制系统的组态

4. Alstom 公司的 EGATROL8＋TURBOTROL

Alstom 公司提供的机岛控制系统分别是 EGATROL 8（专用于燃气轮机控制）和TURBOTROL。它们都是基于 ABB 公司 ADVANT DCS 的专用装置，系统可用率承诺达到 99.9％，其组态如图 4 - 28 所示。EGATROL 8 系统的温度检测都采用 N 分度热电偶，使用的温度变送器统一为 4～20mA 信号，对外接线都通过 Marshlling 端子柜，全部采用 0.5mm² 线芯截面的电缆接线，这些都不同于我国的常规规范要求。燃气轮机 - 汽轮机启动可以完全自动，也可以人工设定执行程序步（断点）；若与中央控制室相距较远，还可以设置就地操作员站；汽轮机具有热应力检测和限制，燃气轮机没有热应力检测计算，但有运行数据计算软件 ODC，可以等效计算出寿命损耗；TSI 和 TDM 也都采用本特利公司产品。

若要 Alstom 公司提供全厂 DCS，也同样采用 ADVANT 系统，可以做到系统一体化。

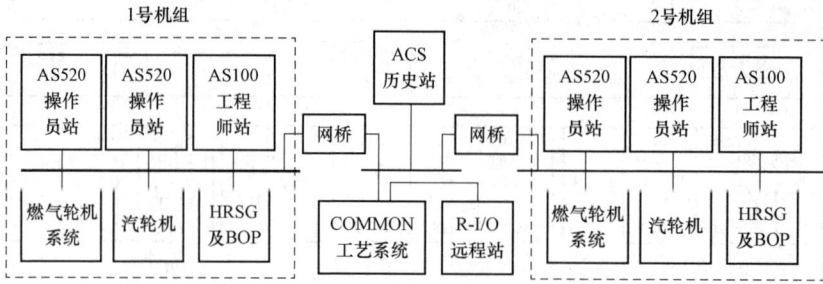

图 4 - 28　EGATROL8＋TURBOTROL 控制系统的组态

参 考 文 献

[1] 丰镇平，李祥晟. 燃气轮机装置. 北京：机械工业出版社，2024.

[2] 尹家录，梁春华，张世福，等. 国外燃气轮机简明手册. 北京：科学出版社，2022.

[3] ［美］梅赫万·P. 博伊斯. 燃气轮机工程手册. 丰镇平，李祥晟，邓清华，等译. 北京：机械工业出版社，2022.

[4] 上海闸电燃气轮机发电有限公司. 燃气轮机运行值班员培训教材. 北京：中国电力出版社，2020.

[5] 罗安立. GE 公司 MS001E 重型燃气轮机机械设备和部件的检查验收指南. 长沙：湖南科学技术出版社，2018.

[6] 姚秀平. 燃气轮机与联合循环. 2 版. 北京：中国电力出版社，2017.

[7] 中国电机工程学会燃气轮机发电专业委员会. F 级燃气 - 蒸汽联合循环发电技术培训教材丛书：机岛分册 通用机型篇. 2013.

[8] 中国电机工程学会燃气轮机发电专业委员会. F 级燃气 - 蒸汽联合循环发电技术培训教材丛书：机岛分册 西门子机型篇. 2013.

[9] 中国电机工程学会燃气轮机发电专业委员会. F 级燃气 - 蒸汽联合循环发电技术培训教材丛书：机岛分册 三菱机型篇. 2012.

[10] 杨顺虎. 燃气 - 蒸汽联合循环发电设备及运行. 北京：中国电力出版社，2003.

[11] 焦树建. 燃气 - 蒸汽联合循环的理论基础. 北京：清华大学出版社，2003.